Cadence 17.4

高速电路设计与仿真

完全实战一本通

云智造技术联盟　编著

U0388066

化学工业出版社

·北京·

内容简介

本书通过双色图解+视频教学的方式，系统地介绍了Cadence软件的使用方法以及Cadence电路设计的思路、实施步骤和操作技巧。

全书共分14章，主要内容包括Cadence入门、原理图环境设置、原理图设计、原理图库设计、焊盘设计、分立元件的封装、集成电路的封装、PCB电路板设计基础、创建电路板文件、PCB环境参数设置、电路板图纸设置、印制电路板的布局设计、印制电路板的布线设计、印制电路板的覆铜设计，在讲解基础知识的过程中，穿插大量实战案例，且所有案例均提供配套的源文件，方便读者实践。此外，本书还配套了重点章节的视频教程，扫书中对应的二维码即可免费观看，学习起来更高效。

本书内容丰富实用，操作讲解细致，图文并茂，语言简洁，非常适合Cadence初学者、电子工程师等自学使用，也可作为高等院校及培训机构相关专业的教材及参考书。

图书在版编目（CIP）数据

Cadence 17.4高速电路设计与仿真完全实战一本通/云智造技术联盟编著. —北京：化学工业出版社，2023.2
ISBN 978-7-122-42501-0

Ⅰ．①C… Ⅱ．①云… Ⅲ．①印刷电路-计算机辅助设计-应用软件 Ⅳ．①TN410.2

中国版本图书馆CIP数据核字（2022）第208189号

责任编辑：耍利娜 文字编辑：吴开亮
责任校对：宋 玮 装帧设计：王晓宇

出版发行：化学工业出版社（北京市东城区青年湖南街13号 邮政编码100011）
印　　刷：北京云浩印刷有限责任公司
装　　订：三河市振勇印装有限公司
787mm×1092mm 1/16 印张20 字数507千字 2024年1月北京第1版第1次印刷

购书咨询：010-64518888 售后服务：010-64518899
网　　址：http://www.cip.com.cn

凡购买本书，如有缺损质量问题，本社销售中心负责调换。

定　　价：89.00元

Cadence公司全称是Cadence Design Systems Inc.，是一家EDA（Electronic Design Automation，电子设计自动化）工具软件公司。

以Cadence为平台，Cadence公司推出PCB设计布线工具Allegro SPB，和其前端产品OrCAD Capture两者的完美结合，为当前高速、高密度、多层的复杂PCB设计提供了完美的解决方案。

Cadence SPB 17.4的原理图编辑器OrCAD Capture CIS，提供方便、快捷、直观的原理图编辑功能，支持层次式原理图创建及变体设计输出，元件信息管理系统（CIS）帮助用户缩短产品设计周期、降低产品成本。

Cadence SPB 17.4的PCB设计界面Allegro PCB Editor，提供从布局、布线到生产文件输出等一系列强大功能、多人协同设计、RF PCB设计、可制造性检查、SI/PI分析、约束驱动的布局布线，降低反复试样的风险，帮助工程师快速准确地完成PCB Layout，降低研发成本。

Cadence SPB 17.4的仿真与分析编辑器PSpice Model Editor中的PSpice AD/AA，提供工业标准的Spice仿真器，解决电路功能仿真以及参数优化等各种问题，提高产品性能及可靠性，Allegro Sigrity提供基于非理想电源平面技术的SI/PI仿真分析一站式解决方案，帮助客户轻松应对当今高速设计中的SI/PI/EMC挑战。

一、本书特色

1. 针对性强

本书编者根据自己多年的计算机辅助电子设计领域工作经验和教学经验，针对初级用户学习Cadence的难点和疑点，由浅入深、全面细致地讲解了Cadence在电子设计应用领域的各种功能和使用方法。

2. 实例专业

本书中有很多实例本身就是工程设计项目案例，经过编者精心提炼和改编，不仅保证了读者能够学好知识点，更重要的是能帮助读者掌握实际的操作技能。

3. 提升技能

本书从全面提升Cadence设计能力的角度出发，结合大量的案例讲解如何利用Cadence进行工程设计，真正让读者懂得计算机辅助电子设计，并能够独立地完成各种工程设计。

4. 内容全面

本书在有限的篇幅内讲解了Cadence的全部常用功能，内容涵盖了原理图绘制、电路仿真、印制电路板设计等知识。读者通过学习本书，可以较为全面地掌握Cadence相关知识。本书不仅有透彻的讲解，还有丰富的实例，通过这些实例的演练，能够帮助读者找到一条学习Cadence的终南捷径。

二、配套资源使用说明

本书随书配送了多媒体学习资料，包含了全书讲解实例和练习实例的源文件素材，并制作了全程实例同步视频文件。为了增强学习的效果，进一步方便读者学习，编者亲自对视频进行了配音讲解，利用编者精心设计的多媒体界面，读者可以像看电影一样轻松愉悦地学习本书。

三、本书服务

1. 安装软件的获取

按照本书上的实例进行操作练习，使用Cadence进行工程设计时，需要事先在计算机上安装相应的软件。读者可访问Cadence公司官方网站下载试用版，或购买正版软件。

2. 技术问题的反馈

读者遇到有关本书的技术问题，可以进入QQ群981980694直接留言，我们将尽快回复。

本书虽经编者几易其稿，但由于时间仓促，加之水平有限，书中不足之处在所难免，望广大读者批评指正。

编著者

扫码下载源文件

目录
CONTENTS

第 4 章

原理图库设计 /055

第 5 章

焊盘设计 /090

第 1 章

电路设计基础

随着电子技术的发展，大规模、超大规模集成电路的使用，使PCB板设计越来越精密和复杂。Cadence系列软件是EDA软件的突出代表，主打即时高速PCB设计，不断改进的3D Canvas功能，有助于验证元器件放置的间距和间隙是否合理。

Cadence17.4主要由Cadence Allegro和Cadence OrCAD组成。本章将从Cadence 17.4的功能特点讲起，使读者从总体上了解进而熟悉软件的基本结构和操作流程。

1.1 电路总体设计流程

电路设计自动化（Electronic Design Automation，EDA）指的是用计算机协助完成电路设计中的各种工作，如电路原理图（Schematic）的绘制、印制电路板（PCB）的设计制作、电路仿真（Simulation）等设计工作。

为了让用户对电路设计过程有一个整体的认识和理解，下面介绍PCB电路板设计的总体流程。

通常情况下，从接到设计要求书到最终制作出PCB电路板，主要经历以下几个步骤。

（1）案例分析

这个步骤严格来说并不是PCB电路板设计的内容，但对后面的PCB电路板设计又是必不可少的。案例分析的主要任务是决定如何设计原理图电路，同时也影响PCB电路板如何规划。

（2）绘制原理图元件

虽然提供了丰富的原理图元件库，但不可能包括所有元件，必要时需动手设计原理图元件，建立自己的元件库。

（3）绘制电路原理图

找到所有需要的原理图元件后，就可以开始绘制原理图了。根据电路复杂程度决定是否需要使用层次原理图。完成原理图后，用 ERC（电气规则检查）工具查错，找到出错原因并修改原理图电路，重新查错到没有原则性错误为止。

（4）电路仿真

在设计电路原理图之前，有时候会对某一部分电路设计并不十分确定，因此需要通过电路仿真来验证。还可以用于确定电路中某些重要元件的参数。

（5）绘制元件封装

与原理图元件库一样，电路板封装库也不可能提供所有元件的封装。需要时自行设计并建立新的元件封装库。

（6）设计PCB电路板

确认原理图没有错误之后，开始进行PCB板的绘制。首先绘出PCB板的轮廓，确定工艺要求（如使用几层板等）。然后将原理图传输到PCB板中，在网络报表（简单介绍来历功能）、设计规则和原理图的引导下布局和布线。最后利用DRC（设计规则检查）工具查错。

此过程是电路设计时另一个关键环节，它将决定该产品的使用性能，需要考虑的因素很多，不同的电路有不同要求。

（7）文档整理

对原理图、PCB图及元件清单等文件予以保存，以便以后维护、修改。

1.2 Cadence软件新功能

Cadence SPB Allegro and OrCAD 2019 v17.40是Cadence公司开发的一套全新的人性化可扩展设计平台，简称cadence17.4，致力于数据云、互联网、移动设备及工业4.0等领域的专业PCB设计解决方案，能够为用户的团队提供全面支持，以顶尖流程工艺助客户实现最高生产力和最高效率，设计出成功的硅片产品，缩短上市时间。

OrCAD涵盖原理图工具OrCAD Capture、Capture CIS（含有元件库管理之功能），原理图仿真工具PSpice（PSpiceAD、PSpiceAA），PCB Layout工具OrCAD PCB Editor（Allegro L版本，OrCAD原来自有的OrCAD Layout在2008年已经在全球范围停止销售），信号完整性分析工具OrCAD Signal Explorer（Allegro SI基础版本）。

Allegro SPB涵盖原理图工具Design Entry CIS（与OrCAD Capture CIS完全相同），Design Entry HDL，原理图仿真工具Allegro AMS Simulator（即PSpiceAD、PSpiceAA），PCB Layout工具Allegro PCB Editor（有L、Performance、XL、GXL版本），信号完整性分析工具Allegro PCB SI（有L、Performance、XL、GXL版本）。

Cadence 17.4与之前的几个版本在功能模块上既有相同的地方，也有不同之处，下面简单介绍具体功能模块。

（1）Allegro PCB Designer

Allegro PCB Designer是一个灵活可扩展的平台，经过了全球广泛用户验证的PCB设计环境，使设计周期更短且可预测。该PCB设计解决方案由基础设计工具包加可选功能模块的组合形式提供，它包含产生PCB设计所需的全部工具，以及一个完全一体化的设计流程。基础设计工具包Allegro PCB Designer包含一个通用和统一的约束管理解决方案、PCB Editor、自动/交互式的布线器以及与制造和机械CAD的接口。PCB Editor提供了一个完整的布局布线环境，适应从简单到复杂的各种PCB设计。其优点如下。

① 支持两种原理图设计环境：业界公认最好用的Capture原理图及超强编辑能力的Design Authoring 原理图。

② 兼容简单及复杂的各类PCB布局布线编辑环境。

③ 原理图及PCB统一的约束管理方案，实时、提醒式显示长度和时序余量。

④ 实时的基于形状的推挤布线、任意角度的紧贴布线使得布线空间得以完美利用。

⑤ 动态覆铜可智能避让不同net的via、走线及覆铜。

⑥ 布局复制技术使用户能够在设计中快速完成多个相似的电路的布局布线。

⑦ 3D View及干涉检查，支持平移、缩放和旋转显示，支持复杂孔结构或电路板绝缘层部分的显示。

⑧ 翻转电路板功能使得装配/测试工程师有一个真正的底侧视图。

⑨ 制造和机械CAD的接口，丰富的Skill二次开发接口。

（2）Allegro Design Authoring

Allegro Design Authoring提供企业级原理图设计方案，让硬件工程师可以快速高效地创建复杂设计。其特色如下。

① 完全层次化的设计方法。

② 多视点（多个窗口显示相同或者不同的电路）。

③ 组件浏览和实体元件选择（具有过滤功能的物理元件列表）。

④ 项目管理器（统一流程管理，工具的运行设置）。

⑤ 层次管理器（结构管理）。

⑥ 直接从原理图生成层次化的 VHDL 和 VERILOG 网表格式。

⑦ Cadence SKILL 程序语言扩展支持。

⑧ 所有的 Allegro PCB Editor 产品均可以交互设计与交互高亮显示。

⑨ 优化算法保证最少的元件使用。

⑩ 通过附加工具交互式来保证原理图与版图的同步。

⑪ 生成标准报告，包括自定制的料单。

⑫ TTL、CMOS、ECL、Memory、PLD、GaAs、Interface 和 VLSI 库。

⑬ ANSI/IEEE 及常用符号。

（3）Cadence OrCAD Capture CIS

Cadence OrCAD Capture CIS 是一款多功能的 PCB 原理图输入工具。OrCAD Capture 作为行业标准的 PCB 原理图输入方式，是当今世界流行的原理图输入工具之一，具有简单直观的用户设计界面。OrCAD Capture CIS 具有功能强大的元件信息系统，可以在线和集中管理元件数据库，从而大幅提升电路设计的效率。

OrCAD Capture CIS 提供了完整的、可调整的原理图设计方法，能够有效应用于 PCB 的设计创建、管理和重用。将原理图设计技术和 PCB 布局布线技术相结合，OrCAD 能够帮助设计师从一开始就抓住设计意图。不管是用于设计模拟电路、复杂的 PCB、FPGA 和 CPLD、PCB 改版的原理图修改，还是用于设计层次模块，OrCAD Capture 都能为设计师提供快速的设计输入工具。此外，OrCAD Capture 原理图输入技术让设计师可以随时输入、修改和检验 PCB 设计。

OrCAD Capture CIS 与 OrCAD PCB Editor 的无缝数据连接，可以很容易地实现物理 PCB 的设计；与 Cadence PSpice A/D 高度集成，可以实现电路的数模混合信号仿真。OrCAD Capture CIS 在原理图输入基础上，加入了强大的元件信息系统，可用于创建、跟踪和认证元件，便于优选库和已有元件库的重用。这种简单的原理图输入技术让设计师能够更好地发挥创造力，专注于电路设计，而不是忙碌于工具层面的操作。其优点如下。

① 在一个会话窗中可以查看和编辑多个项目。

② 通过互联网访问最新元件。

③ 通过电路图内部或电路图之间的复制、粘贴，可以再利用原有的原理图设计数据。

④ 从一整套功能元件库中选择元件。

⑤ 用内嵌的元件编辑器更改或移动元件引脚名称和引脚编号。

⑥ 支持设计文件被其他用户打开时，该设计文件将自动锁定。

⑦ 放置、移动、拖动、旋转或镜像被选中的单个元件或组合元件时，电气连接是可视的。

⑧ 通过检查设计和电气规则，确保设计的完整性及正确性。

⑨ 可以直接嵌入图形对象、书签、标识位图图片等。

⑩ 通过选择公制或英制单位来确定网格间距以满足所有绘图标准。

⑪ 支持非线性自动缩放平移画面，具有高效率的查找/搜索功能。

（4）Cadence OrCAD PCB Designer

Cadence OrCAD PCB Designer是目前行业内非常流行的EDA工具，OrCAD PCB Designer提供了一个"原理图设计—PCB设计—加工数据输出"全流程的设计平台，其可靠性和可升级性被业内人士广泛认同。它的高性能可以使企业缩短项目设计周期，降低项目成本，加快产品上市时间，可以有效控制产品设计风险，从而提高企业在行业中的竞争力。

这款功能强大高度集成的PCB设计平台工具，主要包含设计输入、元件库工具、PCB编辑器/布线器和可选的数模信号完整性仿真工具。这些简单直观的PCB设计工具体现着OrCAD的专业价值，并且将来便于升级到Cadence Allegro系列，来进行更复杂PCB的设计。

Cadence OrCAD PCB设计解决方案提供了电路板从设计到生产所有流程对应的设计解决方案，这是一个完整的PCB设计环境。该设计解决方案集成了从设计构想到最终产品所要的一切功能模块，包含规则管理器（Constraint Manager）、原理图输入工具（Capture）、元件管理工具（CIS）、PCB编辑器（PCB Editor）和自动/交互式布线器（SPECCTRA），以及用于制造和机械加工的各种CAD接口。随着设计难度和复杂性的增加，可以通过统一的数据库架构、应用模型和元件封装库为Cadence OrCAD和Allegro产品系列提供完全可升级的PCB解决方案，便于加速设计和扩大设计规模。

Cadence OrCAD PCB Editor对于设计简单电路板来说，是一款非常简单实用的PCB板层编辑工具。基于可靠的Allegro PCB设计技术，OrCAD PCB Editor提供了许多优秀功能，可以使从PCB布局、布线到加工数据输出的整个设计流程的效率得到极大的提高。它可以提高企业生产效率、缩短设计周期，并提高工程师的设计能力。其优点如下。

① 提供可靠、可升级、可降低成本的PCB布局布线解决方案，并且随着设计要求可以随时进行更新。

② 可实现从前端到后端的紧密整合，提高设计效率，确保设计数据完整性。

③ 包含一整套全面的功能组合，紧密结合的PCB设计环境提供了产品设计的一整套解决方案。

④ 包含一个从前端到后端的约束管理系统，用于约束创建、管理和确认。

⑤ 提供从基础/高级布局布线，到战略性规划和全局布线的完整的互联环境。

⑥ 动态覆铜技术可以实时填充和挖空，用以消除手工覆铜时挖空出错并进行修复，提高覆铜的效率。

1.3 电路设计的内容

电路设计是指实现一个电子产品从设计构思、电学设计到物理结构设计的全过程。在Cadence中，设计电路板主要包含以下几项内容。

（1）电路原理图的设计

电路原理图的设计主要是利用Cadence中的原理图设计系统来绘制一张电路原理图。在这一步中，可以充分利用其所提供的各种原理图绘图工具、丰富的在线库、强大的全局编辑能力以及便利的电气规则检查，来达到设计目的。

（2）电路信号的仿真

电路信号仿真是原理图设计的扩展，为用户提供一个完整的从设计到验证的仿真设计环境。它与Cadence原理图设计服务器协同工作，以提供一个完整的前端设计方案。

（3）产生网络表及其他报表

网络表是电路板自动布线的灵魂，也是原理图设计与印制电路板设计的主要接口。网络表可以从电路原理图中获得，也可以从印制电路板中提取。其他报表则存放了原理图的各种信息。

（4）印制电路板的设计

印制电路板设计是电路设计的最终目标。利用 Cadence 的强大功能可实现电路板的板面设计，完成高难度的布线以及输出报表等工作。

（5）信号的完整性分析

Cadence 包含一个高级信号完整性仿真器，能分析 PCB 板和检查设计参数，测试过冲、下冲、阻抗和信号斜率，以便及时修改设计参数。

概括地说，整个电路板的设计过程是先编辑电路原理图，接着用电路信号仿真进行验证调整，然后进行布板，再人工布线或根据网络表进行自动布线。前面谈到的这些内容都是设计中最基本的步骤。除了这些，用户还可以用 Cadence 的其他服务器，如创建、编辑元件库和零件封装库等。

第 2 章
原理图环境设置

Cadence OrCAD Capture CIS 是一款多功能的 PCB 原理图输入工具，具有功能强大的元件信息系统，可以在线和集中管理元件数据库，从而大幅提升电路设计的效率。

本章介绍该软件的界面环境及基本操作方式、原理图工作环境的设置，以使用户能熟悉这些设置，为后面的原理图的绘制打下一个良好的开端。

2.1 原理图功能简介

按照功能的不同将原理图设计划分为 5 个部分，分别是项目管理模块、元件编辑模块、电路图绘制模块、元件信息模块和后处理模块，功能模块关系如图 2-1 所示。

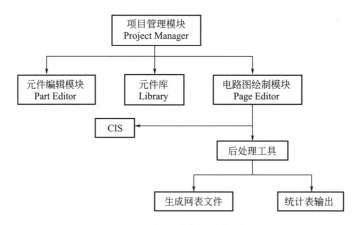

图2-1 电路图功能模块关系

① 项目管理模块（Project Manager）。项目管理模块是整个软件的导航模块，负责管理电路设计项目中的各种资源及文件，协调处理电路图与其他软件的接口和数据交换。

② 元件编辑模块（Part Editor）。软件自带的软件包提供了大量的不同元件符号的元件库，用户在绘制电路图的过程中可以直接调用，非常方便。同时软件包还包含了元件编辑模块，可以对元件库中的内容进行修改、删除或添加新的元件符号。

③ 电路图绘制模块（Page Editor）。电路图绘制模块可以进行各种电路图的绘制工作。

④ 元件信息模块（Component Information System）。元件信息模块可以对元件和库进行高效的管理。通过互联网元件助理可以在互联网上从指定网站提供的元件数据库中查询更多的元件，根据需要添加到自己的电路设计中，也可以保存到软件包的元件库中，以备在后期设计中可以直接调用。

⑤ 电路设计的后期处理（Processing Tools）。软件提供了一些后期处理工具，可以对编辑好的电路原理图进行元件自动编号、设计规则检查、输出统计报告及生成网络报表文件等操作。

2.2　OrCAD Capture CIS 工作平台

OrCAD Capture原理图输入技术让设计师可以随时输入、修改和检验PCB设计。OrCAD Capture 与OrCAD PCB Editor的无缝数据连接，可以很容易实现物理PCB的设计；与 Cadence PSpice A/D高度集成，可以实现电路的数模混合信号仿真。

执行菜单栏中的"开始"→"程序"→"Cadence PCB 17.4-2019"→"Capture CIS 17.4" 命令，将会启动OrCAD Capture CIS 17.4主程序窗口。

启动软件后，弹出如图2-2所示的"17.4 CaptureCIS Product Choices"对话框，在该对 话框中选择需要的开发平台，如图2-3所示。

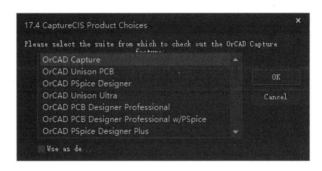

图2-2　"17.4 CaptureCIS Product Choices"对话框（1）

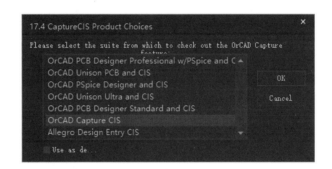

图2-3　"17.4 CaptureCIS Product Choices"对话框（2）

选择需要的开发平台"OrCAD Capture CIS"，如图2-3所示，单击"OK"按钮，进入主 窗口"OrCAD Capture CIS"，如图2-4所示。用户可以使用该窗口进行工程文件的操作，如 创建新工程、打开文件、保存文件等。

原理图设计平台同标准的Windows软件的风格一致，包括从层叠式菜单结构到快捷键 的使用，还有工具栏等。

从图2-4中可知，"OrCAD Capture CIS"图形界面有如下8个部分。

- 标题栏：显示当前打开软件的名称及文件的路径、名称。
- 菜单栏：同所有的标准Windows应用软件一样，OrCAD Capture CIS采用的是标准的 下拉式菜单。
- 工具栏：在工具栏中收集了一些比较常用的功能，将它们图标化以方便用户操作 使用。

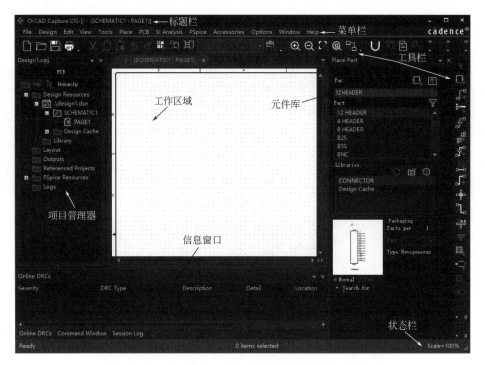

图2-4 原理图编辑环境"OrCAD Capture CIS"

- 项目管理器：此窗口可以根据需要打开和关闭，显示工程项目的层次结构。
- 工作区域：用于原理图绘制、编辑的区域。
- 信息窗口：在该窗口中实时显示文件运行阶段消息。
- 状态栏：在进行各种操作时，状态栏都会实时显示一些相关的信息，所以在设计过程中应及时查看状态栏。
- 元件库：可随时打开或关闭，在此窗口中进行元件的添加、搜索与查询等操作，是原理图设计的基础。

在上述图形界面中，除标题栏和菜单栏之外，其余部分可以根据需要进行打开或关闭。

2.3 项目管理器

OrCAD Capture CIS为用户提供了一个十分友好且实用的设计环境，它打破了传统的EDA设计模式，采用了以工程为中心的设计环境。项目管理器独立于原理图编辑环境，可进行一些基本操作，包括新建文件、打开已有文件、保存文件、删除文件等操作。

（1）保存

选择菜单栏中的"File（文件）"→"Save（保存）"命令或单击"Capture"工具栏中的"Save document（保存文件）"按钮，直接保存当前文件。

（2）另存为

选择菜单栏中的"File（文件）"→"Save As（另存为）"命令，弹出如图2-5所示的"Save As（另存为）"对话框，读者可以更改设计项目的名称、所保存的文件路径等，执行此命令一般至少需修改路径或名称中的一种，否则直接选择"保存"命令即可。完成修改后，单击"保存"按钮，完成文件另存。

图2-5 "Save As（另存为）"对话框

（3）将工程另存为

此命令只能在项目管理器界面下进行操作，工作区界面中此命令为灰色，无法进行操作。

① 选择菜单栏中的"File（文件）"→"Save Project As（将工程另存为）"命令，弹出如图2-6所示的"Save Project As（将工程另存为）"对话框。

② 在"Destination Directory（最终目录）"文本框下单击■■按钮，弹出如图2-7所示的"Select Folder（选择文件夹）"对话框，选择路径，单击 选择文件夹 按钮，返回"Save Project As（将工程另存为）"对话框。在"Project Name（工程名称）"文本框中输入工程名称。

在"Settings（设置）"选项组下的部分选项含义如下。

图2-6 "Save Project As（将工程另存为）"对话框

图2-7 "Select Folder（选择文件夹）"对话框

- Copy DSN to Project Folder：将数据集保存到工程文件夹。
- Copy All Referred Files Present Within Project Folder：将所有相关文件均保存在工程文件夹中。
- Copy All Referred Files Present Out of Project Folder：将所有相关文件均保存在工程文件夹外。

单击 OK 按钮，完成保存设置。

（4）原理图文件重命名

在工程管理器中选择要重命名的原理图文件，选择菜单栏中的"Design（设计）"→"Rename（重命名）"命令或使用鼠标右键单击并在弹出的快捷菜单中选择"Rename（重命名）"命令，弹出"Rename Schematic（原理图重命名）"对话框，如图2-8所示，输入新原理图文件的名称。

（5）原理图页重命名

在工程管理器中选择要重命名的图页文件，选择菜单栏中的"Design（设计）"→"Rename（重命名）"命令或使用鼠标右键单击并在弹出的快捷菜单中选择"Rename（重命名）"命令，弹出"Rename Page（图页重命名）"对话框，如图2-9所示，输入新图页名称。

不论原理图是否打开，重命名操作都会立即生效。

图2-8　"Rename Schematic（原理图重命名）"对话框　　　图2-9　"Rename Page（图页重命名）"对话框

（6）其他文件重命名

工程文件.opj只能用另存文件的方式进行重命名，设计文件.dsn同样适用另存为的方式重命名文件，这样才能和工程文件保持联系，否则工程文件就找不到数据库了。

2.4　原理图分类

在进行电路原理图设计时，鉴于某些图纸过于复杂，无法在一张图纸上完成，于是衍生出两种电路（平坦式电路、层次式电路）设计方法来解决这种问题。

原理图设计分类如下。

- 进行简单的电路原理图设计（只有单张图纸构成的）。
- 平坦式电路原理图设计（由多张图纸拼接而成的）。
- 层次式电路原理图设计（多张图纸按一定层次关系构成的）。

平坦式电路中，各图页之间是左右关系；层次式电路中，各图页之间是上下关系。

按照功能分，原理图又可分为一般电路与仿真电路。

2.4.1　平坦式电路

平坦式电路是相互平行的电路，在空间结构上是在同一个层次上的电路，只是分布在不同的电路图纸上，每张图纸通过页间连接符连接起来。

平坦式电路表示不同图页间的电路连接，每张图页上均有页间连接符显示，不同图页依靠相同名称的页间连接符进行电气连接。如果图纸够大，平坦式电路也可以绘制在同一张电路图上，但电路图结构过于复杂，不易理解，在绘制过程中也容易出错。采用平坦式电路虽然不在一张图页上，但相当于在同一个电路图的文件夹中。

Flat Design 即平坦式设计，在电路规模较大时，将图纸按功能分成几部分，每部分绘制在一页图纸上，每张电路图之间的信号连接关系用 "Off-page Connector（页间连接符）" 表示。

Capture 中平坦式电路结构具有以下特点。

① 每页电路图上都有 "Off-page Connector（页间连接符）"，表示不同页面电路间的连接。不同电路上相同名称的 "Off-page Connector（页间连接符）" 在电学上是相连的。

② 平坦式电路之间不同页面都属于同一层次，相当于在 1 个电路图文件夹中。

平坦式电路在空间结构上看是在同一个层次上的电路，只是整个电路在不同的电路图纸上，每张电路图之间是通过端口连接器连接起来的。

平坦式电路表示不同页面之间的电路连接，在每页上都有 "Off-page Connector（页间连接符）"，而且不同页面上相同名称的端口连接器在电学上是相同的。平坦式电路虽然不是在同一页面上，但是它们是同一层次的，相当于在同一个电路图的文件夹中，结构如图 2-10 所示。

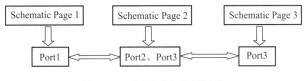

图 2-10　平坦式电路图结构

2.4.2　层次式电路

层次式电路在空间结构上是属于不同层次的，一般是先在一张图纸上用方框图的形式设置顶层电路，在另外的图纸上设计每个方框图所代表的子原理图。

如果电路规模过大，使得幅面最大的页面图纸也容纳不下整个电路设计，就必须采用特殊设计的平坦式或层次式电路结构。但是，在以下几种情况下，即使电路的规模不是很大，完全可以放置在一页图纸上，也往往采用平坦式或层次式电路结构。

① 将一个复杂的电路设计分为几个部分，分配给几个工程技术人员同时进行设计。

② 按功能将电路设计分成几个部分，让具有不同特长的设计人员负责不同部分的设计。

③ 采用的打印输出设备不支持幅面过大的电路图页面。

④ 目前自上而下的设计策略已成为电路和系统设计的主流，这种设计策略与层次式电路结构一致，因此相对复杂的电路和系统设计，大多采用层次式结构，使用平坦式电路结构的情况已相对减少。

对于层次式电路结构，首先在一张图纸上用框图的形式设计总体结构，然后在另外一张图纸上设计每个子电路框图代表的结构。在实际设计中，下一层次电路还可以包含子电路框图，按层次关系将子电路框图逐级细分，直到最后一层完全为某一个子电路的具体电路图，不再含有子电路框图。

层次式电路图的基本结构如图 2-11 所示。

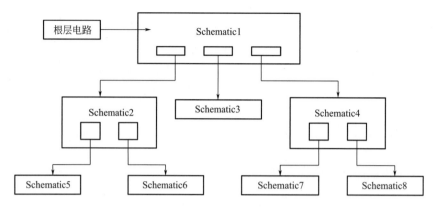

图2-11　层次式电路图的基本结构

在图2-11中，每个区域就是已给电路图系（标志为Schematic而不是Page），每个区域相当于一个数据夹，其中可以只放一张电路图，也可以是几张电路图所拼接而成的平坦式电路图。

2.4.3　仿真电路

与普通原理图相比，仿真原理图有以下几点要求。

① 调用的器件必须有PSpice模型，软件本身提供的模型库，库文件存储的路径为"X：Capture\Library\Pspice"，所有器件都有提供PSpice模型，可以直接调用。

② 使用自行创建的器件，必须保证"*.olb"、"*.lib"两个文件同时存在，而且器件属性中必须包含PSpice Template属性。

③ 原理图中至少必须有一条网络名称为0，即接地。

④ 必须有激励源，原理图中的端口符号并不具有电源特性，所有的激励源都存储在Source和SourceTM库中。

⑤ 电源两端不允许短路，不允许仅由电源和电感组成回路，也不允许仅由电源和电容组成割集。在简单回路中，可用电容并联一个大电阻，电感串联一个小电阻。

⑥ 最好不要使用负值电阻、电容和电感，因为它们容易引起不收敛。

2.5　原理图的图纸设置

在原理图的绘制过程中，可以根据所要设计的电路图的复杂程度决定图纸尺寸，先对图纸进行设置。虽然在进入电路原理图的编辑环境时，Cadence系统会自动给出相关的图纸默认参数，但是在大多数情况下，这些默认参数不一定适合用户的需求，尤其是图纸尺寸。用户可以根据设计对象的复杂程度来对图纸的尺寸及其他相关参数进行重新定义。

选择菜单栏中的"Option（选项）"→"Schematic Page Properties（原理图页属性）"命令，系统将弹出"Schematic Page Properties（原理图页属性）"对话框，如图2-12所示。

在该对话框中，有"Page Size（图页尺寸）"、"Grid Reference（参考网格）"和"Miscellaneous（杂项）"3个选项卡。

（1）设置图页大小

① 单击"Page Size（图页尺寸）"选项卡，这个选项卡的上半部分为尺寸单位设置。

Cadence给出了两种图页尺寸单位方式。一种是"Inches（英制）"，另一种为"Millimeters（公制）"。

选项卡的上半部分为尺寸选择。可以选择已定义好的图纸标准尺寸，例如，英制图纸尺寸（A～E）的尺寸。

② 在"Units（单位）"选项组下选择"Millimeters（公制）"，如图2-13所示。则在下半部分显示公制图纸尺寸（A0～A4）。

另一种是"Custom（自定义风格）"，选择此单选按钮，则自定义功能被激活，在"Width

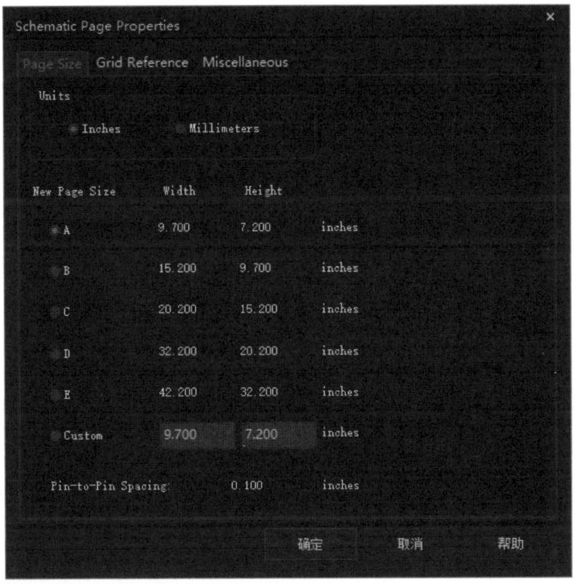

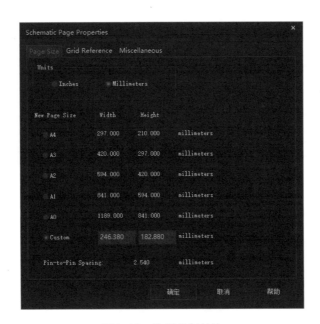

图2-12　　"Schematic Page Properties（原理图页属性）"对话框

图2-13　选择公制单位

（定制宽度）""Height（定制高度）"文本框中可以分别输入自定义的图纸尺寸。

③ 用户可以根据设计需要选择这两种设置方式，默认的格式为"Inches（英制）"A样式。

（2）设置参考网格

进入原理图编辑环境后，大家可能注意到编辑窗口的背景是网格型的，这种网格就为参考网格，是可以改变的。网格为元件的放置和线路的连接带来了极大的方便，使用户可以轻松地排列元件和整齐地走线。

参考网格通过"Grid Reference（参考网格）"选项卡设置，可以设置水平方向，也可以设置垂直方向的网格数，如图2-14所示。

① 在"Horizontal（图纸水平边框）"选项组下"Count（计数）"文本框中输入设置图纸水平边框参考网格的数目，在"Width（宽度）"文本框中设置图纸水平边框参考网格的高度。参考网格编号有两种显示方法："Alphabetic（字母）"和"Numeric（数字）"。参考网格计数方式分为"Ascending（递增）"和"Descending（递减）"。

同样的设置应用于"Vertical（垂直）"选项组。

② 在"Border Visible（边框可见性）"选项组下，分别勾选"Displayed（显示）"和"Printed（打印）"两个复选框，设置图纸边框的可见性。

③ 在"Grid Reference Visible（参考网格可见性）"选项组下，分别勾选"Displayed（显示）"和"Printed（打印）"两个复选框，设置图纸参考网格的可见性。

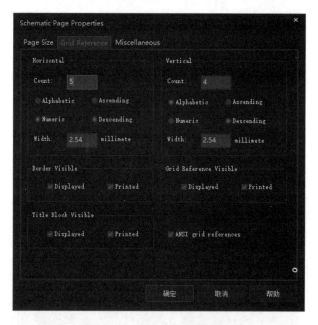

图2-14 "Grid Reference（参考网格）"选项卡

④ 在"Title Block Visible（标题栏可见性）"选项组下分别勾选"Displayed（显示）"和"Printed（打印）"两个复选框，设置标题栏的可见性。

（3）设置杂项

在"Miscellaneous（杂项）"选项卡中显示图页号及创建时间和修改时间，如图2-15所示。

完成图纸设置后，单击"确定"按钮，进入原理图绘制的流程。

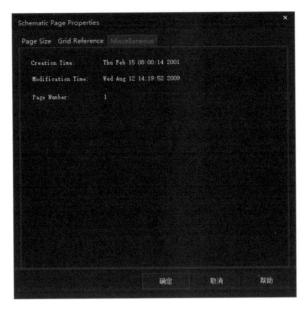

图2-15　"Miscellaneous（杂项）"选项卡

2.6　配置系统属性

在原理图的绘制过程中，其效率和正确性，往往与系统属性的设置有着密切的关系。属性设置得合理与否，直接影响到设计过程中软件的功能能否得到充分的发挥。下面介绍如何进行系统属性设置。

① 选择菜单栏中的"Options（选项）"→"Preferences（属性设置）"命令，系统将弹出"Preferences（属性设置）"对话框，如图2-16所示。

② 在"Preferences（属性设置）"对话框中有7个选项卡，即Colors/Print（颜色/打印）、Grid Display（网格点属性）、Pan and Zoom（缩放的设定）、Select（选取模式）、Miscellaneous（杂项）、Text Editor（文字编辑）、Board Simulation（电路板仿真）。下面对其中所有选项卡的具体设置进行说明。

2.6.1　颜色设置

① 电路原理图的颜色设置通过如图2-16所示的"Colors/Print（颜色/打印）"选项卡来实现，除了设置各种图纸的颜色，还可以设置打印的颜色，可以根据自己的使用习惯设置颜色，也可以选择默认设置。

② 勾选选项前面的复选框，设置颜色的不同组件，在打印后的图纸上显示对应颜色。下面分别介绍各选项。

Pin：设置引脚的颜色。

Pin Name：设置引脚名称的颜色。

Pin Number：设置引脚号码的颜色。

No Connect：设置不连接指示的符号的颜色。

Off-page Connector：设置页间连接符的颜色。

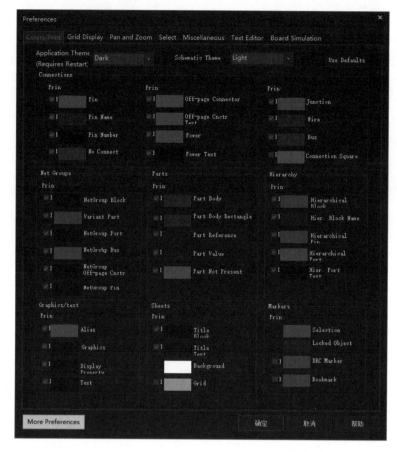

图2-16　"Preferences（属性设置）"对话框

Off-page Cnctr Text：设置页间连接符文字的颜色。

Power：设置电源符号的颜色。

Power Text：设置电源符号文字的颜色。

Junction：设置节点的颜色。

Wire：设置导线的颜色。

Bus：设置总线的颜色。

Connection Square：设置连接层的颜色。

NetGrond Block：设置网络组块的颜色。

Variant Part：设置变体元件的颜色。

NetGroup Port：设置网络组端口的颜色。

NetGroup Bus：设置网络组总线的颜色。

NetGroup Off-page Cnctr：设置网络组页间连接符的颜色。

NetGroup Pin：设置网络组引脚的颜色。

Part Body：设置元件简图的颜色。

Part Body Rectangle：设置元件简图方框的颜色。

Part Reference：设置元件附加参考资料的颜色。

Part Value：设置元件参数值的颜色。

Part Not Present：设置 DIN 元件的颜色。

Hierarchical Block：设置层次块的颜色。

Hier Block name：设置层次名的颜色。

Hierarchical Pin：设置层次引脚的颜色。

Hierarchical Port：设置层次端口的颜色。

Hier Port Text：设置层次文字的颜色。

Alias：设置网络别名的颜色。

Graphics：设置注释图案的颜色。

Display Pronerty：设置显示属性的颜色。

Text：设置说明文字的颜色。

Title Block：设置标题块的颜色。

Title Text：设置标题文本的颜色。

Background：设置图纸的背景颜色。

Grid：设置格点的颜色。

Selection：设置选取图件的颜色。

Locked Object：设置锁定对象的颜色。

DRC Marker：设置标志的颜色。

Bookmark：设置书签的颜色。

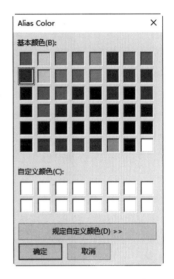

图2-17　颜色设置对话框

③ 当要改变某项的颜色属性时，只需单击对应的颜色块，即可打开如图2-17所示的颜色设置对话框，选择所需要的颜色，单击"确定"按钮，即选中该颜色。

 注意

　　选择不同选项的颜色块，打开的对话框名称不同，但显示界面与设置方法相同，这里不再一一赘述。

2.6.2　网格点属性

如图2-18所示的"Grid Display（格点属性）"选项卡主要用来调整显示网格模式，应用范围主要在原理图页及元件编辑两个方面。

整个页面分为两大部分。

① Schematic Page Grid：原理图页网格设置。

Visible：可见性设置。

● Displayed：可视性。勾选此复选框，原理图页网格可见；反之，不可见。

Grid Style：网格类型。

● Dots：点状格点。

● Lines：线状格点。

Grid spacing：网格排列。

Pointer snap to grid：光标随格点移动。

② Part and Symbol Grid：元件或符号网格设置。

Visible：可见性设置。

● Displayed：可视性。勾选此复选框，元件或符号网格可见；反之，不可见。

Grid Style：网格类型。

● Dots：点状格点。

● Lines：线状格点。

Pointer snap to grid：光标随格点移动。

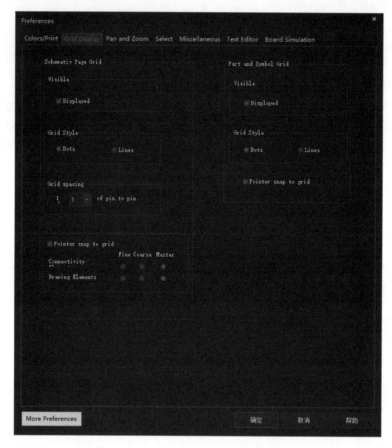

图2-18　"Grid Display（格点属性）"选项卡

2.6.3　设置缩放窗口

图2-19所示的"Pan and Zoom（缩放的设定）"选项卡用于设置图纸放大与缩小的倍数。此选项卡分为两大部分。

① Schematic Page Editor：原理图页编辑设置。

Zoom Factor：放大比例。

Auto Scroll Percent：自动滚动。

② Part and Symbol Editor：元件或符号网格设置。

Zoom Factor：放大比例。

Auto Scroll Percent：自动滚动百分比。

其余选项这里不再赘述。

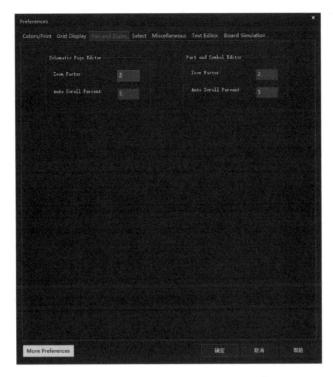

图2-19　"Pan and Zoom（缩放的设定）"选项卡

2.7　设计向导设置

原理图设计环境的设置主要包括字体的设置、标题栏的设置、页面尺寸的设置、边框显示的设置、层次图参数的设置及SDT兼容性的设置。

选择菜单栏中的"Options（选项）"→"Design Template（设计向导）"命令，系统将弹出"Design Template（设计向导）"对话框，如图2-20所示。

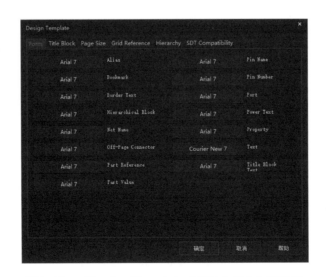

图2-20　"Design Template（设计向导）"对话框

在该对话框中可以设置题头、字体大小、页面尺寸、网格尺寸、显示打印方式等。如设置结果对原理图的电气特性没有影响，才可用默认设置。通常为了绘制方便，修改背景颜色、网格大小及显示方式。最重要的设置是页面的大小，通常A4或A3即可。

该对话框包括6个选项卡，下面进行一一介绍。

（1）"Fonts（字体）"选项卡

选择"Fonts（字体）"选项卡，在该界面中对所有种类的字体进行设置，如图2-20所示。在该选项组下显示可以设置颜色的不同组件，勾选选项前面的复选框，在图纸中显示对应字体。

当要改变某项的字体属性时，只需单击对应的字体块，即可打开如图2-21所示的字体设置对话框，进行相应设置。

（2）"Title Block（标题栏）"选项卡

选择"Title Block（标题栏）"选项卡，在该界面中设定标题栏内容，如图2-22所示。

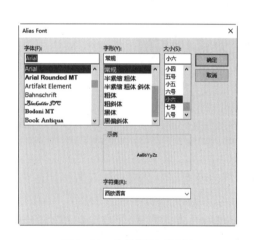

图2-21　字体设置对话框

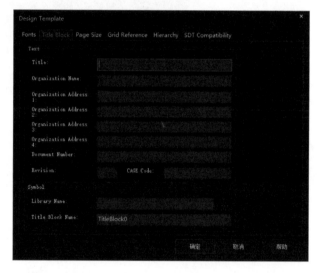

图2-22　"Title Block（标题栏）"选项卡

（3）"Page Size（页面设置）"选项卡

选择"Page Size（页面设置）"选项卡，在该界面中设置要绘制的图纸大小，如图2-23所示。

- Units：单位。选择单位为"Inches（英制）""Millimeters（公制）"，一般采用默认设置，使用"Inches（英制）"。
- New Page Size：新图纸尺寸。选择图纸尺寸。
- Custom：自定义。自定义设置图纸尺寸。
- Pin-to-Pin Spacing：引脚间距。默认设置为0.1，引脚间距的设定间接地也可以确定元件的大小，尽量采用默认设置。

（4）"Grid Reference（网格属性）"选项卡

选择"Grid Reference（网格属性）"选项卡，在该界面中对边框显示进行设置，设置参考网格，如图2-24所示。在该界面中对边框显示进行设置。

此选项卡分为6部分。

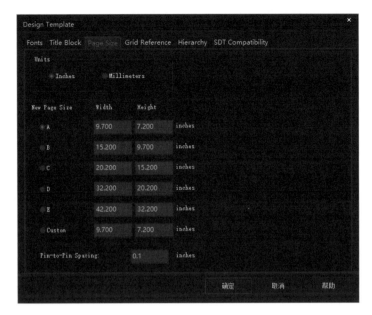

图2-23　"Page Size（页面设置）"选项卡

① Horizontal：设置图纸水平边框。

- Count：设置图纸水平边框参考网格的数目。
- Alphabetic：将统计的数目以字母编号。
- Numeric：将统计的数目以数字编号。
- Ascending：将统计的数目从左至右递增。
- Descending：将统计的数目从左至右递减。
- Width：设置图纸水平边框参考网格的高度。

② Vertical：设置图纸垂直边框。

- Count：设置图纸垂直边框参考网格的数目。
- Alphabetic：将统计的数目以字母编号。
- Numeric：将统计的数目以数字编号。
- Ascending：将统计的数目从左至右递增。
- Descending：将统计的数目从左至右递减。
- Width：设置图纸垂直边框参考网格的高度。

③ Border Visible：设置图纸边框的可见性。

- Displayed：设置是否显示边框，选中该复选框表示显示边框，否则不显示边框。
- Printed：设置是否打印边框，选中该复选框表示打印边框，否则不打印边框。

④ Grid Reference Visible：设置图纸参考网格的可见性。

- Displayed：设置是否显示图纸参考网格，选中该复选框表示显示参考网格，否则不显示参考网格。
- Printed：设置是否打印图纸参考网格，选中该复选框表示打印参考网格，否则不打印参考网格。

⑤ Title Block Visible：设置标题栏的可见性。

- Displayed：设置是否显示标题栏，选中该复选框表示显示标题栏，否则不显示标题栏。
- Printed：设置是否打印标题栏，选中该复选框表示打印标题栏，否则不打印标题栏。

⑥ ANSI grid references：设置 ANSI 标准网格。

（5）"Hierarchy（层次参数）"选项卡

选择"Hierarchy（层次参数）"选项卡，在该界面中设置层次电路中方框图的属性，如图2-25所示。

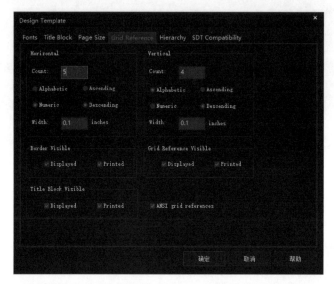

图2-24　"Grid Reference（网格属性）"选项卡

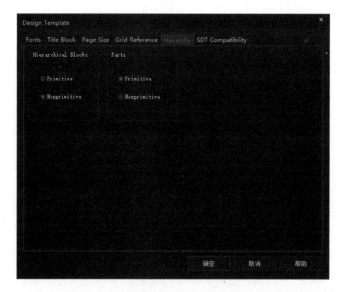

图2-25　"Hierarchy（层次参数）"选项卡

一般的层次电路中所有元件均为基本组件，但对于嵌套的层次电路，即下层电路图的电路图中，包含的不是基本组件的元件，而是以电路图组成的元件。

（6）"SDT Compatibility（SDT 兼容性）"选项卡

选择"SDT Compatibility（SDT 兼容性）"选项卡，在该界面中显示对 SDT 文件兼容性的设置，如图 2-26 所示。

Schematic Design Tools 简称 SDT，是早期 DOS 版本的 OrCAD 软件包中与 Capture 对应的软件，选择对"SDT Compatibility（SDT 兼容性）"选项卡的设置，将 Capture 生成的电路设计存为 SDT 格式。

图2-26　"SDT Compatibility（SDT兼容性）"选项卡

第 3 章
原理图设计

电路设计的目的是设计出正确的电路板，但又不仅包括如何设计电路板。电路原理图的绘制是完整高楼的地基，没有原理图，就没有电路板。本章通过实例介绍其绘制步骤，让读者对原理图设计有一个新的认知。

本章绘制的广告彩灯电路其实是一个闪光电路，在电路中可以看到，本LED广告彩灯电路由两只NPN三极管8050驱动多只LED组成，每只8050三极管可以驱动8～16个发光二极管。只有相同发光电压（不同颜色的发光二极管发光电压不同）的发光二极管才可以并联使用，可以将发光二极管接成需要的图案，同时调节电位器的大小，可以改变闪烁速度。

3.1 电路原理图的设计步骤

电路原理图设计流程如图3-1所示。

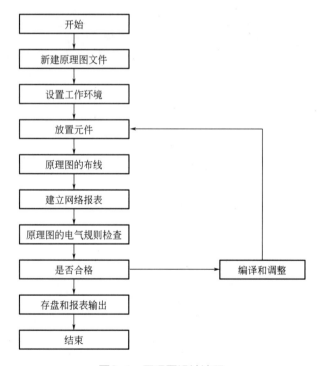

图3-1 原理图设计流程

（1）新建原理图文件

在进入电路图设计系统之前，首先要创建新的工程，在工程中建立原理图文件。

（2）设置工作环境

根据实际电路的复杂程度来设置图纸的大小。在电路设计的整个过程中，图纸的大小可以不断调整，设置合适的图纸大小是完成原理图设计的第一步。

（3）放置元件

从元件库中选取元件，放置到图纸的合适位置，并对元件的名称、封装进行定义和设定，根据元件之间的连线等关系对元件在工作平面上的位置进行调整和修改，使原理图美观且易懂。

（4）原理图的布线

根据实际电路的需要，利用原理图提供的各种工具、指令进行布线，将工作平面上的元件用具有电气意义的导线、符号连接起来，构成一幅完整的电路原理图。

（5）建立网络报表

完成上面的步骤以后，可以看到一张完整的电路原理图了，但是要完成电路板的设计，还需要生成一个网络报表文件。网络报表是印制电路板和电路原理图之间的桥梁。

（6）原理图的电气规则检查

当完成原理图布线后，需要设置项目编译选项来编译当前项目，利用软件提供的错误检查报告修改原理图。

（7）编译和调整

如果原理图已通过电气检查，那么原理图的设计就完成了。这是对于一般电路设计而言，但是对于较大的项目，通常需要对电路的多次修改才能通过电气规则检查。

（8）存盘和报表输出

软件提供了利用各种报表工具生成的报表（如网络报表、元件报表清单等），同时可以对设计好的原理图和各种报表进行存盘和输出打印，为印制电路板的设计做好准备。

3.2　电路原理图环境设置

本节将介绍创建原理图、设置图纸等操作。

3.2.1　新建原理图文件

执行菜单栏中的"开始"→"程序"→"Cadence PCB 17.4-2019"→"Capture CIS 17.4"命令，将会启动 OrCAD Capture CIS 17.4 主程序窗口。

启动软件后，弹出如图 3-2 所示的"17.4 CaptureCIS Product Choices"对话框，在该对话框中选择需要的开发平台"OrCAD Capture CIS"。

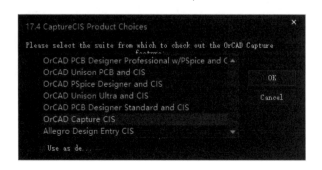

图3-2　"17.4 CaptureCIS Product Choices"对话框

单击"OK"按钮，进入主窗口"OrCAD Capture CIS"，如图3-3所示。

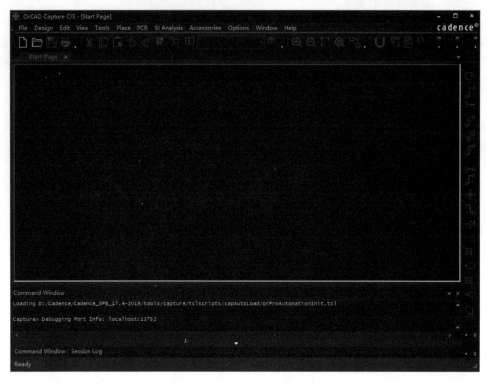

图3-3　原理图编辑环境"OrCAD Capture CIS"

选择菜单栏中的"File（文件）"→"New（新建）"→"Project（工程）"命令或单击
"Capture"工具栏中的"Create Document（新建文件）"按钮▣，弹出如图3-4所示的"New
Project（新建工程）"对话框。

Name：名称。输入工程文件名称"guanggaocaideng.dsn"。

Location：路径。单击右侧的▣▣按钮，选择文件路径。

完成设置后，单击▣▣▣▣按钮，进入原理图编辑环境。在该工程文件夹下，默认创建图
纸文件SCHEMATIC1，在该图纸子目录下自动创建原理图页PAGE1，如图3-5所示。

图3-4　"New Project（新建工程）"对话框

3.2.2　设置图纸参数

选择菜单栏中的"Options（选项）"→"Design Template（设计向导）"命令，系统将弹

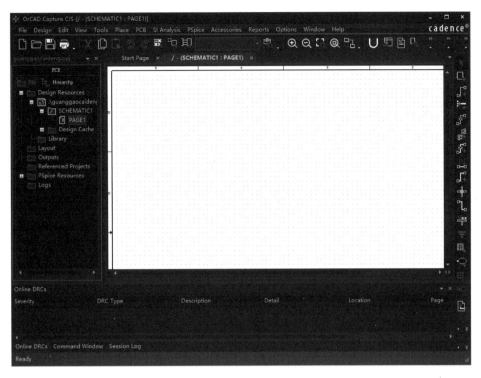

图3-5　项目管理器

出"Design Template（设计向导）"对话框，打开"Page Size（页面设置）"选项卡，如图 3-6 所示，在此对话框中对图纸参数进行设置。

打开"Page Size（页面设置）"选项卡，在"Units（单位）"栏选择单位为 Millimeters（公制），页面大小选择"A4"。

单击█████按钮，完成图纸属性设置。

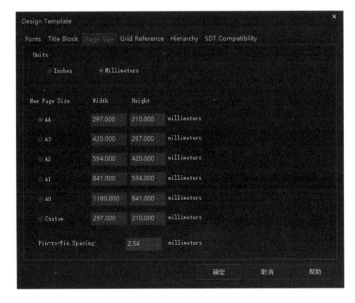

图3-6　"Design Template（设计向导）"对话框

3.3　元件库管理

在绘制电路原理图的过程中，首先要在图纸上放置需要的元件符号。Cadence作为一个专业的电子电路计算机辅助设计软件，一般常用的电子元件符号都可以在它的元件库中找到。

3.3.1　"Place Part（放置元件）"面板

用户只需在Cadence元件库中查找所需的元件符号，并将其放置在图纸适当的位置即可。

如果在工作窗口右侧没有"Place Part（放置元件）"标签，需要打开面板。打开"Place Part（放置元件）"面板的方法如下。

- 单击"Draw Electrical"工具栏中的"Place part（放置元件）"按钮
- 选择菜单栏中的"Place（放置）"→"Part（元件）"命令，"Place Part（放置元件）"面板中默认显示"Design Cache"，"Design Cache"并不是已加载的元件库，而是用于记录所有用过的元件，以便以后再次取用。

将光标放置在工作窗口右侧的"Place Part（放置元件）"标签上，系统自动弹出"Place Part（放置元件）"面板，如图3-7所示。

- Par：显示选择元件的名称或关键词。
- Part：元件库中包含的元件，在下方的矩形框中显示元件符号缩略图，如图3-7所示。
- Libraries：加载的元件库。
- Packaging：显示包含子部件的元件信息。

3.3.2　加载库文件

在OrCAD Capture CIS图形界面中，元件库的加载分为两种情况。

（1）系统中可用的库文件

单击"Place Part（放置元件）"面板"Libraries（库）"选项组下"Add Library（添加库）"按钮，系统将弹出如图3-8所示的"Browse File（搜索库）"对话框，选中要加载的库文件"DISCRETE"，单击"打开"按钮，在"Place Part（放置元件）"面板"Libraries"（库）选项组下文本框中显示加载的库列表，如图3-9所示。

重复上述操作，就可以把所需要的各种库文件添加到系统中，作为当前可用的库文件。这时所有加载的元件库都显示在"Place Part（放置元件）"面板中，用户可以选择使用。

（2）当前项目可用的库文件

① 在左侧属性面板"Design Resources（设计资源）"→"Library（库）"上使用鼠标右键单击，弹出如图3-10所示的快捷菜单，选择"Add File（添加文件）"命令，弹出如图3-11所示的"Add File to Project Folder-Library"对话框，加

图3-7　"Place Part（放置元件）"面板

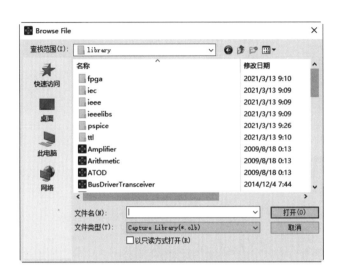

图3-8　"Browse File（搜索库）"对话框

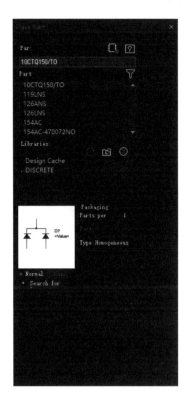

图3-9　显示元件库列表

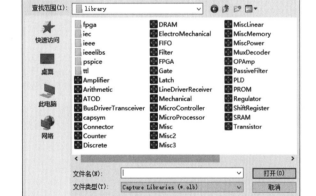

图3-10　右键快捷菜单　　图3-11　"Add File to Project Folder-Library"对话框

载后缀名为".olb"的库文件。

　　② 选择库文件路径"d：\cadence\cadence _spb_17.4-2019\tools\capture\library"，选中该路径下的库文件"discrete.olb"，单击 打开(0) 按钮，将选中的库文件加载到项目管理器窗口中"Library"文件夹上，如图3-12所示。

　　③ 选择"Add File（添加文件）"命令，弹出如图3-13所示的"Add File to Project Folder-Library"对话框，加载后缀名为"NEWLIBRARY.olb"的库文件，如图3-14所示。

图3-12 加载库文件（1）

图3-13 设置"Add File to Project Folder-Library"对话框

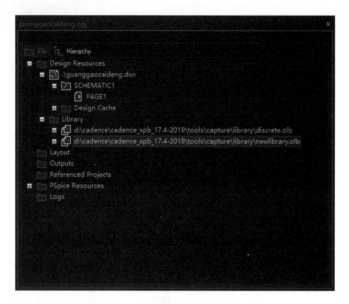

图3-14 加载库文件（2）

3.4 元件管理

在本节的设计中，主要介绍了原理图元件的搜索与放置，原理图中软件自带的系统库庞大，所需元件需要进行查找，给设计工作带来极大的便利。

3.4.1 查找元件

在本例中，除常用的电阻、电容等外围元件之外，还会用到两个三极管，这里使用的三极管为HIT8550-N。由于我们不知道设计中使用的芯片所在的库位置，因此，首先要查找这个元件。

单击"Place Part（放置元件）"面板"Search for（查找）"按钮■，显示搜索操作，在"Search（搜索）"文本框中输入"*HIT8550*"，如图3-15所示。单击"Part Search（搜索路径）"按钮■，系统开始搜索，弹出"OrCAD Capture CIS"对话框，显示系统默认元件库中没有符合搜索条件的元件名，如图3-16所示。

图3-15　设置搜索条件（1）　　　　　图3-16　显示搜索信息

由于在已有的库中没有芯片HIT8550-N，需要使用相似元件LM395P来代替，首先需要查找元件LM395P。

单击"Place Part（放置元件）"面板"Search for（查找）"按钮■，显示搜索操作，在"Search（搜索）"文本框中输入"*LM395P*"，如图3-17所示。单击"Part Search（搜索路径）"按钮■，系统开始搜索，在"Libraries（库）"列表框中显示符合搜索条件的元件名、所属库文件，如图3-18所示。

图3-17　设置搜索条件（2）

选中需要的元件"LM395P"，单击 Add 按钮，在系统中加载该元件所在的库文件Transistor.olb，在"Libraries（库）"列表框中显示已加载元件库"Transistor.olb（晶体管元件库）"，在"Part（元件）"列表框中显示该元件库中的元件，选中搜索的元件"LM395P"，在面板中显示元件符号的预览，如图3-19所示。

单击"Place Part（放置元件）"按钮■或双击元件名称，将选择的芯片LM395P放置在原理图上，如图3-20所示。

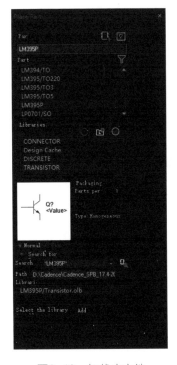

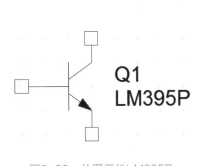

图3-18　显示搜索结果　　　　图3-19　加载库文件　　　　图3-20　放置元件LM395P

3.4.2 放置元件

（1）放置可调电阻器元件

单击"Draw Electrical"工具栏中的"Place Part（放置元件）"按钮█，打开"Place Part（放置元件）"面板，选择"Newlibrary.olb（新建元件库）"，在下面的"Part（元件）"列表框中显示符合条件的元件"RPot"，在"Part（元件）"过滤列表框显示选中的元件名称"RPot"，找到可调电阻器元件"RPot"，如图3-21所示。

单击"Place Part（放置元件）"按钮█或双击元件名称，将选择的电阻器元件放置在原理图中，如图3-22所示。

图3-21　选择元件RPot

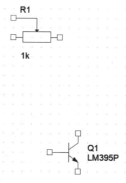

图3-22　放置元件

（2）放置多个发光二极管元件

① 在"Place Part（放置元件）"面板中选择"Discrete.olb（分立式元件库）"，在元件过滤列表框中输入"LED"，在元件预览窗口中显示符合条件的元件，如图3-23所示。

② 确定该元件是所要放置的元件后，单击该面板上方的"Place Part（放置元件）"按钮█或双击元件名称，光标将变成十字形状并附带着元件LED的符号出现在工作窗口中，如图3-24所示。

③ 移动光标到合适的位置单击，或按空格键，元件将被放置在光标停留的位置。此时系统仍处于放置元件的状态，可以继续放置该元件。在完成选中元件的放置后，使用鼠标右

键单击并在弹出的快捷菜单中选择"End Mode（结束模式）"命令或者按"Esc"键退出元件放置的状态，结束元件的放置。其中元件序号自动从1递增，如图3-25所示。

图3-23　选择元件LED　　　　图3-24　放置元件符号

图3-25　放置多个元件

④ 完成多个元件的放置后，如图3-26所示。

（3）放置电容

在"Place Part（放置元件）"面板中选择"Discrete.olb（分立式元件库）"，在元件过滤列表框中输入"CAP POL"，在元件列表框中分别选择如图3-27所示的电容，放置元件结果如图3-28所示。

（4）放置电阻

在"Place Part（放置元件）"面板中选择"Discrete.olb（分立式元件库）"，在元件过滤列表框中输入"R2"，选择如图3-29所示的电阻，放置元件最终结果如图3-30所示。

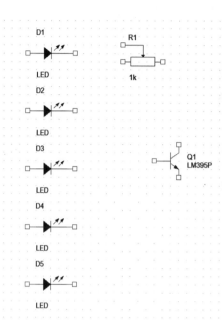

图3-26　放置元件　　　　　　　　　　　图3-27　选择元件"Cap Pol"

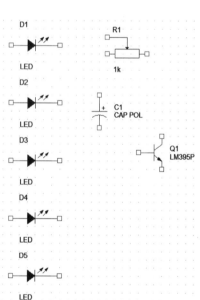

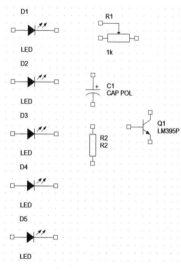

图3-28　放置元件结果　　　图3-29　选择元件"R2"　　　图3-30　放置元件最终结果

3.4.3　元件布局

　　基于布线方便的考虑，主要元件被放置在电路图中间的位置，完成所有元件的布局。下面简单介绍与元件布局操作相关的快捷命令，如图3-31所示。

- Mirror Horizontally：将元件在水平方向上镜像，即左右翻转，快捷键为"H"。
- Mirror Vertically：将元件在垂直方向上镜像，即上下翻转，快捷键为"V"。
- Mirror Both：全部镜像。执行此命令，将元件同时上下左右翻转一次。
- Rotate：旋转。将元件逆时针旋转90°。
- Edit Properties：编辑元件属性。
- Edit Part：编辑元件外形。
- Show Footprint：显示引脚。
- Link Database Part：连接数据库元件。
- View Database Part：显示数据库元件。
- Connect to Bus：连接到总线。
- User Assigned Reference：用户引用分配。
- Lock：固定，锁定元件位置。
- Add Part（s）To Group：在组中添加元件。
- Remove Part（s）From Group：从组中移除元件。
- Selection Filter：选择过滤器。
- Zoom In：放大，快捷键为"I"。
- Zoom Out：缩小。快捷键为"O"。
- Go To：指向指定位置。
- Cut：剪切当前图。
- Copy：复制当前图。
- Delete：删除当前图。

图3-31　快捷菜单

对元件的上述基本操作也同样适用于后面讲解的网络标签、电源和接地符号等。

3.4.4　调整元件位置

每个元件被放置时，其初始位置并不是很准确。在进行连线前，需要根据原理图的整体布局对元件的位置进行调整。这样不仅便于布线，也使所绘制的电路原理图清晰、美观。元件布局的好坏直接影响到绘图的效率。

元件位置的调整实际上就是利用各种命令将元件移动到图纸上指定的位置，并将元件旋转为指定的方向。

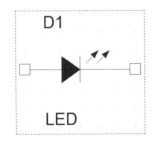

图3-32　选取单个元件

3.4.4.1　元件的选取

要实现元件位置的调整，首先要选取元件。下面介绍几种常用的选取方法。

（1）用鼠标指针直接选取单个或多个元件

对于单个元件的情况，将光标移到要选取的元件上单击即可。选中的元件高亮显示，表明该元件已经被选取，如图3-32所示。

对于多个元件的情况，将光标移到要选取的元件上单击即可，按住"Ctrl"键选择元件，选中的多个元件高亮显示，表明该元件已经被选取，如图3-33所示。

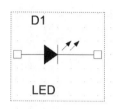 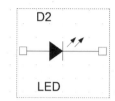

图3-33　选取多个元件

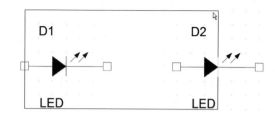

图3-34　拖出矩形框

（2）利用矩形框选取

对于单个或多个元件的情况，按住鼠标指针并拖动，拖出一个矩形框，将要选取的元件包含在该矩形框中，如图3-34所示，释放鼠标指针后即可选取单个或多个元件。选中的元件高亮显示，表明该元件已经被选取，如图3-35所示。

在图3-34中，只要元件的一部分在矩形框内，则显示选中对象，与矩形框从上到下框选、从下到上框选无关。

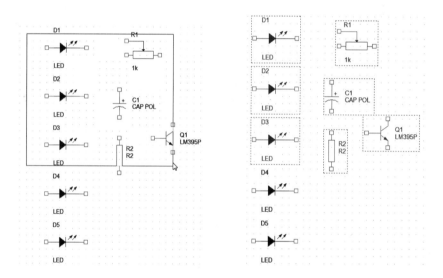

图3-35　选中元件

（3）用菜单栏选取元件

选择菜单栏中的"Edit（编辑）"→"Select All（全部选择）"命令，选中原理图中的全部对象。

3.4.4.2　取消选取

取消选取有多种方法，这里介绍几种常用的方法。

① 直接用鼠标指针单击电路原理图的空白区域，即可取消选取。

② 按住"Ctrl"键，单击某一已被选取的元件，可以将其取消选取。

3.4.4.3　元件的移动

在移动的时候是移动元件主体，而不是元件名或元件序号；同样的，如果需要调整元件名的位置，则先选择元件，再移动元件名就可以改变其位置，在图3-36中显示了元件与元件名均改变的操作过程。

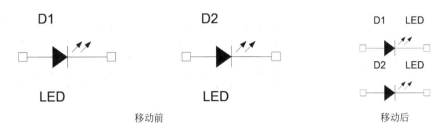

图3-36 移动元件

左右并排的两个元件，调整为上下排列，元件名从元件下方调整到元件右上方，节省了图纸空间。

在实际原理图的绘制过程中，最常用的方法是直接使用鼠标指针拖曳来实现元件的移动。

（1）使用鼠标指针移动未选中的单个元件

将光标指向需要移动的元件（不需要选中），按住鼠标左键不放，此时光标会自动滑到元件的电气节点上。拖动鼠标指针，元件会随之一起移动。到达合适的位置后，释放鼠标左键，元件即被移动到当前光标所在的位置。

（2）使用鼠标指针移动已选中的单个元件

如果需要移动的元件已经处于选中状态，则将光标指向该元件，同时按住鼠标左键不放，拖动元件到指定位置后，释放鼠标左键，元件即被移动到当前光标的位置。

（3）使用鼠标指针移动多个元件

需要同时移动多个元件时，首先应将要移动的元件全部选中，在选中元件上显示浮动的移动图标✛，然后在其中任意一个元件上按住鼠标左键并拖动，到达合适的位置后，释放鼠标左键，则所有选中的元件都移动到了当前光标所在的位置。

3.4.4.4 元件的旋转

选取要旋转的元件，选中的元件被高亮显示，此时，元件的旋转主要有三种操作方法，下面根据不同的操作方法分别进行介绍。

（1）菜单命令

- 选择菜单栏中的"Edit（编辑）"→"Mirror（镜像）"→"Vertically（垂直方向）"命令，被选中的元件上下对调。
- 选择菜单栏中的"Edit（编辑）"→"Mirror（镜像）"→"Horizontally（水平方向）"命令，被选中的元件左右对调。
- 选择菜单栏中的"Edit（编辑）"→"Mirror（镜像）"→"Both（全部）"命令，被选中的元件同时上下左右对调。
- 选择菜单栏中的"Edit（编辑）"→"Rotate（旋转）"命令，被选中的元件逆时针旋转90°。

（2）右键快捷命令

选中元件后，使用鼠标右键单击弹出快捷菜单，执行下列命令。

- Mirror Horizontally：将元件在水平方向上镜像，即左右翻转，快捷键为"H"。
- Mirror Vertically：将元件在垂直方向上镜像，即上下翻转，快捷键为"V"。

- Mirror Both：全部镜像。执行此命令，将元件同时上下左右翻转一次。
- Rotate：旋转。将元件逆时针旋转90°。

（3）功能键

按下面的功能键，即可实现旋转。旋转至合适的位置后，单击空白处取消选取元件，即可完成元件的旋转。

- "R"键：每按一次，被选中的元件逆时针旋转90°。
- "H"键：被选中的元件左右对调。
- "V"键：被选中的元件上下对调。

选择单个元件与选择多个元件进行旋转的方法相同，这里不再单独介绍。

3.4.4.5 元件的排列与对齐

在布置元件时，为使电路图美观以及连线方便，应将元件摆放整齐、清晰，这就需要使用原理图中的排列与对齐功能。

单击菜单栏中的"Edit（编辑）"→"Align（对齐）"命令，其子菜单如图3-37所示。其中各命令说明如下。

- "Align Left（左对齐）"命令：将选定的元件向左边的元件对齐。
- "Align Right（右对齐）"命令：将选定的元件向右边的元件对齐。
- "Align Center（水平中心对齐）"命令：将选定的元件向最左边元件和最右边元件的中间位置对齐。
- "Align Top（顶对齐）"命令：将选定的元件向最上面的元件对齐。
- "Align Bottom（底对齐）"命令：将选定的元件向最下面的元件对齐。
- "Align Middle（垂直居中对齐）"命令：将选定的元件向最上面元件和最下面元件的中间位置对齐。
- "Distribute Horizontal（水平分布）"命令：将选定的元件向最左边元件和最右边元件之间等间距对齐。
- "Distribute Vertical（垂直分布）"命令：将选定的元件在最上面元件和最下面元件之间等间距对齐。
- "Mouse Mode（对齐到网格上）"命令：将选中元件对齐在网格点上，便于电路连接。

图3-37 "对齐"命令子菜单

框选所有的发光二极管元件LED（D1～D5），选择"Align Top（顶对齐）""Distribute Horizontal（水平分布）"命令，元件布局结果如图3-38所示。

读者在绘制过程中，因为元件放置位置不同，可以使用不同的移动、旋转、镜像、对齐命令组合布局。

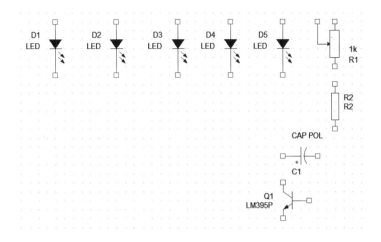

图3-38　元件布局结果

3.5　元件的电气连接

Cadence提供了3种对原理图进行电气连接的操作方法。

（1）使用菜单命令

如图3-39所示菜单栏中的"Place（放置）"菜单中原理图连接工具部分。在该菜单中，提供了放置各种元件的命令，也包括对 Bus（总线）、Bus Entry（总线分支）、Wire（导线）、Net Alias（网络名）等连接工具的放置命令。

（2）使用Draw工具栏

在"Place（放置）"菜单中，各项命令分别与"Draw Electrical"和"Draw Graphical"工具栏中的按钮一一对应，直接单击该工具栏中的相应按钮，即可完成相同的功能操作，如图3-40所示。

（3）使用快捷键

上述各项命令都有相应的快捷键，在图3-39中显示命令与快捷键之间的对应关系。例如，设置网络名的快捷键是"N"，绘制总线入口的快捷键是"E"等。使用快捷键可以大大提高操作速度。

在原理图的电气连接中，除了根据线的种类不同分为导线连接和总线连接，还有一些如网络名、不连接符号等操作也可达到电气连接的作用。

3.5.1　导线的绘制

元件之间电气连接的主要方式是通过导线来连接。导线是电气连接中最基本的组成单位。

放置导线的详细步骤如下。

（1）执行方式

选择菜单栏中的"Place（放置）"→"Wire（导线）"命令或单击"Draw Electrical"工具栏中的"Place Wire（放置导线）"按钮 ，也可以按下快捷键"W"，这时鼠标指针变成十字形状，激活导线操作。

图3-39 "Place（放置）"菜单　　　图3-40 "Draw Electrical"和"Draw Graphical"工具栏

（2）操作步骤

原理图元件的每个引脚上都有一个小方块，在小方块处进行电气连接。将鼠标指针移动到想要完成电气连接的元件的引脚小方块上单击，或按空格键来确定起点，如图3-41（a）所示，移动鼠标指针单击拖动出一条直线，到放置导线的终点，如图3-41（b）所示，完成两个元件之间的电气连接。此时鼠标指针仍处于放置线的状态，导线两端显示实心小方块。

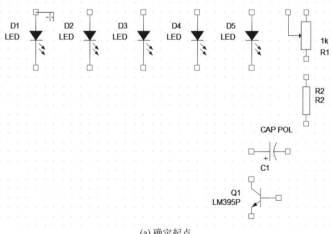

(a) 确定起点

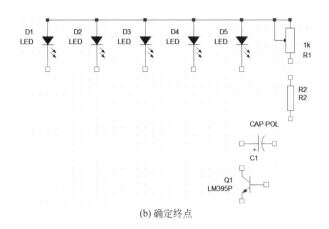

(b) 确定终点

图3-41　导线的绘制

（3）导线的拐弯模式

如果要连接的两个引脚不在同一水平线或同一垂直线上，则绘制导线的过程中需要单击或按空格键来确定导线的拐弯位置，如图3-42所示。导线绘制完毕，使用鼠标右键单击或按"Esc"键即可退出绘制导线操作。

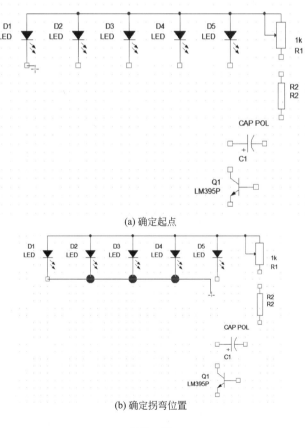

(a) 确定起点

(b) 确定拐弯位置

图3-42

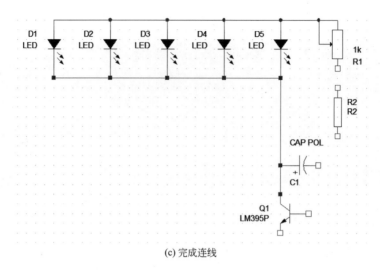

(c) 完成连线

图3-42　导线的拐弯模式

（4）导线的重复模式

连接线路过程中，确定起点，向外绘制一段导线后，按"F4"键后，可重复上述操作，如图3-43所示。

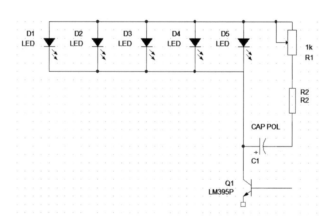

图3-43　重复操作

3.5.2　复制与粘贴

原理图中的相同元件有时候不止一个，在原理图中放置多个相同元件的方法有两种：重复利用放置元件命令，放置相同元件，这种方法比较烦琐，适用于放置数量较少的相同元件，若在原理图中有大量相同元件，如基本元件电阻、电容，这就需要用到复制、粘贴命令。

复制、粘贴的操作对象不止包括元件，还包括单个单元及相关电器符号，方法相同，因此这里只简单介绍元件的复制、粘贴操作。

（1）复制元件。复制元件的方法有以下5种。

① 菜单命令。选中要复制的元件，选择菜单栏中的"Edit（编辑）"→"Copy（复制）"

命令，复制被选中的元件。

② 工具栏命令。选中要复制的元件，单击"Capture"工具栏中的"Copy to ClipBoard（复制到剪贴板）"按钮，复制被选中的元件。

③ 快捷命令。选中要复制的元件，使用鼠标右键单击并在弹出的快捷菜单中选择"Copy（复制）"命令，复制被选中的元件。

④ 功能键命令。选中要复制的元件，在键盘中按住"Ctrl+C"快捷键，复制被选中的元件。

⑤ 拖曳的方法。按住"Ctrl"键，拖动要复制的元件，即复制出相同的元件。

（2）剪切元件

剪切元件的方法有以下4种。

① 菜单命令。选中要剪切的元件，选择菜单栏中的"Edit（编辑）"→"Cut（剪切）"命令，剪切被选中的元件。

② 工具栏命令。选中要剪切的元件，单击"Capture"工具栏中的"Cut to ClipBoard（剪切到剪贴板）"按钮，剪切被选中的元件。

③ 快捷命令。选中要剪切的元件，使用鼠标右键单击并在弹出的快捷菜单中选择"Cut（剪切）"命令，剪切被选中的元件。

④ 功能键命令。选中要剪切的元件，在键盘中按住"Ctrl+X"快捷键，剪切被选中的元件。

（3）粘贴元件

粘贴元件的方法有以下3种。

① 菜单命令。选择菜单栏中的"Edit（编辑）"→"Paste（粘贴）"命令，粘贴被选中的元件。

② 工具栏命令。单击"Capture"工具栏中的"Paste from ClipBoard（复制到剪贴板）"按钮，粘贴被选中的元件。

③ 功能键命令。在键盘中按住"Ctrl+V"快捷键，粘贴复制的元件。

3.5.3 导线的斜线模式

有时候，为了增强原理图的可观性，把导线绘制成斜线。具体方法如下。

连接线路过程中，单击左键的同时按住"Shift"键，确定起点后，向外绘制的导线为斜线，单击左键或按空格键确定第一段导线的终点，在继续绘制第二段导线过程中，松开"Shift"键，绘制水平或垂直的导线，继续按住"Shift"键，则可继续绘制斜线，如图3-44所示。

由于电源、接地符号不能直接与元件引脚相连，在布线过程中，可提前在需要放置电源、接地符号的引脚上绘制浮动的导线，如图3-45所示。

3.5.4 放置电源符号和接地符号

电源符号和接地符号是电路中必不可少的部分。

选择菜单栏中的"Place（放置）"→"Ground（接地）"命令或单击"Draw Electrical"工具栏中的"Place Ground（放置接地）"按钮，选择接地符号，如图3-46所示，向原理图中放置接地符号，结果如图3-47所示。

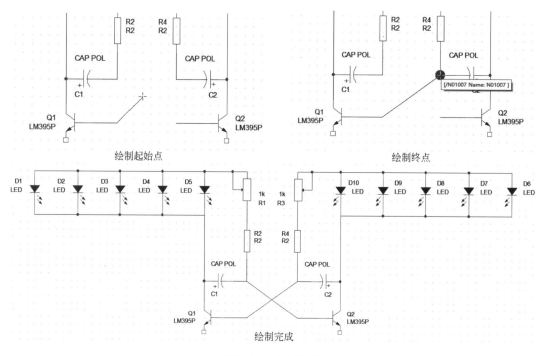

图3-44　绘制斜线

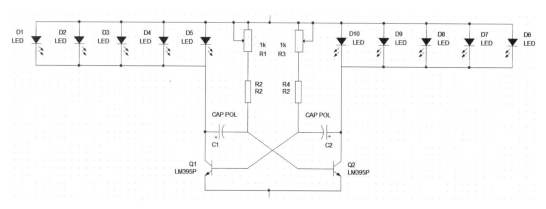

图3-45　绘制浮动的导线

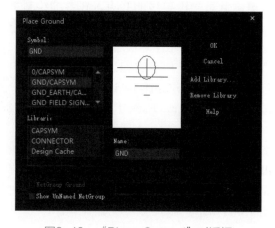

图3-46　"Place Ground"对话框

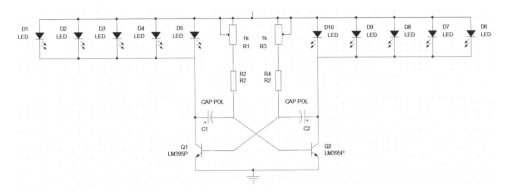

图3-47　完成接地符号放置的原理图

选择菜单栏中的"Place（放置）"→"Power（电源）"命令或单击"Draw Electrical"工具栏中的"Place Power（放置电源）"按钮，在弹出的"Place Ground"对话框中选择电源符号"VCC"，如图3-48所示。

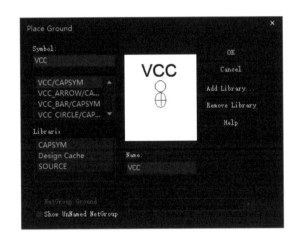

图3-48　设置电源属性

单击 OK 按钮，退出对话框，移动光标到目标位置并单击，就可以将电源符号放置在原理图中，结果如图3-49所示。

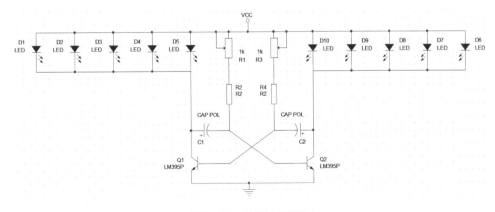

图3-49　放置电源符号

3.5.5　放置文本

在绘制电路原理图时，为了增加原理图的可读性，设计者会在原理图的关键位置添加文字说明，即添加文本。

① 选择菜单栏中的"Place（放置）"→"Text（文本）"命令，或单击"Draw Graphical"工具栏中的"Place Text（放置文本）"按钮 ，或按快捷键"T"。

② 启动放置文本字命令后，弹出如图3-50所示的"Place Text（放置文本）"对话框，单击"OK（确定）"按钮后，光标上带有一个矩形方框。移动光标至需要添加文字说明处，单击左键即可放置文本字，如图3-51所示。

图3-50　文本属性设置对话框

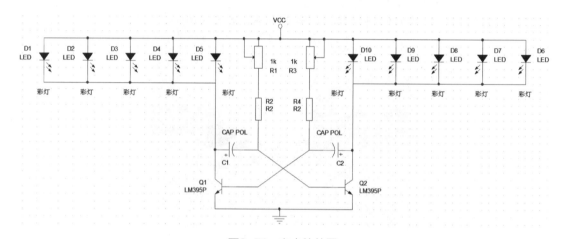

图3-51　文本的放置

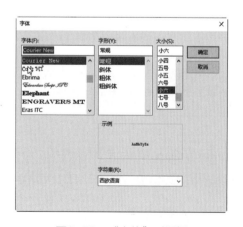

图3-52　"字体"对话框

③ 在放置状态下或者放置完成后，双击需要设置属性的文本，弹出"Place Text（放置文本）"对话框。

文本：用于输入文本内容。可以自动换行，若需强制换行，则需要按"Ctrl+Enter"快捷键。

Color：颜色，用于设置文本字的颜色。

Rotation：定位，用于设置文本字的放置方向。它有4个选项：0°、90°、180°和270°。

Font：字体，用于调整文本字体。

④ 单击下方的"Change（改变）"按钮，系统将弹出"字体"对话框，用户可以在里面设置文字样式，如图3-52所示，单击"Use Default（使用默认）"按钮，将设置的字体返回系统设定值。

3.6　原理图高级编辑

学习了原理图绘制的方法和技巧后，接下来介绍原理图的一些高级编辑命令。

3.6.1　编辑元件属性

在图纸上放置完元件后，用户要对每个元件的属性进行编辑，包括元件标识符、序号、型号等。

下面介绍两种编辑方法。

① 双击元件"R2"外形，弹出"Property Editor"编辑器，在"Value（值）"文本框中修改元件值为"1k"，如图3-53所示。修改结果如图3-54所示。

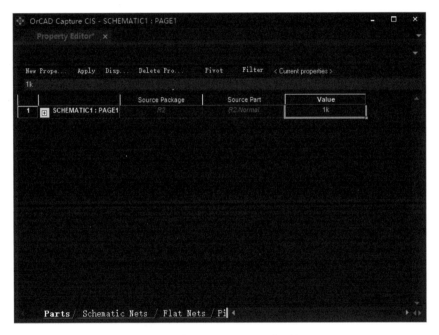

图3-53　"Property Editor"编辑器

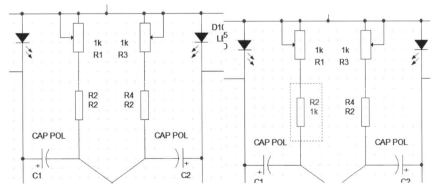

图3-54　参数值修改

② 双击电阻元件"R4"的元件值"R2"，弹出"Display Properties（显示属性）"对话框，在"Value（值）"文本框中修改元件值为"1k"，如图3-55所示。单击▇▇按钮，退出对话框，完成修改。

注意

电阻R的单位为Ω，由于在建立网络表的过程中不识别该字符，因此原理图在创建过程中不标注该符号。同样，电容C的单位中的μ也不识别，若有用到时，输入u替代。

双击可调变阻器元件"R1"，元件值为"1k"，弹出"Display Properties（显示属性）"对话框，选择"Do Not Display（不显示）"单选按钮，如图3-56所示。单击▇▇按钮，退出对话框，在图纸上不显示该元件值。

图3-55　修改元件值

图3-56　设置元件值

双击三极管元件"Q1"、"Q2"元件类型LM359P，弹出"Display Properties（显示属性）"对话框，修改元件类型为"8050"，如图3-57所示。单击▇▇按钮，退出对话框，在图纸上不显示该元件值。

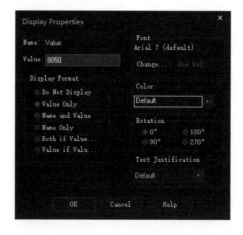

图3-57　设置参数值

采用同样的方法设置原理图中其余元件，设置好元件属性的电路原理图如图3-58所示。

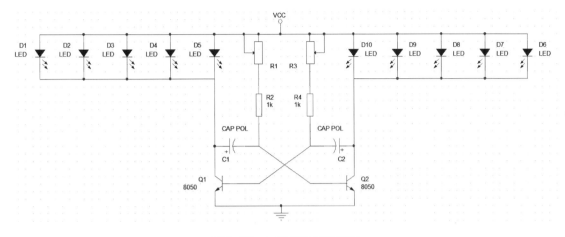

图3-58　元件属性编辑结果

3.6.2　自动编号

元件在放置过程中自动按照放置顺序进行编号，但有时这些编号不符合原理图设计规则，Capture 提供重新排序功能，首先把元件的编号更改为"？"的形式，然后再对关键字之后的？进行自动编号。自动编号功能可以在设计流程的任何时间执行，一般选择在全部设计完成之后再重新进行编号，这样才能保证设计电路中没有漏掉任何元件的序号，而且也不会出现两个元件有重复序号的情况。

自动编号时，每个元件编号的第1个字母为关键字，表示元件类别。其后为字母和数字组合。区分同一类中的不同个体。

选择菜单栏中的"Tools（工具）"→"Annotate（标注）"命令或单击"Capture"工具栏中的"Annotate（标注）"按钮 U，弹出如图3-59所示的"Annotate（标注）"对话框，该对话框包含2个选项卡。

① "Packaging"选项卡，用于设置元件编号参数，如图3-59所示。

"Scope（范围）"选项组：在该选项组下设置需要进行编号的对象范围是全部还是部分。

● Update entire design：更新整个设计。

● Update selection：更新选择的部分电路。

"Action（功能）"选项组：在该选项组下设置编号功能。

● Incremental reference update：在现有的基础上进行增加排序。

● Unconditional reference update：无条件进行排序。

选择"Unconditional reference update（无条件进行排序）"单选按钮，单击"确定"按钮，对元件序号进行排序，如图3-60所示。

● Reset part references to "？"：把所有的序号都变成"？"。

● Add Intersheet References：在分页图纸间的端口的序号加上图纸编号。

● Delete Intersheet References：删除分页图纸间的端口的序号上的图纸编号。

Combined property string：组合对话框中的属性。

Reset reference numbers to begin at 1 in each page：编号时每张图纸都从1开始。

Do not change the page number：不改变图纸编号。

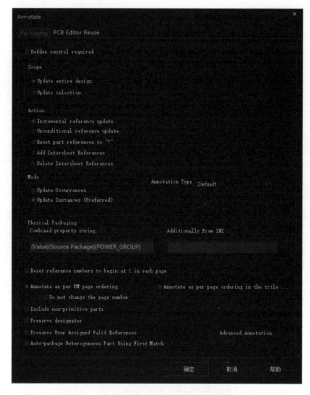

图3-59 "Packaging"选项卡

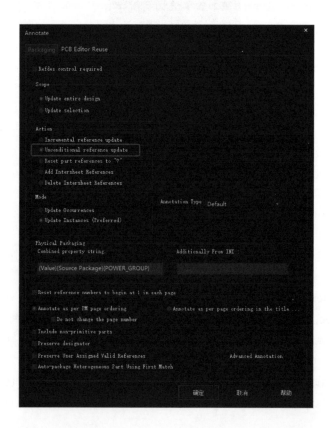

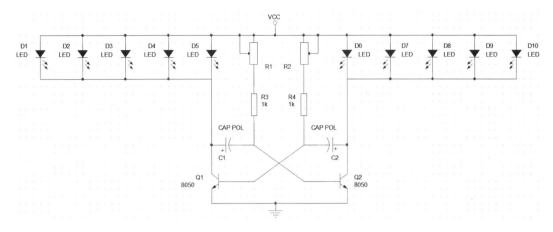

图3-60　元件序号重新排序

②"PCB Editor Reuse"选项卡，用于设置元件重新编号参数，如图3-62所示。

选择"Reset part references to"？"（把所有的序号都变成"？"）单选按钮，单击"确定"按钮，重置元件序号，如图3-61所示。

图3-61

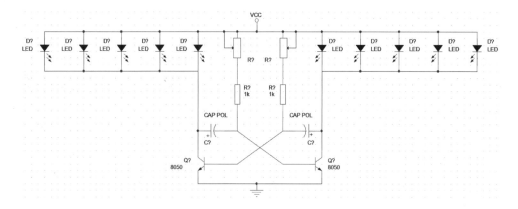

图3-61　重置元件序号

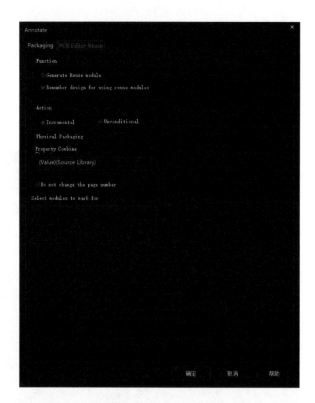

图3-62　"PCB Editor Reuse"选项卡

3.6.3　"Room"属性

下面将介绍如何在原理图中添加"Room"属性。

① 选中功能电路的所有模块，使用鼠标右键单击并在弹出的快捷菜单中选择"Edit Propertie…（编辑属性）"命令，弹出"Property Editor"编辑器，然后编辑属性。在上面的"Filter（过滤器）"下拉列表中选择"Allegro PCB Designer"选项，如图3-63所示。

② 在窗口下方打开"Parts"选项卡，选择"ROOM"属性，该列表框中显示为空，还未设置属性，如图3-64所示。

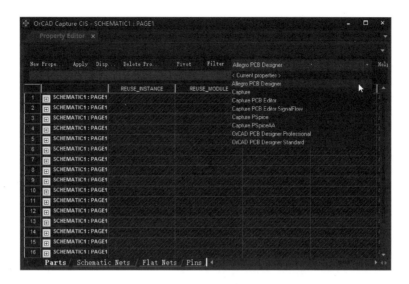

图3-63　元件属性编辑

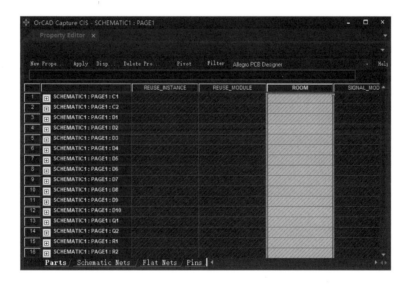

图3-64　选中属性

③ 选中需要设置元件所对应的属性栏，输入属性值，如图3-65所示。

3.6.4　自动存盘设置

Cadence支持文件的自动存盘功能。用户可以通过参数设置来控制文件自动存盘的细节。

选择菜单栏中的"Option（选项）"→"Autobackup（自动备份）"命令，打开"Multi-level Backup settings（备份设置）"对话框，如图3-66所示。在"Backup time（in Minutes）（备份间隔时间）"栏中输入每隔多少分钟备份一次，单击 Browse... 按钮，弹出图3-67所示的"Select Folder（选择文件夹）"对话框，设置保存的备份文件路径。

设置好路径后，单击 选择文件夹 按钮，关闭"Select Folder（选择文件夹）"对话框，返回"Multi-level Backup settings（备份设置）"对话框，单击 OK 按钮，关闭该对话框。

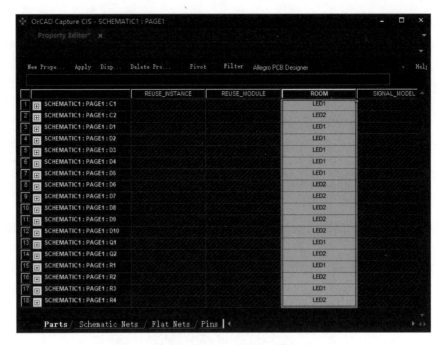

图3-65　添加ROOM属性

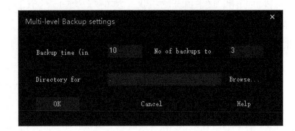

图3-66　"Multi-level Backup settings（备份设置）"对话框

图3-67　"Select Folder（选择文件夹）"对话框

第 **4** 章

原理图库设计

在Cadence中具有丰富的库元件、方便快捷的原理图输入工具与元件符号编辑工具。使用原理图库管理工具可以进行元件库的管理，以及元件的编辑。

通常在OrCAD Capture CIS中绘制原理图时，需要绘制所用器件的元件图形。首先要建立自己的元件库，依次向其中添加，就可以创建常用器件的元件库了，积累起来，使用很方便。

4.1 元件库概述

Cadence元件库中的元件数量庞大，分类明确。Cadence元件库采用下面两级分类方法。

- 一级分类：以元件制造厂家的名称分类。
- 二级分类：在厂家分类下面又以元件的种类（如模拟电路、逻辑电路、微控制器、A/D转换芯片等）进行分类。

下面介绍系统自带的元件库。

① AMPLIFIER.OLB。共182个零件，存放模拟放大器IC，如CA3280、TL027C、EL4093等。

② ARITHMETIC.OLB。共182个零件，存放逻辑运算IC，如TC4032B、74LS85等。

③ ATOD.OLB。共618个零件，存放A/D转换IC，如ADC0804、TC7109等。

④ BUS DRIVERTRANSCEIVER.OLB。共632个零件，存放汇流排驱动IC，如74LS244、74LS373等数字IC。

⑤ CAPSYM.OLB。共35个零件，存放电源、地、输入输出口、标题栏等。

⑥ CONNECTOR.OLB。共816个零件，存放连接器，如4HEADER、CONAT62、RCA JACK等。

⑦ COUNTER.OLB。共182个零件，存放计数器IC，如74LS90、CD4040B。

⑧ DISCRETE.OLB。共872个零件，存放分立式元件，如电阻、电容、电感、开关、变压器等常用零件。

⑨ DRAM.OLB。共623个零件，存放动态存储器，如TMS44C256、MN41100-10等。

⑩ ELECTRO MECHANICAL.OLB。共6个零件，存放马达、断路器等电机类元件。

⑪ FIFO.OLB。共177个零件，存放先进先出资料暂存器，如40105、SN74LS232。

⑫ FILTRE.OLB。共80个零件，存放滤波器类元件，如MAX270、LTC1065等。

⑬ FPGA.OLB。存放可编程逻辑器件，如XC6216/LCC。

⑭ GATE.OLB。共691个零件，存放逻辑门（含CMOS和TLL）。

⑮ LATCH.OLB。共305个零件，存放锁存器，如4013、74LS73、74LS76等。

⑯ LINE DRIVER RECEIVER.OLB。共380个零件，存放线控驱动与接收器，如SN75125、DS275等。

⑰ MECHANICAL.OLB。共110个零件，存放机构图件，如MHOLE 2、PGASOC-

15-F 等。

⑱ MICROCONTROLLER.OLB。共 523 个零件，存放单晶片微处理器，如 68HC11、AT89C51 等。

⑲ MICRO PROCESSOR.OLB。共 288 个零件，存放微处理器，如 80386、Z80180 等。

共 1567 个零件，存放杂项图件，如电表（METER MA）、微处理器周边（Z80-DMA）等未分类的零件。

⑳ MISC2.OLB。共 772 个零件，存放杂项图件，如 TP3071、ZSD100 等未分类零件。

㉑ MISCLINEAR.OLB。共 365 个零件，存放线性杂项图件（未分类），如 14573、4127、VFC32 等。

㉒ MISCMEMORY.OLB。共 278 个零件，存放记忆体杂项图件（未分类），如 28F020、X76F041 等。

㉓ MISCPOWER.OLB。共 222 个零件，存放高功率杂项图件（未分类），如 REF-01、PWR505、TPS67341 等。

㉔ MUXDECODER.OLB。共 449 个零件，存放解码器，如 4511、4555、74AC157 等。

㉕ OPAMP.OLB。共 610 个零件，存放运放，如 101、1458、UA741 等。

㉖ PASSIVEFILTER.OLB。共 14 个零件，存放被动式滤波器，如 DIGNSFILTER、RS1517T、LINE FILTER 等。

㉗ PLD.OLB。共 355 个零件，存放可编程逻辑器件，如 22V10、10H8 等。

㉘ PROM.OLB。共 811 个零件，存放只读记忆体运算放大器，如 18SA46、XL93C46 等。

㉙ REGULATOR.OLB。共 549 个零件，存放稳压 IC，如 78×××、79××× 等。

㉚ SHIFTREGISTER.OLB。共 610 个零件，存放移位寄存器，如 4006、SNLS91 等。

㉛ SRAM.OLB。共 691 个零件，存放静态存储器，如 MCM6164、P4C116 等。

㉜ TRANSISTOR.OLB。共 210 个零件，存放晶体管（含 FET、UJT、PUT 等），如 2N2222A、2N2905 等。

由于库文件过大，因此不建议将所有元件库文件同时加载到元件库列表中，会减慢计算机的运行速度。

对于特定的设计项目，用户可以只调用几个元件厂商中的二级分类库，这样可以减轻系统运行的负担，提高运行效率。用户若要在 Cadence 的元件库中调用一个所需要的元件，首先应该知道该元件的制造厂家和该元件的分类，以便在调用该元件之前把包含该元件的元件库载入系统。

4.2　绘图工具

在原理图库编辑环境"Place（放置）"菜单栏与"Draw Graphical（绘制图形符号）"工具栏中，有一些命令用于在原理图库中应用绘制工具绘制元件外形。

① 选择菜单栏中的"Place（放置）"命令，打开下拉列表，其中绘图工具如图 4-1 所示，选择菜单中不同的命令，就可以绘制各种图形。

② 选择菜单栏中的"View（视图）"→"Toolbar（工具栏）"下的"Draw Graphical（绘制图形符号）"命令，打开"Draw Graphical（绘制图形符号）"工具栏，如图 4-2 所示。工具栏中的各项与绘图工具菜单中的命令具有对应关系。

● ■：用来绘制直线。

图4-1 绘图菜单

图4-2 绘图工具栏

- ：用来绘制多段线与多边形。
- ：用来绘制矩形。
- ：用来绘制椭圆或圆。
- ：用来绘制圆弧。
- ：用来绘制椭圆弧。
- ：用来绘制贝塞尔曲线。
- ：用来添加文字说明。

4.3 绘制无极性电容实例

无极性电容CAP就是没有极性电源正负极的电容器，无极性电容器的两个电极可以在电路中随意地接入。因为这款电容不存在漏电的现象，主要应用在耦合、退耦、反馈、补偿、振荡等电路中。

（1）新建元件库文件

① 选择菜单栏中的"File（文件）"→"New（新建）"→"Library（库）"命令，弹出"LIBRARY"对话框，如图4-3所示，空白元件库被自动加入工程中，在项目管理器窗口中"Library"文件夹上显示新建的库文件，默认名称为"Library1"，依次递增，后缀名为".olb"的库文件。

② 选择菜单栏中的"Files（文件）"→"Save as（保存为）"命令，弹出"Save As（保存文件）"对话框，将新建的原理图库文件保存为"NEWLIBRARY.olb"，如图4-4所示。

单击"保存"按钮，完成保存，创建空的原理图库文件，如图4-5所示。

③ 在库文件上使用鼠标右键单击，在弹出的快捷菜单中选择"Library Properties（库属性）"命令，如图4-6所示，弹出"Properties（属性）"对话框。

- 在"General（通用）"选项卡中显示库文件名称、文件创建日期与文件大小等信息，如图4-7所示。
- 在"Schematic Design（原理图设计）"选项卡中显示"File type（文件类型）"为"Schematic Library（原理图库）"，如图4-8所示。

图4-3 新建库文件

● 在"Project（工程）"选项卡中显示工程文件信息，如图4-9所示。

图4-4　"Save As（保存文件）"对话框

图4-5　保存库文件

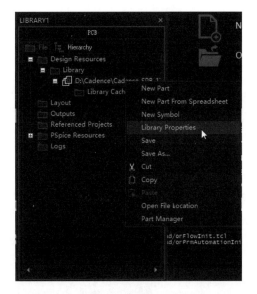

图4-6　快捷命令

图4-7　"General（通用）"选项卡

图4-8　"Schematic Design（原理图设计）"选项卡

图4-9　"Project（工程）"选项卡

（2）创建部件

① 选择菜单栏中的"Design（设计）"→"New Part（新建元件）"命令或使用鼠标右键单击并在弹出的快捷菜单中选择"New Part（新建元件）"命令，弹出如图4-10所示的"New Part Properties（新建元件属性）"对话框，下面介绍对话框中的选项。

- Name：输入元件名为"CAP_N"。
- Part Reference：元件索引标示，输入"C"，元件放置到原理图中显示的标识符为C1、C2等。
- PCB Footprint：在该文本框中输入元件封装名称，如果还没有创建对应的封装库，可以暂时忽略，可随时进行编辑。

完成设置后的对话框如图4-10所示。

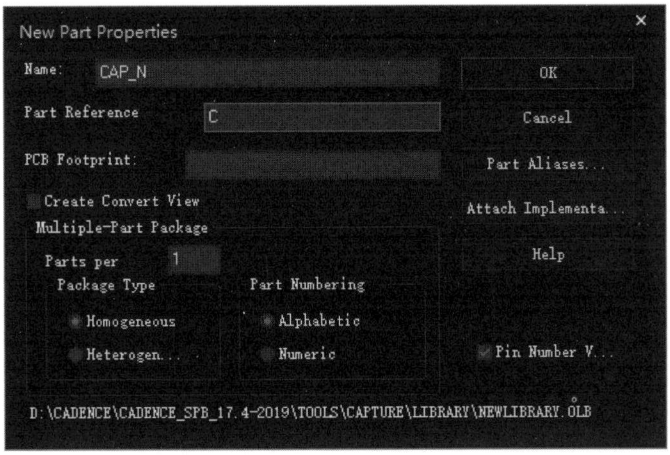

图4-10　"New Part Properties（新建元件属性）"对话框

单击　OK　按钮，关闭对话框，进入元件编辑环境，如图4-11所示。

图中的虚线矩形框用来作为库元件的原理图符号外形，其大小应根据要绘制的库元件引脚数的多少来决定。绘制的外形框应大一些，以便于引脚的放置，引脚放置完毕后，可以再调整为合适的尺寸。

② 在右侧打开"Property Sheet（原理图属性）"属性面板，显示元件所有属性，如图4-12所示。

Package Properties：封装属性。

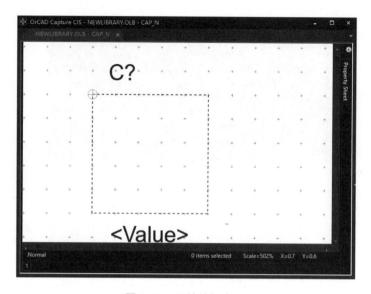

图4-11　元件编辑窗口

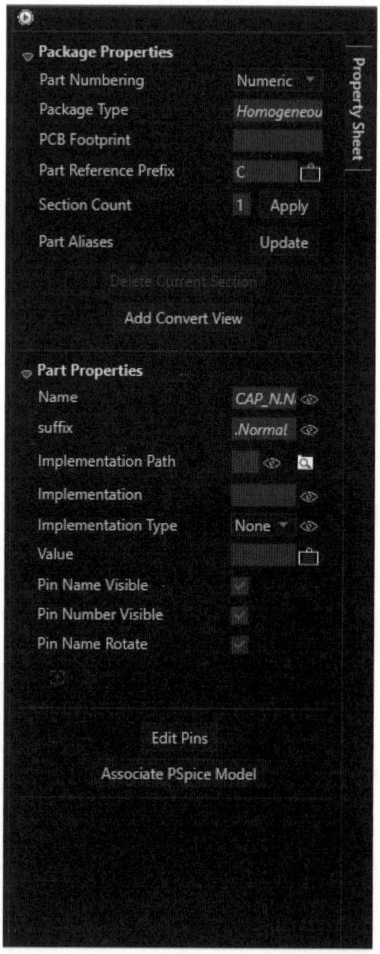

- Part Numbering：部件编号，包括Numeric（按照数字）、Alphabetic（按照字母）。
- PCB Footprint：封装名称。
- Part Reference Prefix：部件前缀名，电容元件前缀为C。
- Section Count：部分计数，默认值为1。
- Part Aliases：部件别名。
- Delete Current Section：删除当前部分。
- Add Convert View：添加转换视图。

Part Properties：部件属性。

- Name：名称。
- suffix：后缀名。
- Implementation Path：实现路径。
- Implementation：实现方法。
- Implementation Type：实现类型，包括None、Schematic View、VHDL、EDIF、Project、PSpice Model、PSpice Stimulus、Verilog。
- Value：部件参数值。
- Pin Name Visible：引脚名称可见性。
- Pin Number Visible：引脚编号可见性。
- Pin Name Rotate：设置引脚名称是否旋转。

Edit Pins：编辑引脚，单击该按钮，弹出"Edit Pins（编辑引脚）"对话框，如图4-13所示，显示需要编辑的引脚参数。

Associate PSpice Model：分配仿真模型，单击该按钮，为元件添加对应的仿真模型。

图4-12　"Property Sheet（原理图属性）"属性面板

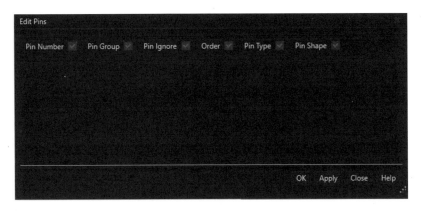

图4-13 "Edit Pins（编辑引脚）"对话框

4.3.1 网格设置

为了方便元件绘制，在绘制过程中根据需要切换网格捕捉。下面介绍两种网格捕捉的切换方法。

- 选择菜单栏中的"Options（选项）"→"Preferences（优先设置）"命令，系统将弹出"Preferences（优先设置）"对话框，选择"Grid Display（网格显示）"选项卡，如图4-14所示。取消勾选"Pointer snap to grid（捕捉网格点）"复选框，激活网格捕捉。

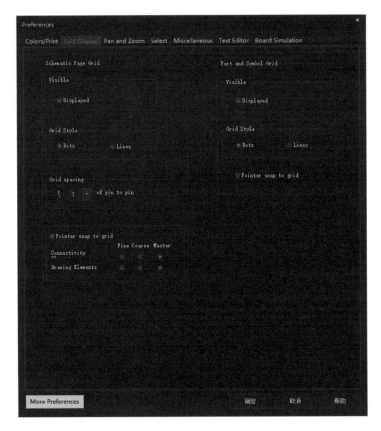

图4-14 "Grid Display（网格属性）"选项卡

- 单击"File（文件）"工具栏中的"Snap To grid"按钮 ，激活网格捕捉，该按钮切换为"Pointer snap to grid（捕捉网格点）" ；单击"Pointer snap to grid（捕捉网格点）"按钮 ，取消网格捕捉，两个按钮相互切换，如图4-15所示。
- 单击"Pointer snap to grid（捕捉网格点）"按钮 ，取消网格捕捉。

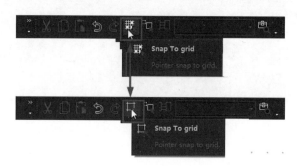

图4-15　网格切换

4.3.2　绘制直线

① 选择菜单栏中的"Place（放置）"→"Line（线）"命令，单击"Draw Graphica（绘制图形符号）"工具栏中的"Place Line（放置线）"按钮 ，或按"Shift+L"快捷键。

② 启动绘制直线命令后，光标变成十字形，系统处于绘制直线状态。在指定位置单击确定直线的起点，如图4-16（a）所示，移动光标形成一条直线，在适当的位置再次单击或按空格键确定直线终点，如图4-16（b）所示。

a. 绘制出第一条直线后，此时系统仍处于绘制直线状态，将鼠标指针移动到新的直线的起点，按照上面的方法继续绘制其他直线，如图4-17所示。

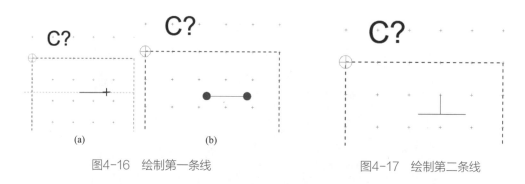

(a)	(b)

图4-16　绘制第一条线　　　　　　　　　　图4-17　绘制第二条线

b. 使用鼠标右键单击并在弹出的快捷菜单中选择"End Mode（结束模式）"命令或者按下"Esc"键便可退出操作。

③ 完成绘制直线后，单击需要设置属性的直线，在"Property Sheet（图纸属性）"属性面板中显示"Basic Attribute（基本属性）"，如图4-18所示。

a. Line Style：用来设置直线外形。单击后面的下三角按钮，可以看到有5个选项供用户选择，如图4-19所示。

b. Line Width：用来设置直线的宽度。它有3个选项供用户选择，如图4-20所示。

c. 在工作区单击，或使用鼠标右键单击并在弹出的快捷菜单中选择"End Mode（结束模式）"命令，或者按下"Esc"键，便可退出编辑操作。

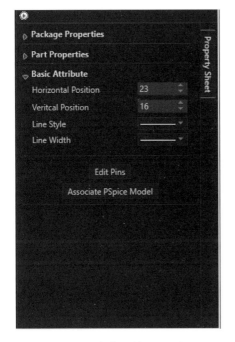

图4-18　直线属性设置面板

图4-19　直线形状设置

图4-20　线宽类型

4.3.3　元件复制与粘贴

① 选中上面绘制的部分元件，选择菜单栏中的"Edit（编辑）"→"Copy（复制）"命令，或单击"Capture"工具栏中的"Copy to ClipBoard（复制到剪贴板）"按钮⬜，或使用鼠标右键单击并在弹出快捷菜单中选择"Copy（复制）"命令，或在键盘中按住"Ctrl+C"快捷键，或拖动要复制的元件，复制被选中的元件。

② 选择菜单栏中的"Edit（编辑）"→"Paste（粘贴）"命令，或单击"Capture"工具栏中的"Copy to ClipBoard（复制到剪贴板）"按钮⬜，或在键盘中按住"Ctrl+V"快捷键，粘贴复制的元件部分，如图4-21所示。

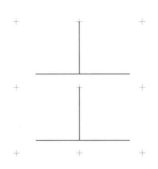

图4-21　粘贴对象

③ 元件旋转与镜像。

a. 菜单命令。

- 选择菜单栏中的"Edit（编辑）"→"Mirror（镜像）"→"Vertically（垂直方向）"命令，被选中的元件上下对调。
- 选择菜单栏中的"Edit（编辑）"→"Mirror（镜像）"→"Horizontally（水平方向）"命令，被选中的元件左右对调。
- 选择菜单栏中的"Edit（编辑）"→"Mirror（镜像）"→"Both（全部）"命令，被选中的元件同时上下左右对调。
- 选择菜单栏中的"Edit（编辑）"→"Rotate（旋转）"命令，被选中的元件逆时针旋转90°。

b. 右键快捷命令

选中元件后，使用鼠标右键单击并在弹出的快捷菜单中，执行下列命令。

- Mirror Horizontally：将元件在水平方向上镜像，即左右翻转，快捷键为"H"。
- Mirror Vertically：将元件在垂直方向上镜像，即上下翻转，快捷键为"V"。
- Mirror Both：全部镜像。执行此命令，将元件同时上下左右翻转一次。
- Rotate：旋转。将元件逆时针旋转90°。

c. 功能键。

按下面的功能键，即可实现旋转。旋转至合适的位置后单击空白处取消选取元件，即可完成元件的旋转。

- "R"键：每按一次，被选中的元件逆时针旋转90°。
- "H"键：被选中的元件左右对调。
- "V"键：被选中的元件上下对调。

选取上步粘贴后的对象，选中的元件被高亮显示，如图4-22（a）所示。选择菜单栏中的"Edit（编辑）"→"Mirror（镜像）"→"Vertically（垂直方向）"命令，被选中的对象上下对调，如图4-22（b）所示。按快捷键↓、→，调整元件位置，结果如图4-22（c）所示。

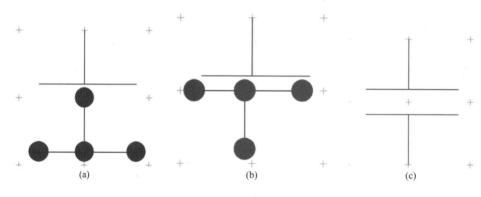

图4-22 镜像操作

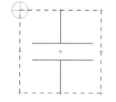

图4-23 外形绘制结果

单击"File（文件）"工具栏中的"Snap To grid"按钮，激活网格捕捉，利用鼠标左键拖动调整虚线框，结果如图4-23所示。

4.3.4 放置引脚

添加引脚主要有两种方法。

① 逐次放置。一个一个地添加引脚，每次添加都能设定好引脚的属性。

② 一次放置。一次添加所有引脚，再一个一个修改属性。

本节绘制的电阻器采用逐次放置的方法，下面介绍具体绘制步骤。

选择菜单栏中的"Place（放置）"→"Pin（引脚）"命令或单击"Draw Electrical（绘图）"工具栏中的"Place Pin（放置引脚）"按钮，弹出如图4-24所示的"Place Pin（放置引脚）"对话框，设置引脚属性。引脚属性对话框中部分属性含义如下。

Name：在该文本框中输入设置库元件引脚的名称。可以是数字或字母，默认值为1。

Number：用于设置库元件引脚的编号，应该与实际的引脚编号相对应。需要和之后的PCB封装的引脚一一对应，可以是数字或字母，默认值为1。

Shape：设置引脚线型，在图4-25所示的下拉列表中显示类型，这里电容选择没有长度的引脚"Zero Length"。

Type：用于设置库元件引脚的电气特性，如图4-26所示。在这里，我们选择了"Passive（无源）"，表示不设置电气特性。

图4-24　"Place Pin（放置引脚）"对话框　　　图4-25　设置引脚外形　　　图4-26　显示电气特性

User Properties...：单击该按钮，弹出"User Properties（用户属性）"对话框，如图4-27所示，在该对话框中可设置该引脚的属性。

单击 OK 按钮，完成参数设置，光标上附有一个引脚符号，移动该引脚到边框处，单击左键完成放置，继续显示引脚符号，可继续单击放置，如图4-28所示。

图中显示放置的引脚名称为数字，若继续放置，则后续引脚名称与编号依次递增，绘制的元件引脚放置如图4-29所示。

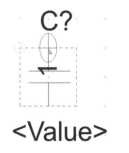

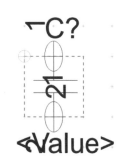

图4-27　"User Properties（用户属性）"对话框　　　图4-28　放置引脚　　　图4-29　放置数字引脚

在元件的引脚名称过长，在图中叠加在一起，需要隐藏显示，可以将引脚名称和序号去掉，即不显示元件引脚名称，因此需要将矩形框中的引脚名称设置为不可见。

在右侧"Property Sheet（属性表）"面板中，取消勾选"Pin Name Visible（引脚名称可见性）""Pin Number Visible（引脚序号可见性）"后的复选框，如图4-30所示，设置后的元件图形如图4-31所示。

图4-30　设置可见性

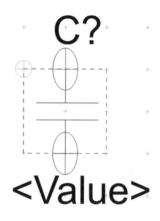

图4-31　隐藏引脚名称

4.3.5　参数值设置

① 单击参数值"Value"，在"Property Sheet（图纸属性）"属性面板中显示"Basic Attribute（基本属性）"，设置图形属性，如图4-32所示。

- Value：输入参数值1uF，单击"Display Property"按钮 █，显示如图4-33所示的菜单，包含参数值的显示格式：Do Not Display（不显示）、Value Only（只显示参数值）、Name and Value（同时显示名称和参数值）、Name Only（只显示名称）、Both if Value Exist（如果参数值存在，都显示）、Value if Value Exist（如果参数值存在，只显示参数值）。
- Rotation：参数值旋转角度。
- Location：参数值坐标。
- Font：参数值字体。
- Color：字体颜色。
- Font Size：字体大小。
- Bold：字体是否加粗。
- Italic：字体是否为斜体。
- Justification：字体相对位置。

参数值设置结果如图4-34所示。

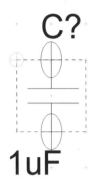

图4-32　属性设置面板　　　图4-33　显示格式菜单　　　图4-34　参数值设置结果

② 选择菜单栏中的"File（文件）"→"Save（保存）"命令，或"File（文件）"工具栏中的"Save（保存）"按钮 ，保存绘制结果。

4.4　绘制可调电阻器实例

可调电阻器RPot通常用在需要经常调节（即阻值不需要频繁变动）的电路中，起调整电压、调整电流或信号控制等作用，其主要参数与固定电阻器基本相同。在Cadence所带的元件库中找不到它的原理图符号，所以需要自己绘制一个RPot的原理图符号。

4.4.1　新建原理图库

（1）打开元件库文件

① 选择菜单栏中的"File（文件）"→"Open（新建）"→"Library（库）"命令，打开"Open Library（打开库文件）"对话框，如图4-35所示。

② 选择"NEWLIBRARY.olb"，单击"打开"按钮，打开库文件，如图4-36所示。

图4-35　"Open Library（打开库文件）"对话框　　　图4-36　打开库文件

（2）创建部件

选择菜单栏中的"Design（设计）"→"New Part（新建元件）"命令或使用鼠标右键单击并在弹出的快捷菜单中选择"New Part（新建元件）"命令，弹出如图4-37所示的"New Part Properties（新建元件属性）"对话框，下面介绍对话框中的选项。

- Name：输入元件名为"RPot"。
- Part Reference：元件索引标示，输入"R"，元件放置到原理图中显示的标识符为R1、R2等。

完成设置后的对话框如图4-37所示。

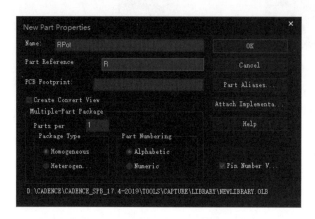

图4-37 "New Part Properties（新建元件属性）"对话框

① 单击 OK 按钮，关闭对话框，进入元件编辑环境，如图4-38所示。

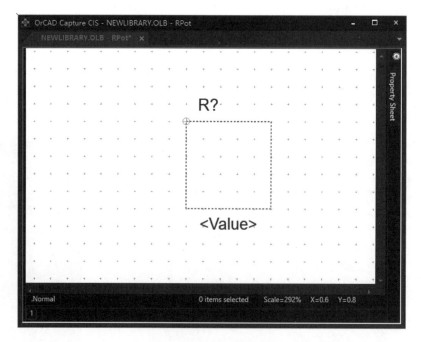

图4-38 元件编辑窗口

② 单击"Pointer Snap to Grid（捕捉网格点）"按钮，取消网格捕捉。

4.4.2　绘制多段线

由于绘制的直线是一段段的、不连续的，因此，绘制连续的线还需要利用多段线命令，同时由线段组成的各种多边形也可以利用多段线命令来完成。

① 选择菜单栏中的"Place（放置）"→"Polyline（多段线）"命令，单击"Draw Graphical（绘制图形符号）"工具栏中的"Place Polyline（放置多段线）"按钮 。也可以使用"Y"快捷键。

② 启动绘制多边形命令后，光标变成十字形。单击确定多边形的起点，移动鼠标指针向外拉出一条直线，至多边形的第二个顶点，单击确定第二个顶点，如图4-39所示。

a. 若在绘制过程中，需要转折，在折点处单击或按空格键确定直线转折的位置，每转折一次，都要单击一次。

b. 移动光标至多边形的第四个顶点，单击确定第四个顶点。此时，出现一个四边形，如图4-40所示。

c. 使用鼠标右键单击并在弹出的快捷菜单选择"End Mode（结束模式）"命令或者按下"Esc"键便可退出操作。

③ 使用"Y"快捷键，继续启动绘制多边形命令后，光标变成十字形。单击确定三角形的起点，通过按"Shift"键来切换成斜线模式，移动鼠标指针向外拉出一条直线，至多边形的第二个顶点，单击确定第二个顶点，以此类推，绘制完成的三角形如图4-41所示。

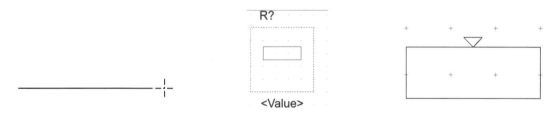

图4-39　确定多边形一边　　　图4-40　确定多边形第四个顶点　　　图4-41　绘制三角形

④ 使用"Y"快捷键，继续启动绘制多边形命令后，光标变成十字形。移动鼠标指针向外拉出一条直线，绘制完成的图形如图4-42所示。

⑤ 绘制完成后，单击选中三角形，在"Property Sheet（图纸属性）"属性面板中显示"Basic Attribute（基本属性）"，设置图形属性，如图4-43所示。

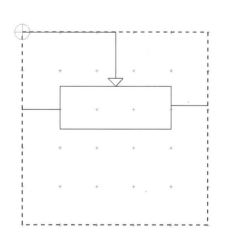

图4-42　绘制直线

- Horizontal Position：用来设置多边形水平位置。
- Veritcal Position：用来设置多边形垂直位置。
- Line Style：用来设置多边形线型。
- Line Width：用来设置多边形线宽。
- Fill Style：用来设置多边形内部填充样式，如图4-44所示。

在如图4-44所示的下拉列表中选择填充样式，填充结果如图4-45所示，其余选项在前面已讲解，这里不再赘述。

图4-43　多边形属性设置面板

图4-44　填充样例

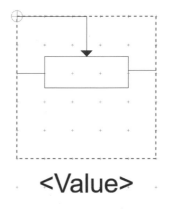

图4-45　多边形填充结果

单击"Snap to Grid（捕捉网格点）"按钮□，激活网格捕捉功能，利用鼠标左键拖动调整虚线框，结果如图4-46所示。

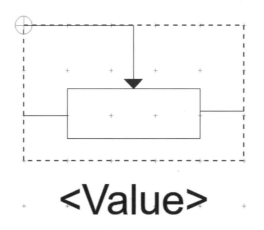

图4-46　外形绘制结果

4.4.3　放置引脚

选择菜单栏中的"Place（放置）"→"Pin（引脚）"命令或单击"Draw Electrical（绘图）"工具栏中的"Place Pin（放置引脚）"按钮，弹出如图4-47所示的"Place Pin（放置引脚）"对话框，设置引脚属性。

Name：在该文本框中输入设置库元件引脚的名称。可以是数字或字母，默认值为"1"。

Number：用于设置库元件引脚的编号，可以是数字或字母，默认值为"1"。

Shape：设置引脚线型，选择没有长度的引脚"Zero Length"。

Type：选择"Passive"（无源），表示不设置电气特性。

完成参数设置，光标上附有一个引脚符号，移动该引脚到边框处，单击完成放置，继续显示引脚符号，可继续单击放置，如图4-48所示。

① 图中显示放置的引脚名称为数字，若继续放置，则后续引脚名称与编号依次递增，绘制的元件引脚放置如图4-49所示。

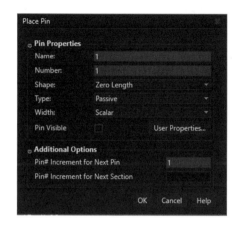

图4-47　"Place Pin（放置引脚）"对话框

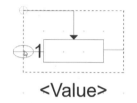

图4-48　放置引脚

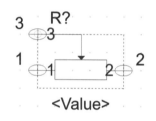

图4-49　放置数字引脚

② 因为电阻的两个引脚没有区别，可以将引脚名称和序号去掉，即不显示元件引脚名称，因此需要将矩形框中的引脚名称设置为不可见。

在右侧"Property Sheet（属性表）"面板中，取消"Pin Name Visible（引脚名称可见性）""Pin Number Visible（引脚序号可见性）"后的复选框，如图4-50所示，设置后的元件图形如图4-51所示。

图4-50　设置可见性

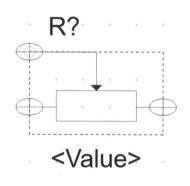

图4-51　隐藏引脚名称

4.4.4　参数值设置

① 单击参数值Value，在"Value"上显示编辑框，如图4-52所示。输入参数值"1k"，参数值设置结果如图4-53所示。

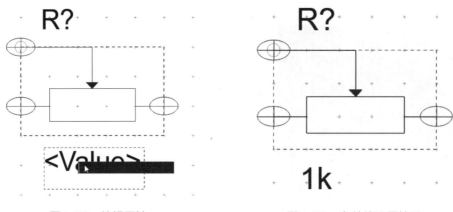

图4-52　编辑属性　　　　　　　　　　图4-53　参数值设置结果

② 选择菜单栏中的"File（文件）"→"Save（保存）"命令，或单击"File（文件）"工具栏中的"Save（保存）"按钮█，保存绘制结果。打开项目管理器，在DPY.OLB元件库下包含两个元件，如图4-54所示。

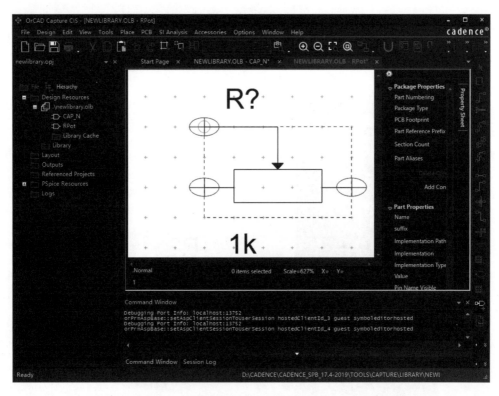

图4-54　项目管理器

4.5 绘制 IC1114 器件实例

扫码看视频

IC1114 是 ICSI IC11××系列带有 USB 接口的微控制器之一，主要用于 Flash Disk 的控制器，具有以下特点。

- 采用 8 位高速单片机实现，每 4 个时钟周期为一个机器周期。
- 工作频率 12MHz。
- 兼容 Intel MCS-51 系列单片机的指令集。
- 内嵌 32KB Flash 程序空间，并且可通过 USB、PCMCIA、I2C 在线编程（ISP）。
- 内建 256B 固定地址、4608B 浮动地址的数据 RAM 和额外 1KB CPU 数据 RAM 空间。
- 多种节电模式。
- 3 个可编程 16 位的定时器/计数器和看门狗定时器。
- 满足全速 USB1.1 标准的 USB 口，速度可达 12Mbit/s，一个设备地址和 4 个端点。
- 内建 ICSI 的 in-house 双向并口，在主从设备之间实现快速的数据传送。
- 主/从 IIC、UART 和 RS-232 接口供外部通信。
- 有 Compact Flash 卡和 IDE 总线接口。Compact Flash 符合 Rev 1.4 "True IDE Mode" 标准，和大多数硬盘及 IBM 的 micro 设备兼容。
- 支持标准的 PC Card ATA 和 IDE host 接口。
- Smart Memia 卡和 NAND 型 Flash 芯片接口，兼容 Rev.1.1 的 Smart Media 卡特性标准和 ID 号标准。
- 内建硬件 ECC（Error Correction Code）检查，用于 Smart Media 卡或 NAND 型 Flash。
- 3.0 ～ 3.6V 工作电压。
- 7mm×7mm×1.4mm 48LQFP 封装。

下面制作 IC1114 器件，其操作步骤如下。

① 打开元件库文件。

a. 选择菜单栏中的"File（文件）"→"Open（新建）"→"Library（库）"命令，打开 "Open Library（打开库文件）"对话框，选择"NEWLIBRARY.olb"，单击"打开"按钮，打开库文件。

b. 选择菜单栏中的"Design（设计）"→"New Part（新建元件）"命令或使用鼠标右键单击并在弹出的快捷菜单中选择"New Part（新建元件）"命令，弹出如图 4-55 所示的"New Part Properties（新建元件属性）"对话框，下面介绍对话框中的选项。

- Name：输入元件名为"IC1114"。
- Part Reference：元件索引标示，输入"U"，元件放置到原理图中显示的标识符为 U1、U2 等。

② 单击 ██████ OK ██ 按钮，关闭对话框，进入元件编辑环境，如图 4-56 所示。

4.5.1 放置引脚

图 4-56 中的矩形虚线框用来作为库元件的原理图符号外形，其大小应根据要绘制的库元件引脚数的多少来决定。绘制的外形框应大一些，以便于引脚的放置。可以先添加引脚，引脚放置完毕后，可以再调整为合适的尺寸。

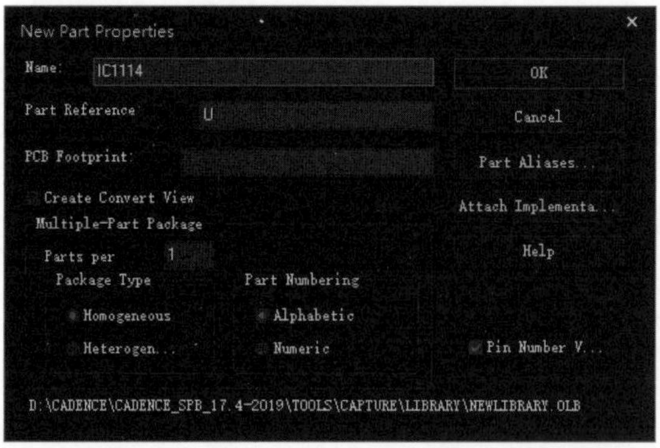

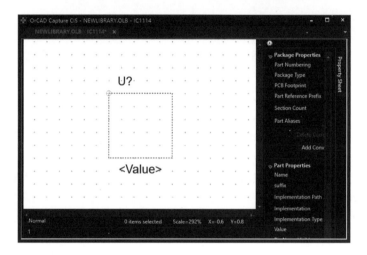

图4-55　"New Part Properties（新建元件属性）"对话框

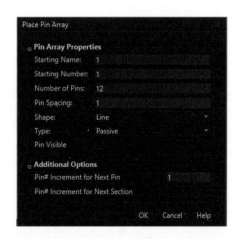

图4-56　元件编辑窗口

选择菜单栏中的"Place（放置）"→"Pin Array（阵列引脚）"命令，或单击"Draw Electrical（绘图）"工具栏中的"Place Pin Array（放置阵列引脚）"按钮 ▦，或按"Shift+J"快捷键，弹出如图4-57所示的"Place Pin Array（放置阵列引脚）"对话框，设置阵列引脚属性。

放置阵列引脚对话框中部分属性含义如下。

Starting Name：在该文本框中输入设置起始引脚的名称。

Starting Number：用于设置库元件引脚的起始编号。

Number of Pins：设置一次性放置的引脚个数，输入"12"。

Shape：设置引脚线型。

Type：用于设置库元件引脚的电气特性，默认选

图4-57　"Place Pin Array（放置阵列引脚）"对话框

择"Passive"（无源），表示不设置电气特性。

Pin Visible：引脚可见性。

Additional Options：附加选项设置，引脚步进量，包括Pin# Increment for Next Pin、Pin# Increment for Next Section。

单击 ■ OK 按钮，关闭对话框。

此时光标上带有一组引脚的浮动虚影，移动光标到虚线框下方，单击左键就可以将该引脚放置到图纸上，如图4-58（a）所示，在矩形下方单击放置第一组引脚（1～12），元件边框根据引脚大小自动进行缩放，结果如图4-58（b）所示。

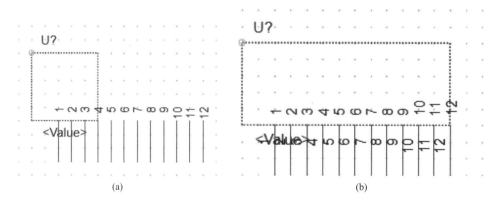

图4-58　放置第一组引脚

按"Shift+J"快捷键，继续放置第二组阵列引脚，弹出如图4-59所示的"Place Pin Array（放置阵列引脚）"对话框，设置阵列引脚属性。

- Starting Name：第二组引脚起始引脚的名称为"24"。
- Starting Number：用于设置库元件引脚的起始编号，自动延续为13，修改为"24"。
- Pin# Increment for Next Pin：引脚步进量，设置为"-1"。

单击 ■ OK 按钮，关闭对话框。此时光标上带有一组引脚的浮动虚影，移动光标到虚线框右侧，单击就可以将该引脚放置到图纸上，在矩形右侧单击放置第二组引脚（13～24），放置后的边框根据引脚数量自动进行缩放，结果如图4-60所示。

图4-59　"Place Pin Array（放置阵列引脚）"对话框

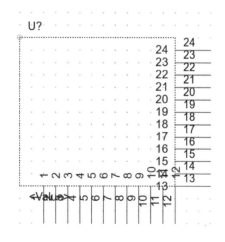

图4-60　放置第二组引脚

按"Shift+J"快捷键，继续放置第三组阵列引脚，弹出如图4-61所示的"Place Pin Array（放置阵列引脚）"对话框，设置阵列引脚属性。

- Starting Name：第三组引脚起始引脚的名称为"36"。
- Starting Number：用于设置库元件引脚的起始编号为"36"。
- Pin# Increment for Next Pin：引脚步进量，设置为"-1"。

单击 OK 按钮，关闭对话框。在矩形下方单击放置引脚（25～36），结果如图4-62所示。

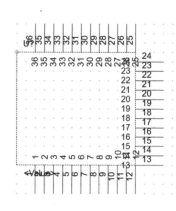

图4-61 "Place Pin Array（放置阵列引脚）"对话框（1）　　图4-62 放置第三组引脚

按"Shift+J"快捷键，继续放置第四组阵列引脚，弹出如图4-63所示的"Place Pin Array（放置阵列引脚）"对话框，设置阵列引脚属性。

- Starting Name：第四组引脚起始引脚的名称为"37"。
- Starting Number：用于设置库元件引脚的起始编号为"37"。
- Pin# Increment for Next Pin：引脚步进量，设置为"1"。

单击 OK 按钮，关闭对话框。在矩形左侧单击放置引脚（37～48），结果如图4-64所示。

图4-63 "Place Pin Array（放置阵列引脚）"对话框（2）　　图4-64 放置第四组引脚

4.5.2　编辑引脚

引脚的编辑包括两种方法。

（1）逐个修改。

单击引脚"1"，打开"Property Sheet(图纸属性)"面板，在"Pin Properties(引脚属性)"选项组可以设置名称、编号、线型、类型等，如图4-65所示。

Name：在该文本框中输入元件引脚的名称"1"。

Number：用于设置库元件引脚的编号。

Shape：用于设置引脚线型。

Type：用于设置库元件引脚的电气特性。

Pin Visible：用于设置引脚的可见性。

Order：用于设置引脚的顺序。

■：单击该按钮，添加属性参数编辑框，如图4-66所示，在第一个参数下拉列表中显示默认的可以添加的引脚属性。选择"FLOAT"，如图4-67所示，单击■按钮，完成参数添加，如图4-68所示。

（2）批量修改

当引脚数很多时，在元件图形上选择引脚逐个编辑属性浪费时间，这里介绍批量编辑的方法。

① 选择"Edit（编辑）"→"Edit Pins（编辑引脚）"命令，或单击"Property Sheet（图纸属性）"面板中的"Edit Pins（编辑引脚）"按钮，弹出"Edit Pins（编辑引脚）"对话框，可以对该元件所有引脚进行一次性的编辑设置，如图4-69所示。

- Normal View：Pin Name：设置引脚名称。
- Section：Pin Number：设置引脚编号。

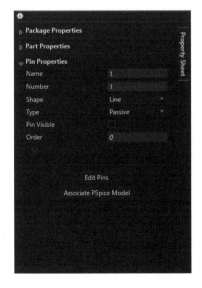

图4-65　"Pin Properties（引脚属性）"选项组（1）

图4-66　"Pin Properties（引脚属性）"选项组（2）

图4-67　"Pin Properties（引脚属性）"选项组（3）

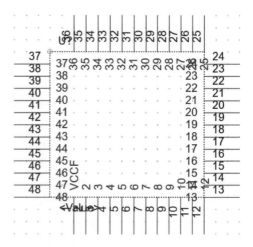

图4-68　设置完成的元件

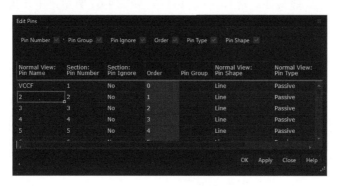

图4-69　设置所有引脚

- Normal View：Pin Type：标准视图：引脚类型。在下拉列表中显示可供选择的9种类型，如图4-70所示。

② 设置其余引脚属性，单击"OK"按钮，完成设置，得到如图4-71所示的元件引脚图。

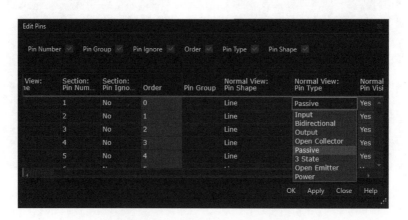

图4-70　"Edit Pins"对话框

③ 引脚与元件虚线框出现重叠现象，利用鼠标左键调整虚线框大小，按上下左右键调整引脚位置。IC1114共有48个引脚，引脚放置完毕后的器件图如图4-72所示。

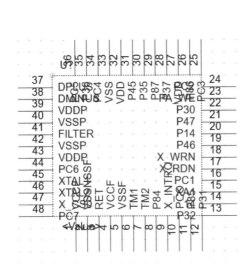

图4-71　编辑引脚

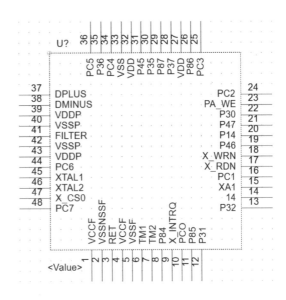

图4-72　调整引脚

④ 编辑元件参数。在工作区选择"Value"，弹出"Property Sheet"面板，将元件的注释设置为IC1114，如图4-73所示。按回车键，完成元件参数设置，如图4-74所示，保存元件。

图4-73　设置参数值

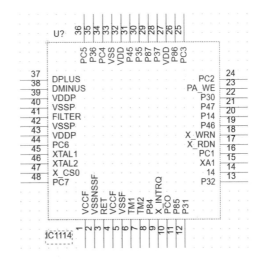

图4-74　元件编辑

（3）绘制矩形

相对于利用多段线命令绘制矩形需要多个步骤，这里直接利用矩形命令即可一步绘制完成。

① 选择菜单栏中的"Place（放置）"→"Rectangle（矩形）"命令或单击"Draw Graphical（绘制图形符号）"工具栏中的"Place Rectangle（放置矩形）"按钮■，在边界线

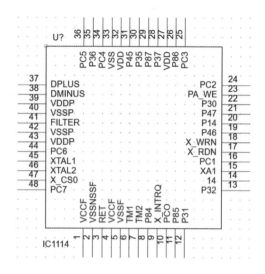

图4-75 绘制元件外形

内绘制适当大小的元件外形。

启动绘制矩形的命令后，光标变成十字形。将十字光标移到指定位置单击鼠标左键，确定矩形左下角位置。此时，光标自动跳到矩形的右上角，拖动鼠标指针，调整矩形至合适大小，再次单击鼠标左键，确定右上角位置，如图4-75所示。

矩形绘制完成后，此时系统仍处于绘制矩形状态，若需要继续绘制，则按上面的方法绘制；若无需绘制，使用鼠标右键单击并在弹出的快捷菜单中选择"End Mode（结束模式）"命令或者按下"Esc"键便可退出操作。

② 选择菜单栏中的"File（文件）"→"Save（保存）"命令，或单击"File（文件）"工具栏中的"Save（保存）"按钮，保存绘制结果。

4.6 绘制54AC11000FK实例

扫码看视频

本节介绍如何绘制含有子部件的逻辑元件54AC11000FK，该元件含有四个子部件，下面介绍绘制步骤。

4.6.1 新建部件

① 选择菜单栏中的"File（文件）"→"Open（新建）"→"Library（库）"命令，打开"Open Library（打开库文件）"对话框，选择"NEWLIBRARY.olb"，单击"打开"按钮，打开库文件。

② 选择菜单栏中的"Design（设计）"→"New Part（新建元件）"命令或使用鼠标右键单击并在弹出的快捷菜单中选择"New Part（新建元件）"命令，弹出如图4-76所示的"New Part Properties（新建元件属性）"对话框，下面介绍对话框中的选项。

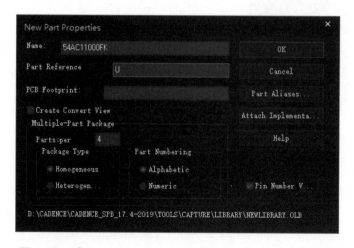

图4-76 "New Part Properties（新建元件属性）"对话框

- Name：在该文本框中输入新建元件的名称，输入元件名为"54AC11000FK"。
- Part Reference：在该文本框中输入元件标识符前缀"U"，元件放置到原理图中显示的标识符为U1、U2等。
- PCB Footprint：在该文本框中输入元件封装名称，如果还没有创建对应的封装库，可以暂时忽略，可随时进行编辑。
- Multiple-Part Package：在该选项组下设置含有子部件的元件。
- Parts per：选择元件分几部分建立。默认值为1，绘制单个独立元件。若创建的元件较大，例如有些FPGA有1000多个引脚，不可能都绘制在一个图形内，必须分成多个部分绘制，与层次电路原理类似。在该框中输入"4"，则该元件分成4个部分。
- Package Type：分裂元件数据类型，包括Homogeneous（相同的）与Heterogeneous（不同的）两种选项。这里绘制的部件相同，因此选择"Homogeneous（相同的）"。
- Part Numbering：分裂元件排列方式，分为Alphabetic（按照字母）与Numeric（按照数字）两种。
- Pin Number Visible：勾选此复选框，元件引脚号可见。
- Part Aliases...：单击此按钮，弹出如图4-77所示的"Part Aliases（元件别名）"对话框，设置元件别名。

图4-77　"Part Aliases（元件别名）"对话框

③ 在该对话框中单击 OK 按钮，弹出如图4-78所示的元件编辑对话框，在该对话框中可以进行元件的绘制。

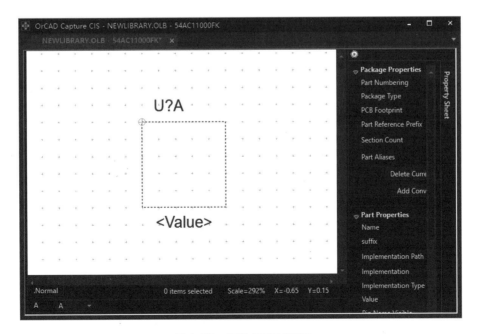

图4-78　元件编辑对话框

④ 选择菜单栏中的"View（视图）"→"Package（部件）"命令，可以在工作界面显示

整个库元件内的4个部件，如图4-79所示。

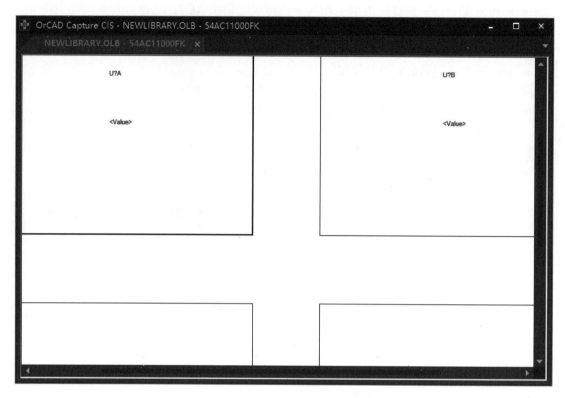

图4-79 显示所有部件

4.6.2 绘制库元件

完成库文件的创建后，下面介绍库文件中单个元件的绘制方法。

① 在元件编辑界面显示的虚线框（即初始图形）很小，选中虚线框，在虚线框四角显示夹点，拖动夹点可调整图框大小，如图4-80所示，设置放置图形实体的边界线。

② 选择菜单栏中的"Place（放置）"→"Polyline（多段线）"命令，或单击"Draw Graphical"工具栏中的"Place Polyline（放置多段线）"按钮，也可以使用"Y"快捷键，在边界线内绘制适当大小的元件外形，如图4-81所示。

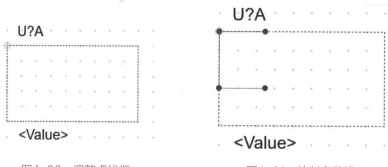

图4-80 调整虚线框   图4-81 绘制多段线

4.6.3 绘制圆弧

绘制圆弧时，不需要确定宽度和高度，只需确定圆弧的圆心、半径以及起始点和终点就可以了。

单击"Pointer Snap to Grid（捕捉网格点）"按钮■，取消网格捕捉。

① 选择菜单栏中的"Place（放置）"→"Arc（圆弧）"命令，单击"Draw Graphical"工具栏中的"Place Arc（放置圆弧）"按钮■，可以启动绘制圆弧命令。

② 启动绘制圆弧命令后，光标变成十字形。将光标移到指定位置，单击确定圆弧的圆心。此时，光标自动移到圆弧的圆周上，移动鼠标指针可以改变圆弧的半径。单击确定圆弧的半径，如图4-82所示。

a. 光标自动移动到圆弧的起始角处，移动鼠标指针可以改变圆弧的起始点。单击左键确定圆弧的起始点，如图4-83所示。

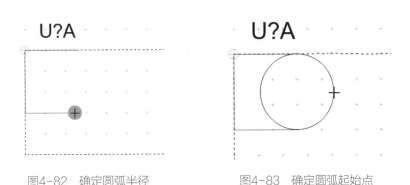

图4-82　确定圆弧半径　　　　　图4-83　确定圆弧起始点

b. 此时，将光标移到圆弧的另一端，单击确定圆弧的终止点，如图4-84所示。一条圆弧绘制完成，系统仍处于绘制圆弧状态，若需要继续绘制，则按上面的步骤绘制；若要退出绘制，则使用鼠标右键单击并在弹出的快捷菜单中选择"End Mode（结束模式）"命令或者按下"Esc"键即可。

选中虚线框，在虚线框四角显示夹点，拖动夹点调整图框大小，如图4-85所示，设置放置图形实体的边界线。

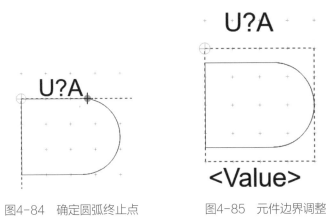

图4-84　确定圆弧终止点　　　　图4-85　元件边界调整

4.6.4 添加引脚

① 选择菜单栏中的"Place（放置）"→"Pin（引脚）"命令或单击"Draw Electrical（绘图）"工具栏中的"Place Pin（放置引脚）"按钮📇，弹出如图4-86所示的"Place Pin（放置引脚）"对话框，设置引脚属性。

Name：在该文本框中输入设置库元件引脚的名称"5"。

Number：用于设置库元件引脚的编号，应该与实际的引脚编号相对应。

Shape：设置引脚形状，选择"Clock"。

Type：用于设置库元件引脚的电气特性。

② 单击 OK 按钮，完成参数设置，光标上附有一个引脚符号，移动该引脚到矩形边框处，单击左键完成放置，继续显示引脚符号，可继续单击放置，如图4-87所示。

图4-86 "Place Pin（放置引脚）"对话框

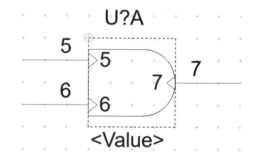

图4-87 放置引脚

③ 由于元件引脚名称不显示，因此需要将矩形框中的引脚名称设置为不可见，在右侧"Property Sheet（属性表）"面板中，取消"Pin Name Visible（引脚名称可见性）"后的复选框，如图4-88所示，设置完成后的元件图形如图4-89所示。

④ 单击引脚编号"6"，打开"Property Sheet（属性表）"面板，如图4-90所示。

Number：用于设置库元件引脚的编号，输入"7"。

⑤ 单击引脚"7"，打开"Property Sheet（属性表）"面板，如图4-91所示。

a. Number：用于设置库元件引脚的编号，输入"8"。

b. Shape：设置引脚形状，选择"Dot-Clock"。

所有引脚属性全部设定完成后如图4-92所示。

这样就建好了一个库元件55453/LCC。因此在绘制电路原理图时，只需要将该元件所在的库文件打开，就可以随时取用该元件了。

c. 编辑元件参数。在工作区选择"Value"，弹出"Property Sheet"面板，将元件的注释设置为"54AC11000FK"，如图4-93所示。按回车键，完成元件参数设置，如图4-94所示，保存元件。

至此，完成第一个部件A的绘制。

图4-88　设置可见性

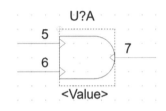

图4-89　隐藏引脚名称

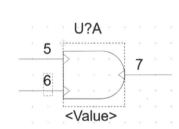

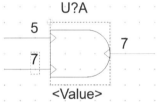

图4-90　修改引脚编号

图4-91　"Pin Properties（引脚属性）"面板

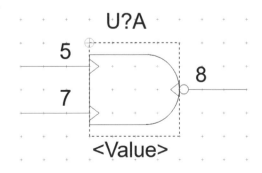

图4-92　设置完成的元件

图4-93　设置参数值

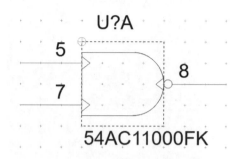

图4-94　元件编辑

4.6.5　编辑部件

创建部件时，"Package Type（分裂元件数据类型）"选择"Homogeneous（相同的）"，其余部件的外形均相同，因此不需要重新绘制，只需要修改参数即可。

① 选择菜单栏中的"View（视图）"→"Next Package（下一个部件）"命令，可以在工作界面切换到库元件内的第二个部件"B"，如图4-95所示。

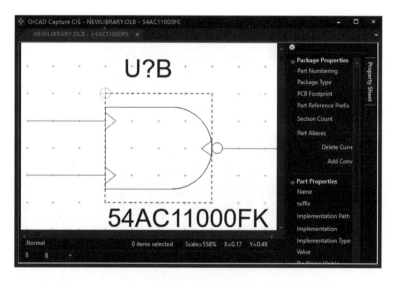

图4-95　显示部件

② 选择"Edit（编辑）"→"Edit Pins（编辑引脚）"命令，或单击"Property Sheet（图纸属性）"面板中的"Edit Pins（编辑引脚）"按钮，弹出"Edit Pins（编辑引脚）"对话框，可以对该元件所有引脚进行一次性的编辑设置，如图4-96所示。

③ 在"Section"下拉列表中选择"B"，在"Section：Pin Number"下设置引脚编号，如图4-97所示。

④ 在"Section"下拉列表中选择"C"，在"Section：Pin Number"下设置引脚编号，如图4-98所示。

图4-96　设置所有引脚

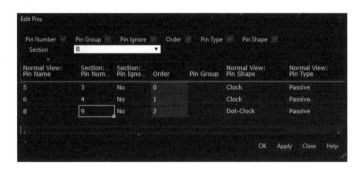

图4-97　"Edit Pins" 对话框（1）

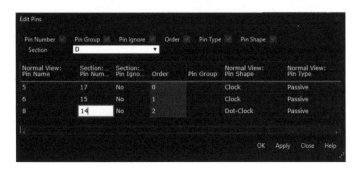

图4-98　"Edit Pins" 对话框（2）

⑤ 在"Section"下拉列表中选择"D"，在"Section：Pin Number"下设置引脚编号，如图4-99所示。

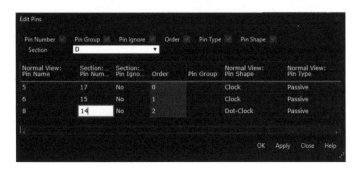

图4-99　"Edit Pins" 对话框（3）

⑥ 单击"OK"按钮，完成设置。

⑦ 在工作区左下角下拉列表中选择"C""D"，显示部件C、D，如图4-100所示。

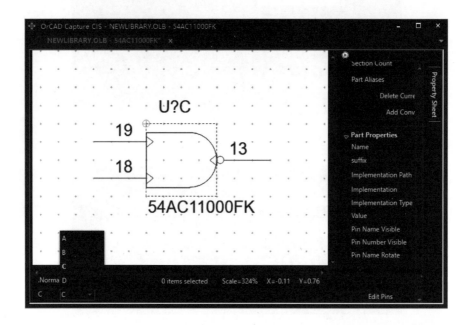

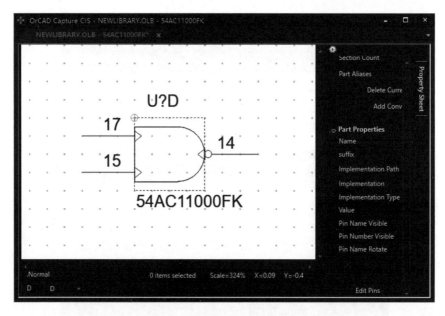

图4-100　显示其余部件

⑧ 选择菜单栏中的"View（视图）"→"Package（部件）"命令，可以在工作界面显示整个库元件内的4个部件，如图4-101所示。

⑨ 选择菜单栏中的"File（文件）"→"Save（保存）"命令，或单击"File（文件）"工具栏中的"Save（保存）"按钮💾，保存绘制结果。

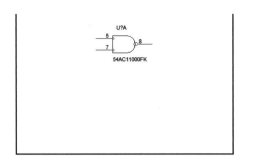
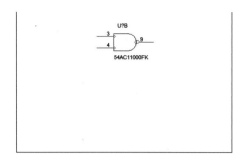
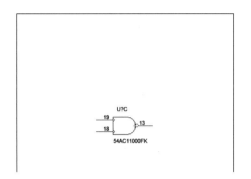
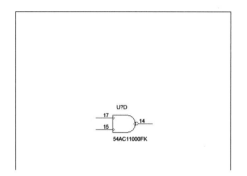

图4-101　显示所有部件

第 5 章
焊盘设计

在建立元件封装时，需要将每个引脚放到封装中，放置引脚的同时需要在库中寻找相对应的焊盘，即元件封装的每个引脚都必须有一个焊盘与之相对应。Allegro 会将每个引脚对应的焊盘名存储起来。焊盘文件的后缀名为".pad"。

当元件的封装符号添加到设计中时，Allegro 从焊盘库复制元件封装的每个引脚对应的焊盘数据，并且从元件的封装库中复制元件的封装数据。

5.1　焊盘设计原则

焊盘 PCB 设计时应遵循以下几点。

① 在进行焊盘 PCB 设计时，焊点可靠性主要取决于长度而不是宽度。

② 采用封装尺寸最大值和最小值为参数进行同一种元件焊盘设计时焊盘尺寸的计算，保证设计结果适用范围宽。

③ PCB 设计时应严格保持同一个元件对称使用焊盘的全面的对称性，即焊盘图形的形状与尺寸应完全一致。

④ 焊盘与较大面积的导电区（如地、电源等平面）相连时，应通过一较细导线进行热隔离，一般宽度为 0.2 ～ 0.4mm，长度约为 0.6mm。

⑤ 波峰焊时焊盘设计一般比载流焊时大，因为波峰焊中元件有胶水固定，焊盘稍大，不会危及元件的移位和直立，相反却能减少波峰焊的"遮蔽效应"。

⑥ 焊盘设计要适当，既不能太大，也不能太小。太大则焊料铺展面较大，形成的焊点较薄；较小则焊盘铜箔对熔融焊料的表面张力太小，当铜箔的表面张力小于熔融焊料表面张力时，形成的焊点为不浸润焊点。

5.2　焊盘分类

所有的焊盘都包括两方面：焊盘尺寸的大小和焊盘的形状；钻孔的尺寸和显示的符号。下面简单介绍焊盘的不同分类。

（1）按照外形分类

按照焊盘的外形，一般分为"Shape Symbol（外形符号）"与"Flash Symbol（花焊盘）"两种。

（2）按照引脚分类

元件的封装引脚按照与焊盘的连接方式分为表贴式元件与直插式元件，而对应的焊盘则分为贴片焊盘与通孔焊盘，如图 5-1 所示。

表 5-1 中显示这两种焊盘的命名规则。

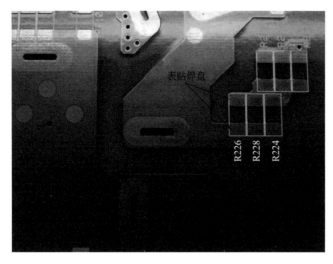

图5-1　不同类型焊盘

表5-1　焊盘命名规则

焊盘类型		命名格式	参数说明		分类
			名称	说明	
贴片焊盘	长方形焊盘	s30_60	s	表面贴片（Surface mount）焊盘	贴片焊盘还有其他形状，这里只介绍最基本的三种。 宽度和高度是指Allegro的Pad_Designer工具中的参数，用这两个参数来指定焊盘的长和宽或直径。以上方法指定的名称均表示在top层的焊盘，如果所设计的焊盘是在Bottom层时，在名称后加一字母"b"来表示
			30	宽度为30mil（1mil=0.0254mm）	
			60	高度为60mil	
	方形焊盘	ss050	第一个s	表面贴片（Surface mount）焊盘	
			第二个s	正方形（Square）焊盘	
			050	宽度和高度都为50mil	
	圆形焊盘	sc60	s	表面贴片（Surface mount）焊盘	
			c	圆形（Circle）焊盘	
			60	半径为60mil	
通孔焊盘	圆形焊盘	p40c20	p	金属化（plated）焊盘（pad）	根据焊盘外形的不同，还有正方形（Square）、长方形（Rectangle）和椭圆形焊盘（Oblong）等，在命名的时候则分别取其英文名字的首字母来加以区别
			40	焊盘外径为40mil	
			c	圆形（circle）焊盘	
			20	焊盘内径是20mil	
	方形焊盘	pMM_NNsqAAd	Pad（p）	焊盘类型（Pad代表通孔焊盘）	
			MM	焊盘宽	
			_	数字分隔符	
			NN	焊盘高	

续表

焊盘类型		命名格式	参数说明		分类
			名称	说明	
通孔焊盘	方形焊盘	pMM_NNsqAAd	sq	焊盘形状 [sq 代表外形为矩形的焊盘（Square）]	
			AA	焊盘孔径	
			d	孔壁处理方式（d 表示孔壁必须上锡，用于导通各个层）	
	椭圆焊盘	pMM_NNobAA_BBd	Pad（p）	焊盘类型（Pad 代表通孔焊盘）	
			MM	焊盘外椭圆宽	
			_	数字分隔符	
			NN	焊盘外椭圆高	
			ob	焊盘形状 [ob 代表外形为椭圆的焊盘（Oblong）]	
			AA	焊盘内椭圆宽	
			BB	焊盘内椭圆高	
			d	孔壁处理方式（d 表示孔壁必须上锡，用于导通各个层）	

贴片焊盘在电气层只需要对顶层、顶层加焊层、顶层阻焊层进行设置，而且只需要对常规焊盘进行设置，而热风焊盘和反焊盘均选择"NULL"。

通孔焊盘则设置层相对较多，如图 5-2 所示。通孔焊盘的结构从上到下分为锡膏层、阻焊层、顶层焊盘、内层热焊盘（内层与防散热结构）、内层焊盘、内层反焊盘（内层与防连接结构）、电镀钻孔、底层焊盘、底层阻焊层、底层锡膏层。

（3）按照分布层分类

印制板的表层按照显示方式的不同分为正片和负片，而焊盘按照在不同层上分布分为"Regular Pad（常规焊盘）""Thermal Relief（热风焊盘）"和"Anti Pad（负片焊盘、隔离焊盘）"。

下面介绍各种焊盘外径尺寸之间的关系。

- Pad（焊盘）= Regular Pad（常规焊盘）= Pastemask（助焊层）
- Anti Pad（隔离焊盘）= Soldermask（阻焊层）
                = Regular Pad（常规焊盘）+0.1mm 类型
- Thermal Relief（热风焊盘）：
    - 外径等于常规焊盘外径；
    - 内径等于钻孔直径 +0.5mm（6mil or 8mil）；
    - 开口直径 =（外径 − 内径）/2+10mil。

焊盘单位换算如下：

50mil=1.27mm

40mil=1mm

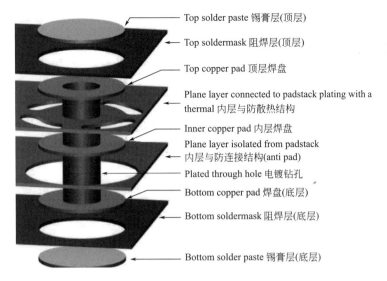

- Top solder paste 锡膏层(顶层)
- Top soldermask 阻焊层(顶层)
- Top copper pad 顶层焊盘
- Plane layer connected to padstack plating with a thermal 内层与防散热结构
- Inner copper pad 内层焊盘
- Plane layer isolated from padstack 内层与防连接结构(anti pad)
- Plated through hole 电镀钻孔
- Bottom copper pad 焊盘(底层)
- Bottom soldermask 阻焊层(底层)
- Bottom solder paste 锡膏层(底层)

图5-2　焊盘层

5.3　贴片焊盘设计实例

扫码看视频

下面首先分析贴片焊盘的结构，见表5-2。

表5-2　贴片焊盘设置参数与尺寸

层名称	参数		
	说明	参数名	参数值
顶层（BEGIN LAYER）	Regular Pad	常规焊盘	对应封装的尺寸
	Thermal Relief	热风焊盘	Regular Pad+10 mil（0.25mm）
	Anti Pad	负片焊盘、隔离焊盘	
阻焊层（SOLDERMASK_TOP）	上锡掩膜	Pad	Regular Pad+（4～20）mil（0.1mm）
助焊层（PASTEMASK_TOP）	钢网，涂锡浆膏	Pad	Regular Pad 的大小一般与SMD焊盘一样或略小

下面介绍SMD贴片焊盘n_smd40_92的创建方法，在表5-3中显示参数说明。

表5-3　参数说明

参数	说明
smd	SMD 的焊盘，单一层面且没有钻孔
40	Padstack的宽度为40mil
_	数字的分隔符，宽度和高度的分隔符号
92	Padstack的高度为92mil

5.3.1 焊盘编辑环境

执行"开始"→"程序"→"Cadence PCB Utilities 17.4-2019"→"Padstack Editor 17.4"命令，进入"Padstack Editor"编辑器，如图5-3所示。

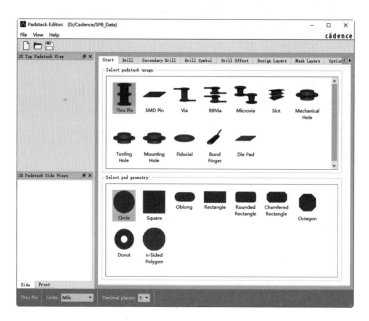

图5-3 "Padstack Editor"编辑器

在"Padstack Editor"编辑器中可进行焊盘设计，该界面包括菜单栏与工作区。

（1）菜单栏

"Padstack Editor"编辑器菜单栏包括File（文件）、View（视图）和Help（帮助）三个菜单，下面介绍一下每个菜单的作用。

① File（文件）菜单。主要用于文件的打开、关闭、保存等操作。

② View（视图）菜单。主要用于执行用户界面的设置情况。

③ Help（帮助）菜单。主要用于显示在进行焊盘创建、编辑过程中遇到的问题、需要的帮助指导。

（2）工作区

① 2D Top Padstack View。显示焊盘的2D顶视图，如图5-4所示。

② 2D Padstack Side Views。显示焊盘的2D侧视图及正视图。通过Side、Front直观地了解焊盘的层叠、钻孔信息，如图5-5所示。

5.3.2 创建焊盘文件

选择菜单栏中的"File（文件）"→"New（新建）"命令，弹出"New Padstack（新建焊盘）"对话框，在"Padstack name（焊盘名称）"文本框内输入"n_smd40_92"，"Padstack usage（焊盘类型）"选择"SMD Pin"，如图5-6所示。

单击 ···· 按钮，弹出"New padstack"对话框，指定存放的位置，如图5-7所示，单击 Save 按钮，保存设置并关闭"New padstack"对话框。

在"New padstack（新建焊盘）"对话框中单击 OK 按钮，返回编辑器界面。

图5-4　显示焊盘顶视图

图5-5　显示焊盘侧视图

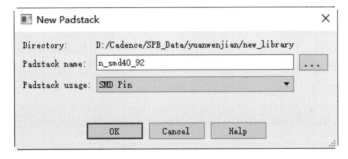

图5-6　"New Padstack（新建焊盘）"对话框

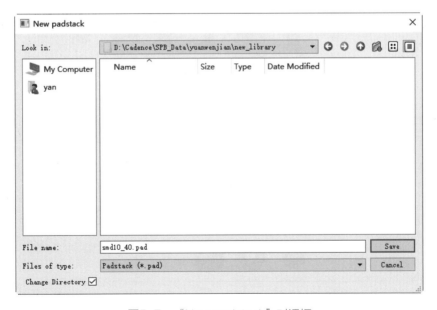

图5-7　"New padstack"对话框

5.3.3　设置焊盘类型

打开"Start"选项卡，选择焊盘类型以及焊盘默认的几何形状。

① 在"Select padstack usage"中选择要制作的孔径类型。

- Thru Pin：类似于电阻的引脚，穿透板子的引脚类型的通孔。
- SMD Pin：贴片引脚，贴片电阻电容引脚的焊盘。
- BBVia：盲孔、埋孔。
- Microvia：微米孔。
- Slot：槽孔。
- Mechanical Hole：机械孔。
- Tooling Hole：螺钉孔。
- Mounting Hole：固定孔。
- Fiducial：基准孔。
- Bond Finger：用于线接合的焊接线导引焊盘。
- Die Pad：焊装集成电路裸片的电路板。

本节绘制 SMD 贴片焊盘，选择"SMD Pin"（表贴引脚）。

② 在"Select pad geometry（选择焊盘形状）"中可选择焊盘或者孔的形状，包括 Circle（圆形）、Square（正方形）、Oblong（椭圆形）、Rectangle（矩形）、Rounded Rectangle（圆角矩形）、Chamfered Rectangle（倒角矩形）、Octagon（八边形）、Donut（环形）、n-Sided Polygon（多边形）。

这里选择 Rectangle（矩形），如图 5-8 所示。

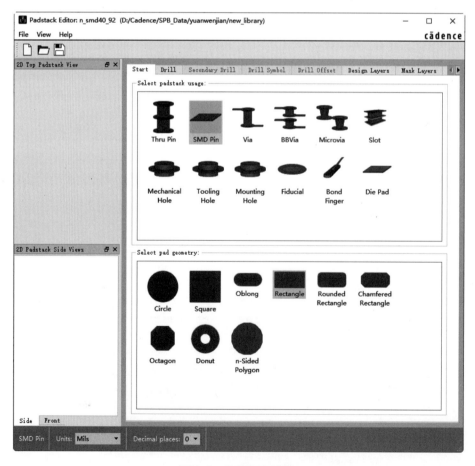

图5-8　选择焊盘类型

5.3.4　设置孔类型

打开"Drill（钻孔）"选项卡，该选项卡为钻孔界面，用于定义钻孔的类型、尺寸、误差。

在"Hole type（孔类型）"选项中设置孔的外形：None（无）、Circle（圆形）、Square（正方形）。

选择"Circle（圆形）"钻孔，可以定义钻孔的行与列数，以及每个钻孔行与列之间的间隔，如图 5-9 所示。

- Finished diameter：定义孔的尺寸。
- ＋Tolerance、－Tolerance：定义孔的尺寸公差，一般在压接孔设置 +/-0.05mm。
- Drill tool size：定义钻孔工具尺寸。
- Non-standard drill：选择非标准钻孔类型。
- Hole plating：选择孔是否金属化。
- Number of drill rows：定义钻孔行数。
- Number of drill columns：定义钻孔列数。
- Clearance between columns：定义钻孔列间距。
- Clearance between rows：定义钻孔行间距。
- Drills are staggered：勾选该复选框，钻孔为交错的。

选择 Square 正方形钻孔，如图 5-10 所示。

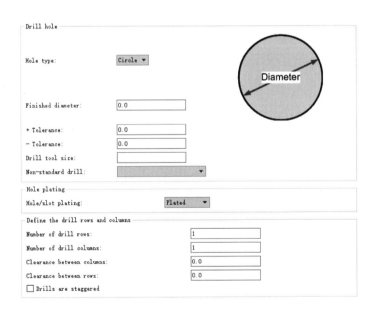

图5-9　设置圆形钻孔

本节创建贴片焊盘，"Hole type（孔类型）"显示为"None（无）"，对其余选项进行以下设置。

- Units：选择"Mils"，表示设计单位为 mil。
- Decimal places：选择 0，表示小数点后为 0 位。

设置完成的参数如图 5-11 所示。

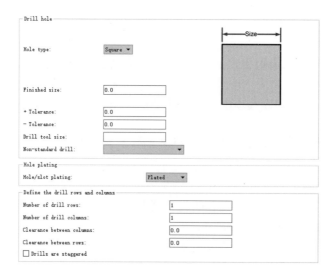

图5-10　设置正方形钻孔

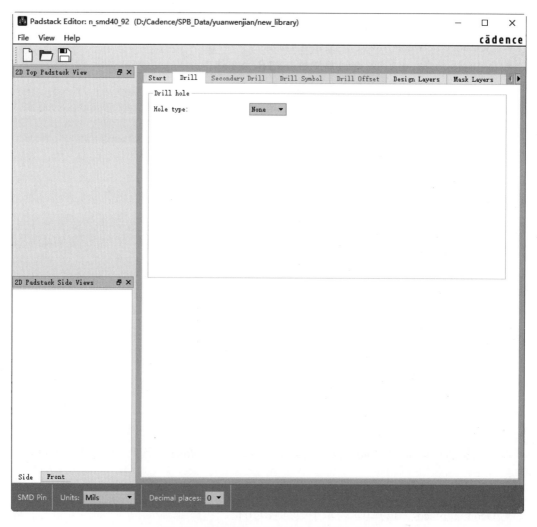

图5-11　设置"Drill（钻孔）"选项卡参数

5.3.5　设置设计层

　　因为表面贴焊盘无钻孔，不需要定义钻孔参数设置选项卡"Secondary Drill""Drill Symbol"和"Drill Offset"。只要设置begin layer、soldermask layer，设置开始层与阻焊层的参数值即可，如表5-4所示。

表5-4　层参数

层名称	参数			
	说明	参数名	参数值	
顶层（BEGIN LAYER）	常规焊盘	Regular Pad	Regular Pad（常规焊盘）	Rectangle（矩形）
			Width（宽度）	40mil
			Height	92mil
	热风焊盘	Thermal Relief	不设置 Thermal Relief 和 Anti Pad	
	隔离焊盘	Anti Pad		
阻焊层（SOLDERMASK_TOP）	上锡掩膜	Pad	Regular Pad（常规焊盘）	Rectangle（矩形）
			Width（宽度）	48mil
			Height	100mil
助焊层（PASTEMASK_TOP）	钢网，涂锡浆膏	Pad	Regular Pad（常规焊盘）	Rectangle（矩形）
			Width（宽度）	40mil
			Height	92mil

　　① 打开"Design Layers（设计的层）"选项卡，设置开始层的参数值，如图5-12所示。

　　设置开始层：选择"BEGIN LAYER"层，在"Regular Pad（常规焊盘）"栏下设置内容："Geometry（几何图形）"选择"Rectangle"，表示焊盘为矩形；在"Width（宽度）"文本框输入"40"，"Height"文本框输入"92"；不设置"Thermal Pad"和"Anti Pad"。

　　② 设置顶层阻焊层。

　　打开"Mask Layers（阻焊层）"选项卡，设置各个层中孔的大小。

- SOLDERMASK_TOP：顶部阻焊层。
- SOLDERMASK_BOTTOM：底部阻焊层。
- PASTEMASK_TOP：顶部助焊层。
- PASTEMASK_BOTTOM：底部助焊层。
- FILMMASK_TOP：顶部预留层。
- FILMMASK_BOTTOM：底部预留层。
- COVERLAY_TOP：顶部覆盖层。
- COVERLAY_BOTTOM：底部覆盖层。

　　a. 设置"SOLDERMASK（阻焊层）"。选择"SOLDERMASK_TOP"层，soldermask一般比regularpad大4mil，即0.1mm。在"Pad（焊盘）"栏下设置内容："Geometry（几何图形）"选择"Rectangle"，表示焊盘为矩形；在"Width（宽度）"文本框输入"48"，"Height（高度）"文本框输入"100"，如图5-13所示。

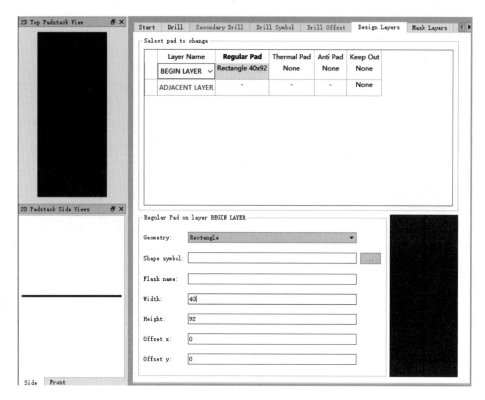

图5-12 "Design Layers（设计的层）"参数

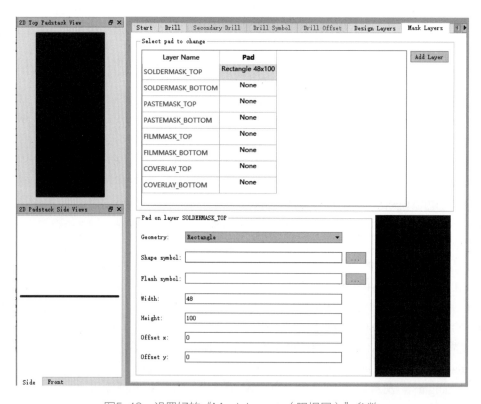

图5-13 设置好的"Mask Layers（阻焊层）"参数

b. 设置"PASTEMASK（助焊层）"中的参数。

选择PASTEMASK_TOP层，顶层阻焊层"Pad（焊盘）"栏下设置内容与"Regular"相同，复制参数即可。

打开"BEGIN LAYER"层，在"Regular Pad（常规焊盘）"栏上使用鼠标右键单击，并在弹出的快捷菜单中选择"Copy（复制）"命令，复制焊盘数据。打开"Mask Layers（阻焊层）"选项卡，在"PASTEMASK_TOP（顶层助焊层）"栏上使用鼠标右键单击，并在弹出的快捷菜单中选择"Paste（粘贴）"命令，粘贴焊盘数据，如图5-14所示。

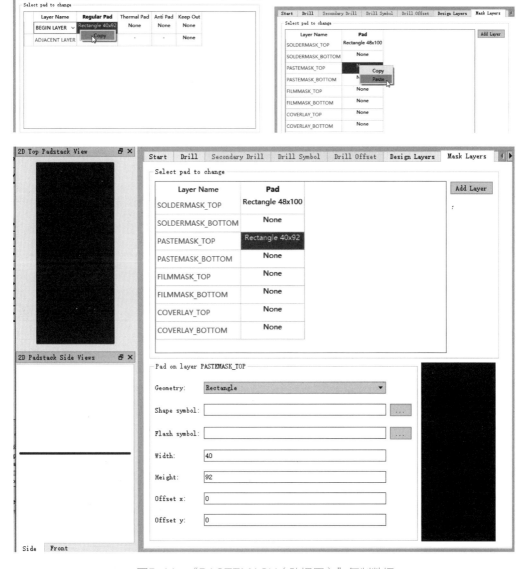

图5-14　"PASTEMASK（助焊层）"复制数据

③ 打开"Summary"选项卡，显示简要的汇总表。该选项卡简要列出了这个焊盘的各种信息，如图5-15所示。

单击"Save（保存）"按钮，保存焊盘文件。

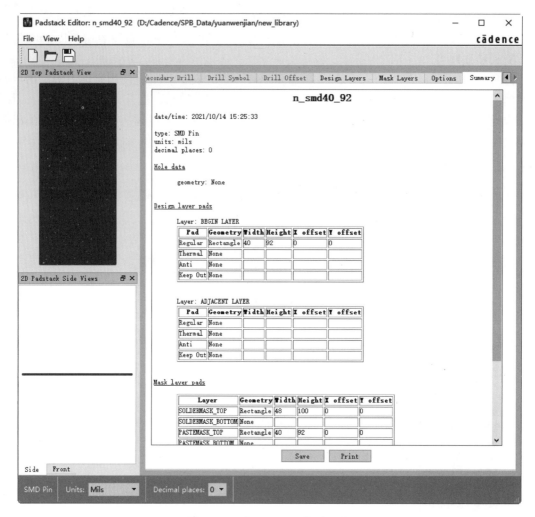

图5-15 "Summary" 选项卡

5.4 通孔焊盘设计实例

通孔焊盘不需要钢网开孔，因此 "pastemask（助焊层）" 设置为 "空（null）"，通孔焊盘有3个圈，从小到大一般为通孔开孔、焊盘外径和焊盘标记（drill legend）的圈。

设元件直插引脚直径为 "PHYSICAL_PIN_SIZE"，则对应的通孔焊盘的 "Drill Diameter（钻孔直径）" 尺寸见表5-5。

表5-5 钻孔直径参数

PHYSICAL_PIN_SIZ（实际引脚尺寸）	Drill Diameter（钻孔直径）
<=40mil（1mm）	PHYSICAL_PIN_SIZE+12 mil（0.3mm）
（40mil，80mil]	PHYSICAL_PIN_SIZE+16 mil（0.4mm）
>80mil（2mm）	PHYSICAL_PIN_SIZE+20 mil（0.5mm）

通孔焊盘各层面尺寸的选取参数设置如表5-6所示。

表5-6　通孔焊盘各层面尺寸

	钻孔形状	Drill Diameter钻孔直径	Regular Pad
Regular Pad 常规焊盘	圆形	<50 mil（1.27mm）	≥ Drill Diameter + 16mil（0.4mm） = PHYSICAL_PIN_SIZE +26mil（0.66mm）
		≥ 50 mil（1.27mm）	≥ Drill Diameter + 30mil（0.76mm） = PHYSICAL_PIN_SIZE +1mm
	矩形或椭圆形		≥ Drill Diameter + 40mil（1mm） = PHYSICAL_PIN_SIZE 50mil（1.25mm）
Anti Pad隔离焊盘	Regular Pad + 20mil（0.5mm）		
SOLDERMASK阻焊层	Regular_Pad + 6mil（0.15mm）		
PASTEMASK助焊层	Regular Pad		

以RB7.6-15型直插电容为例，其引脚直径"PHYSICAL_PIN_SIZE"为"32mil（0.8mm）"，直插式元件焊盘制作过程分为两大步骤：制作热风焊盘和制作通孔焊盘。热风焊盘放在通孔焊盘的中间层，如图5-16所示。

根据上述原则，钻孔直径"DRILL_SIZE"应该为44 mil，"Regular Pad"的直径为60mil，隔离焊盘"Anti Pad"的直径为80mil，阻焊层"SOLDERMASK"的直径为80mil，助焊层"PASTEMASK"为60mil，通孔焊盘型号为pad60c44。

热风焊盘的内径为64mil，外径为80mil，开口宽度为18mil。热风焊盘型号为tr80_64_18-45。

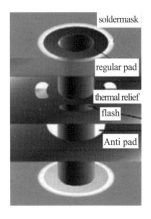

图5-16　通孔焊盘的制作

5.4.1　热风焊盘

Thermal Relief（热风焊盘）可能存在正负片中。根据形状进行分类，包括Null（没有）、Circle（圆形）、Square（方形）、Oblong（拉长圆形）、Rectangle（矩形）、Octagon（八边形）、Fash形状（可以是任意形状）。

根据热风焊盘名称定义焊盘命名规则与尺寸取值，见表5-7。

表5-7　热风焊盘命名规则与尺寸取值

命名格式		参数说明		参数值
		名称	说明	
圆孔形焊盘	trOD_ID_W-45	tr	焊盘类型（tr代表thermal relief）	
		OD	Flash 外径	= Anti-pad =Regular Pad+20 mil（0.5mm）
		_	数字分隔符	
		ID	Flash 内径	Drill Diameter + 20 mil（0.5mm）

续表

命名格式		参数说明		参数值
		名称	说明	
圆孔形焊盘	trOD_ID_W-45	W	Flash 开口高	（Outer Diameter - Inner Diameter）/2+10 mil（0.254mm）
		-	尺寸与角度分隔符	
		45	开口角度	缺省表示开口角度为0
长圆孔形焊盘	trMM_NN_RW_W-45	tr	焊盘类型（tr代表 thermal relief）	
		MM	Flash 外椭圆宽	
		_	数字分隔符	
		NN	Flash 外椭圆高	
		RW	环宽 ring width（RW）	
		W	Flash 开口宽度	
		-	尺寸与角度分隔符	
		45	开口角度	缺省表示开口角度为0

根据 Flash 焊盘名称定义花焊盘命名规则，见表5-8。

表5-8 花焊盘命名规则

命名格式		参数说明		说明
		名称	说明	
圆形焊盘	FK03-COD-CID	F	普通圆形 Flash	外直径尺寸与内直径尺寸项目内容之间用-隔开
		K03	Flash 开口宽 0.3mm	
		C	内外径形状	
		OD	Flash 外径	
		-	数字分隔符	
		ID	Flash 内径	
椭圆形焊盘	FROK03-E20W6H5-IV5H4	FRO	焊盘为椭圆形	
		K03	Flash 开口宽度 0.3mm	
		E20W6H5	外直径椭圆形，宽 6mm、高 5m	
		IV5H4	内直径椭圆形，宽 5mm、高 4mm	

下面介绍如图 5-17 所示的 Pad60c44d 的热风焊盘 tr80_64_18-45 的创建过程，在表5-9中显示参数说明。

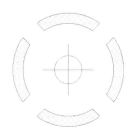

图5-17　热风焊盘

表5-9　参数说明

参数	说明
tr	防散热pad[Thermal Relief（热风焊盘）]
80	外径为80mil
64	内径为64mil
–	数字的分隔符
18	开口宽度尺寸等于18mil
–	数字分隔符
45	开口角度等于45°

具体的建立步骤如下。

① 执行"开始"→"程序"→"Cadence PCB 17.4-2019"→"PCB Editor 17.4"命令，弹出"17.4 Allegro PCB Designer Product Choices"对话框，选择"Allegro PCB Designer"选项，进入系统主界面。

选择菜单栏中的"File（文件）"→"New（新建）"命令，弹出"New Drawing（新建图纸）"对话框，在"Drawing Type（图纸类型）"下拉列表中选择"Flash symbol"选项，在"Drawing Name"文本框内输入"tr80_64_18-45.dra"，如图5-18所示。

② 单击 Browse... 按钮指定存放的位置，然后单击 OK 按钮，回到编辑器界面。

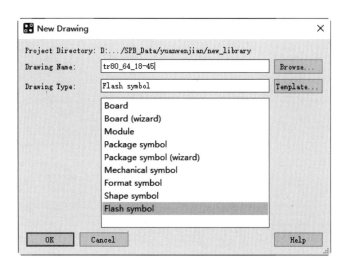

图5-18　"New Drawing（新建图纸）"对话框

③ 选择菜单栏中的"Setup（设置）"→"Design Parameter（设计参数）"命令，在弹出的"Design Parameter Editor"对话框中选择"Design（设计）"选项卡进行图纸尺寸设置，如图5-19所示。

- Type：选择"Flash"。
- User Units：选择单位为"Mils"。
- Accuracy：设置为0，表示取整数部分。
- Left X：-500；Lower Y：-500；Width：1000；Height：1000。

其余参数设置为默认。

④ 选择菜单栏中的"Add（添加）"→"Flash（焊盘栈）"命令，弹出"Thermal Pad Symbol Defaults（焊盘栈符号）"对话框，如图5-20所示。

- Inner diameter：内径为64mil。
- Outer diameter：外径为80mil。
- Spoke width：开口宽度为18mil。
- Number of spokes：开口数量默认为4。
- Spoke angle：开口角度为45°。
- Add center dot：勾选该复选框，添加中心孔。
- Dot diameter：定义孔直径。

⑤ 选择默认选项，单击"OK"按钮，在工作区上显示热风焊盘，结果如图5-21所示。

⑥ 建立符号。选择菜单栏中的"File（文件）"→"Create Symbol（生成符号）"命令，将弹出"Create Symbol（生成符号）"对话框，如图5-22所示，保存"tr80_64_18-45.fsm"文件。

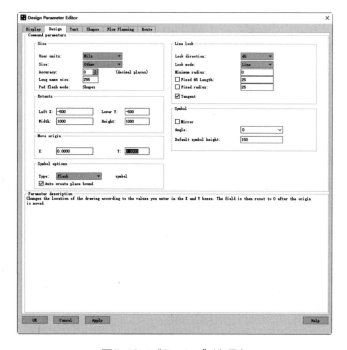

图5-19　"Design"选项卡

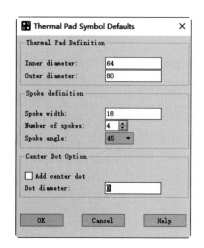

图5-20　"Thermal Pad Symbol Defaults（焊盘栈符号）"对话框

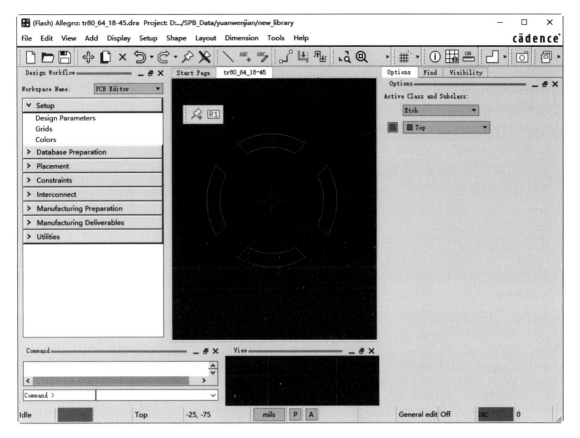

图5-21　热风焊盘绘制结果

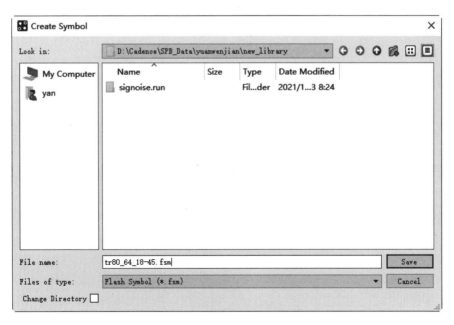

图5-22　"Create Symbol（生成符号）"对话框

5.4.2 焊盘库设置

选择菜单栏中的"Setup（设置）"→"User Preferences..（用户属性）"命令，弹出"User Preferences Editor（用户属性编辑）"对话框，打开"Paths（路径）→ Library（库）"选项，设置焊盘路径，如图5-23所示。

- "psmpath"：PCB封装文件、PCB封装焊盘中使用的Flash文件、PCB封装焊盘使用的外形Shape文件等内容的存放路径。

单击"psmpath（焊盘路径）"右侧的 ... 按钮，弹出"psmpath Items（焊盘路径条目）"对话框，勾选"Expand（扩展）"复选框，如图5-24所示。显示完整的焊盘Pad文件、Flash文件、PCB封装焊盘使用的Shape文件等内容的存放路径，如图5-25所示。

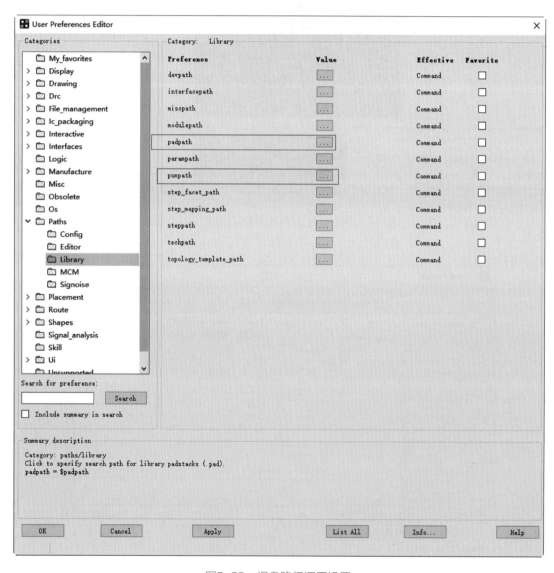

图5-23 焊盘路径调用设置

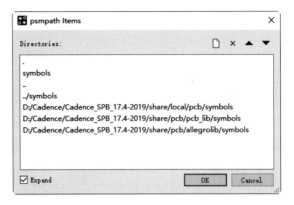

图5-24　"psmpath Items（焊盘路径条目）"对话框（1）

图5-25　"psmpath Items（焊盘路径条目）"对话框（2）

单击"新建"按钮，弹出新路径，如图5-26所示，单击右侧的按钮，弹出"Select Directory（选择文件）"对话框，选择new_library文件夹，返回"psmpath Items"对话框，将该文件夹添加到焊盘路径下，如图5-27所示。单击"OK"按钮，关闭对话框。

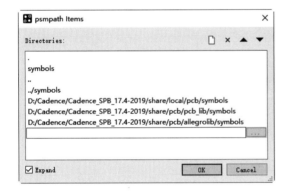

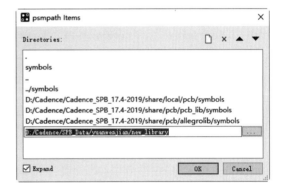

图5-26　新建库路径

图5-27　添加路径

5.4.3　圆形焊盘

以Pad60c44d焊盘为例介绍通孔焊盘的创建，说明如何建立圆形有通孔的焊盘，参数在表5-10中说明。

表5-10　参数说明

参数	说明
Pad	焊盘
60	焊盘的外径为60mil
c	焊盘的外形为圆形
44	焊盘的内径为44mil
d	钻孔的孔壁必须上锡，可以用来导通各种层面

下面分析通孔焊盘的结构与尺寸，见表5-11。

表5-11 通孔焊盘设置参数与尺寸

层名称	参数		
	说明	参数名	参数值
顶层（BEGIN LAYER）	Regular Pad	常规焊盘	对应封装的尺寸
	Thermal Relief	热风焊盘	Regular Pad+10 mil（0.25mm）
	Anti Pad	隔离焊盘	
阻焊层（SOLDERMASK_TOP）	上锡掩膜	Pad	Regular Pad+（4～20）mil（0.1mm）
助焊层（PASTEMASK_TOP）	钢网，涂锡浆膏	Pad	Regular Pad 的大小一般与 SMD 焊盘一样，或略小

① 启动 Padstack Editor 17.4，打开 Padstack Editor 图形界面。

② 选择菜单栏中的"File（文件）"→"New（新建）"命令，弹出"New Padstack（新建焊盘）"对话框，在"Padstack Name（焊盘名称）"文本框内输入"Pad60c44d"，"Padstack usage（焊盘类型）"选择"Thru Pin"，如图5-28所示。

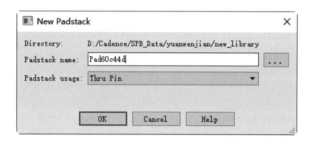

图5-28 "New Padstack（新建焊盘）"对话框

单击"OK"按钮，返回通孔焊盘编辑器界面。

③ 在"Start"选项卡内进行焊盘类型与形状设置。

- "Units（单位）"选择"Mils"；"Decimal places"设置为0，表示点位为mil，取整数。
- 在"Select pad geometry（选择焊盘形状）"中可选焊盘或者孔的形状"Circle（圆形）"，如图5-29所示。

④ 在"Drill"选项卡内设置通孔尺寸。

在"Layer Name（层名称）"列表内选择"Drill"选项。选择"Drill"层后进行如下设置，如图5-30所示。

- 设置"Hole type（孔类型）"为"Circle"，表示钻孔为圆形。
- 选择"Hole/slot plating（电镀）"为"Plated（上锡）"，表示孔壁要上锡。
- 在"Finished diameter（孔半径）"文本框内输入"44"，表示孔径为44mil。

⑤ 在"Drill Offset"选项卡内设置钻孔偏差。

在"Layer Name（层名称）"列表内选择"Drill Offset"选项。选择"Drill Offset"层后进行如下设置，如图5-31所示。

在"Offset x（X向偏移）"文本框内输入"0"，表示x轴不偏移；在"Offset y（Y向偏移）"文本框内输入"0"，表示y轴不偏移。

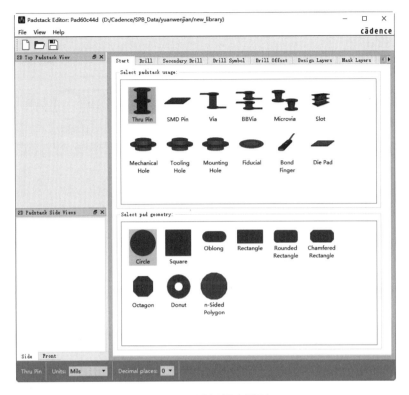

图5-29　选择焊盘类型

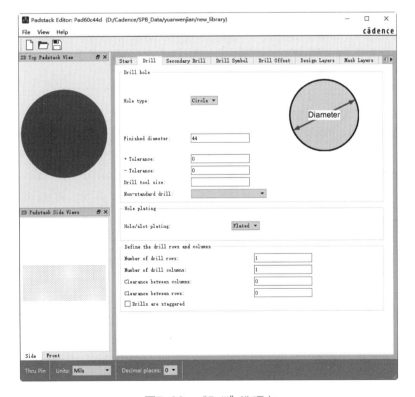

图5-30　"Drill"选项卡

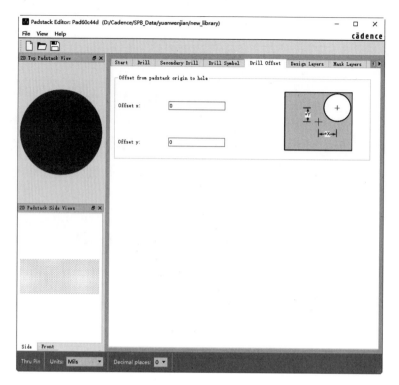

图5-31 "Drill Offset"选项卡

⑥ 在"Drill Symbol"选项卡内进行钻孔符号设置。

在"Layer Name（层名称）"列表内选择"Drill Symbol"选项，选择"Drill Symbol"层后进行如下设置，如图5-32所示。

figure是指钻孔在PCB图中显示的图标，可以设置字母或者其他字符，钻孔文件中会显示这个标志。

- Type of drill figure：设置选项为"Rectangle"，表示矩形。
- Characters：定义图标符号，输入字符"A"。
- Drill figure width：定义图标宽度为50mil。
- Drill figure height：定义图标高度为20mil。

⑦ 设置"BEGIN LAYER"层。

打开"Design Layers"选项卡，在"Layer Name（层名称）"列表内选择"BEGIN LAYER"选项。选择"BEGIN LAYER"层后进行如下设置。

- "Regular Pad（常规焊盘）"设置内容："Geometry（几何图形）"选择"Circle"，表示焊盘为圆形；"Diameter（直径）"输入"60"，表示圆形直径为60mil；"Offset x"和"Offset y"文本框内输入"0"，如图5-33所示。
- "Thermal Pad（热风焊盘）"设置内容："Geometry（几何图形）"选择"Flash"，单击按钮，在弹出的对话框中选择"tr80_64_18-45"如图5-34所示；"Width（宽度）"文本框和"Height（高度）"文本框将自动输入数值，如图5-35所示。
- "Anti Pad（负片焊盘）"设置内容："Geometry（几何图形）"选择"Circle"，表示焊盘为圆形；"Diameter（直径）"输入"80"，表示圆形直径为80mil；"Offset x"和"Offset y"文本框输入"0"，设置完成后如图5-36所示。

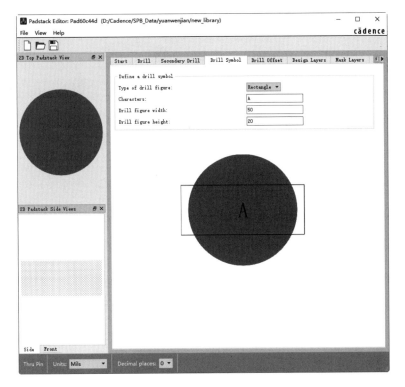

图5-32 "Drill Symbol"选项卡

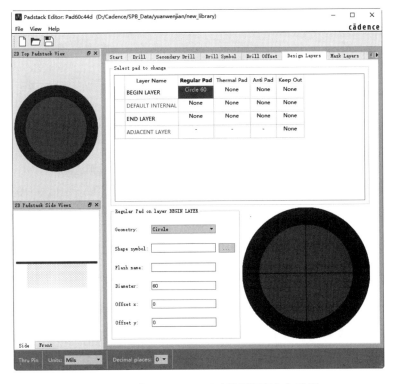

图5-33 "Regular Pad（常规焊盘）"设置

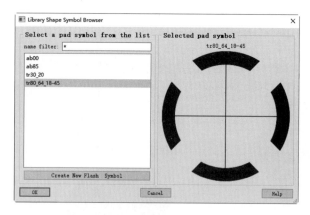

图5-34　选择Flash符号

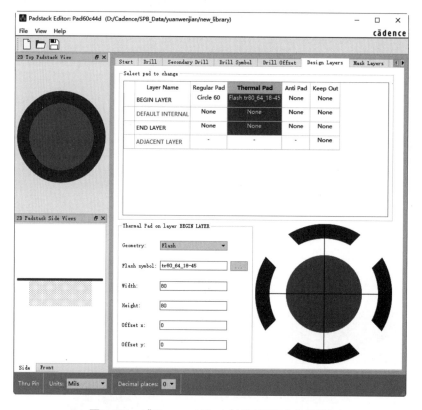

图5-35　"Thermal Pad（热风焊盘）"设置

⑧ 设置"END LAYER"层。"END LAYER"层的设置内容和"BEGIN LAYER"层的设置内容相同，"END LAYER"层设置完毕，如图5-37所示。

⑨ 设置"DEFAULT INTERNAL"层。"DEFAULT INTERNAL"层的设置内容和"BEGIN LAYER"层的设置内容相同，"DEFAULT INTERNA"层设置完毕，如图5-38所示。

⑩ 设置"SOLDERMASK_TOP"层。打开"Mask Layers"选项卡，在"LAYER"列表内选择"SOLDERMASK_TOP"选项。在"Pad（焊盘）"设置内容："Geometry（几何图形）"栏中选择"Circle"，表示正面焊盘为圆形；在"Diameter（直径）"文本框内输入"80"，表

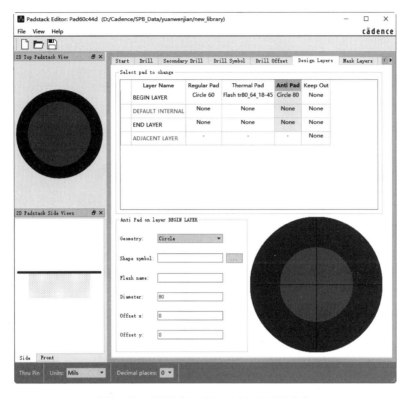

图5-36　设置"Anti Pad(负片焊盘)"

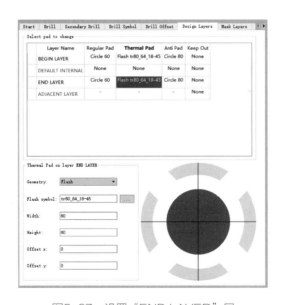

图5-37　设置"END LAYER"层

示圆形直径为80mil。

⑪ 设置"SOLDERMASK_BOTTOM"层。"SOLDERMASK_BOTTOM"层设置内容与"SOLDERMASK_TOP"层相同,设置好的各层参数如图5-39所示。

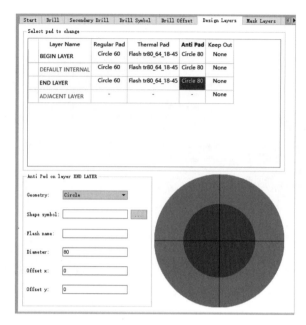

图5-38　设置"DEFAULT INTERNAL"层

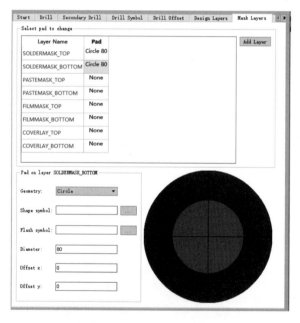

图5-39　设置"SOLDERMASK_TOP"层和"SOLDERMASK_BOTTOM"层

⑫ 设置"PASTEMASK_TOP"层和"PASTEMASK_BOTTOM"层。

助焊层（PASTEMASK_TOP和PASTEMASK_BOTTOM），这一层仅用于表贴封装，在直插元件的通孔焊盘中不起作用，可不填。

⑬ 保存焊盘。选择菜单栏中的"File（文件）"→"Save（保存）"命令，保存焊盘。

⑭ 打开"Summary（焊盘摘要）"选项卡，显示报表，如图5-40所示，可以查看设置的各种信息。

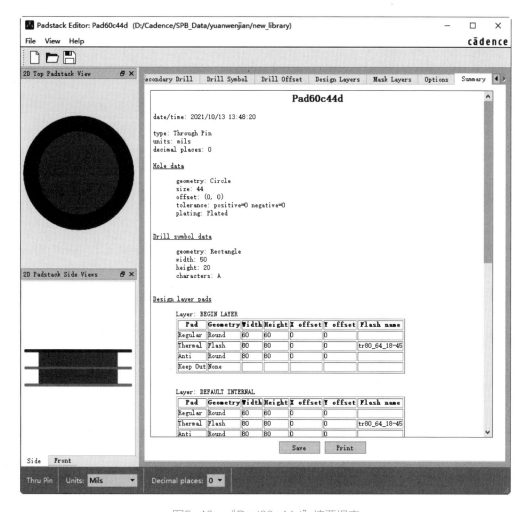

图5-40　"Pad60c44d"摘要报表

第 6 章
分立元件的封装

随着电子技术的发展，电子元件的种类越来越多，每一种元件又分为多个品种和系列，每个系列的元件封装都不完全相同。即使是同一个元件，由于不同厂家的产品也可能封装不同。为了解决元件封装标准化的问题，近年来，国际电工协会发布了关于元件封装的相关标准。本章将介绍常见的几种分立元件的创建方法。

使用封装向导来建立封装快捷、方便，但是设计中所用到的封装远不止向导中那几种类型，有可能需要设计许多向导中没有的封装类型，手动建立零件封装是不可避免的。

用手工创建元件引脚封装，需要用直线或曲线来表示元件的外形轮廓，然后添加焊盘来形成引脚连接。元件封装的参数可以放置在PCB板的任意图层上，但元件的轮廓只能放置在顶端覆盖层上，焊盘则只能放在信号层上。当在PCB文件上放置元件时，元件引脚封装的各个部分将分别放置到预先定义的图层上。

6.1 封装介绍

根据元件采用安装技术的不同，可分为插入式封装技术（Through Hole Technology，THT）和表贴式封装技术（Surface Mounted Technology，SMT）。

① 插入式封装元件安装时，元件安置在板子的一面，将引脚穿过PCB板焊接在另一面上。插入式元件需要占用较大的空间，并且要为每只引脚钻一个孔，所以它们的引脚会占据两面的空间，而且焊点也比较大。但从另一方面来说，插入式元件与PCB连接较好，力学性能好。例如，排线的插座、接口板插槽等类似的界面都需要一定的耐压能力，因此，通常采用THT封装技术。

② 表贴式封装的元件，引脚焊盘与元件在同一面。表贴元件一般比插入式元件体积要小，而且不必为焊盘钻孔，甚至还能在PCB板的两面都焊上元件。因此，与使用插入式元件的PCB比起来，使用表贴元件的PCB板上元件布局要密集很多，体积也就小很多。此外，表贴封装元件也比插入式元件要便宜一些，所以现今的PCB上广泛采用表贴元件。

6.1.1 元件封装的制作

一个元件封装的结构如图6-1所示。

下面介绍元件封装的制作过程。

① 制作自己的焊盘库（Pads），包括普通焊盘形状（Shape Symbol）和花焊盘形状（Flash Symbol）。

② 根据元件的引脚（Pins）选择合适的焊盘。

③ 选择合适的位置放置焊盘。

④ 放置封装各层的外形（如Assembly_Top、Silkscreen_Top、Place_Bound_Top等），见表6-1。

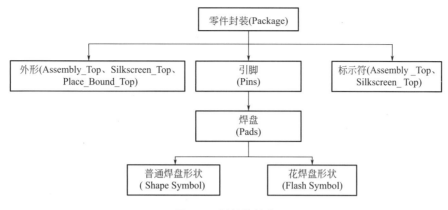

图6-1　封装的结构

表6-1　封装层参数

层名称	说明	参数值
丝印层（Silkscreen_Top）	丝印层框为芯片主体大小，丝印层框与引脚内边间距10mil左右	尺寸比 Place_Bound略小（0～10 mil） 线宽可设置成5mil（0.1～0.2mm） 分立元件的Silkscreen一般选用中间有缺口的矩形。若是二极管或者有极性电容，还可加入一些特殊标记，如在中心绘制二极管符号等
装配层（Assembly_Top）	用于将各种电子元件组装焊接在电路板上的一层，机械焊接时才会使用到。例如，用贴片机贴片时，就需要装配层来进行定位	一般选择矩形。不规则的元件可以选择不规则的形状。Assembly是元件体的区域，而不是封装区域 装配层尺寸一般比元件体略大即可（0～10mil），线宽不用设置
元件实体层（Place_Bound_Top）	元件在电路板上所占位置的大小	焊盘的外边缘+（10～20）mil（即0.2～0.5mm），线宽不用设置 分立元件的Place_Bound一般选用矩形

⑤ 添加各层的标示符（Labels）。

⑥ 设定元件的高度（Height）。

6.1.2　分立元件的封装

分立元件出现最早，种类也最多，包括电阻、电容、二极管、三极管和继电器等，这些元件的封装一般都可以在Cadence的安装目录“X：\Cadence\SPB_17.2\tools\capture\library\Discrete.olb”封装库中找到。下面将逐一介绍这几种分立元件的封装。

（1）电阻的封装

电阻只有两个引脚，它的封装形式也最为简单。电阻的封装可以分为插式封装和贴片封装两类。在每一类中，随着承受功率的不同，电阻的体积也不相同，一般体积越大，承受的功率也就越大。

电阻的插式封装如图6-2所示。对于插式电阻的封装，主要需要下面几个指标：焊盘中心距、电阻直径、焊盘大小以及焊盘孔的大小等。插式电阻的封装，名字为AXIAL×××。例如AXIAL-0.4，0.4是指焊盘中心距为0.4in（1in=25.4mm），即400mil。电阻的贴片封装如图6-3所示。

图6-2　插式电阻封装　　　　　图6-3　贴片电阻封装

（2）电容的封装

电容大体上可分为两类：一类为电解电容；另一类为无极性电容。每一类电容又可以分为插式封装和贴片封装两大类。在PCB设计的时候，若是容量较大的电解电容，如几十微法以上电容一般选用插式封装，如图6-4所示。例如RB7.6-15和POLA0.8的电容封装。RB7.6-15表示焊盘间距为7.6mm，外径为15mm；POLA0.8表示焊盘中心距为800mil。

图6-4　插式电容的封装

若是容量较小的电解电容，如几微法到几十微法，可以选择插式封装，也可以选择贴片封装，如图6-5所示电解电容的贴片封装。

容量更小的电容一般都是无极性的。现在无极性电容已广泛采用贴片封装，如图6-6所示，这种封装与贴片电阻相似。

图6-5　电解电容的贴片封装　　　　图6-6　无极性电容贴片封装

在确定电容使用的封装时，应该注意以下几个指标。

- 焊盘中心距：如果这个尺寸不合适，对于插式安装的电容，只有将引脚掰弯才能焊接。而对于贴片电容就要麻烦得多，可能要采用特别的措施才能焊到电路板上。
- 圆柱形电容的直径或片状电容的厚度：若这个尺寸设置过大，在电路板上，元件会摆得很稀疏，浪费资源。若这个尺寸设置过小，将元件安装到电路板上时会有困难。
- 焊盘大小：焊盘必须比焊盘过孔大，在选择了合适的过孔大小后，可以使用系统提供的标准焊盘。
- 焊盘孔大小：选定的焊盘孔大小应该比引脚稍微大一些。
- 电容极性：对于电解电容还应注意其极性，应该在封装图上明确标出正负极。

（3）二极管的封装

二极管的封装与插式电阻的封装类似，只是二极管有正负极而已。二极管的封装如图6-7所示。发光二极管的封装如图6-8所示。

图6-7　二极管的封装　　　　图6-8　发光二极管的封装

（4）三极管的封装

三极管分为 NPN 和 PNP 两种，它们的封装相同，如图6-9所示。

图6-9 三极管的封装

6.2 绘制直插式电容实例

扫码看视频

直插式极性电容封装以 RB 为标识，如 RB.1/.2、RB.2/.4、RB.3/.6、RB.4/.8等，第一个数字代表焊盘中心孔间距，第二个数字表示电容直径，即外形尺寸。单位为英寸（in）。一般 <100μF 用 RB.1/.2 表示，100 ~ 470μF 用 RB.2/.4 表示，>470μF 用 RB.3/.6 表示。

RB.3/.6 表示焊盘间距为300mil（7.5mm），丝印层尺寸为600mil（15mm），如图6-10所示。该电容引脚直径为0.8mm，引脚长度为16mm。

图6-10 直插式电容的封装

6.2.1 设置工作环境

执行"开始"→"程序"→"Cadence PCB 17.4-2019"→"PCB Editor 17.4"命令，弹出如图6-11所示"17.4 Allegro PCB Designer Product Choices"对话框，选择"Allegro PCB Designer"选项，然后选择 OK 按钮，进入系统主界面。

选择菜单栏中的"File（文件）"→"New（新建）"命令，弹出"New Drawing（新建图纸）"对话框。在该对话框中，最常见的封装包括：Board、Board（wizard）、Module、Package symbol、Package symbol（wizard）、Mechanical symbol、Format symbol、Shape symbol、Flash symbol。

Package symbol：一般元件封装，例如电阻、电容、芯片IC等。它要求和逻辑设计中的项目标号一一对应，是逻辑设计在物理设计中的反映。包含焊盘文件.pad、图形文件.dra和符号文件.psm。在"Drawing Name（图纸名称）"文本框中输入"NEW_RB.3_.6"，在"Drawing Type（图纸类型）"下拉列表中选择"Package symbol（封装符号）"选项，单击 Browse... 按钮，选择新建封装文件的路径，如图6-12所示。

完成参数设置后，单击 OK 按钮，进入 Allegro 封装符号的设计界面。

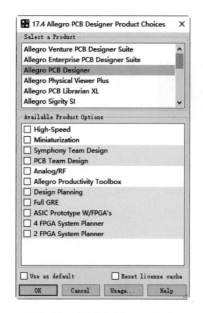

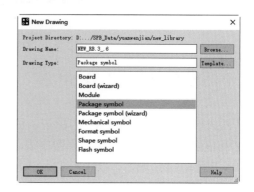

图6-11 "17.4 Allegro PCB
Designer Product Choices" 对话框

图6-12 "New Drawing（新建图纸）"
对话框

6.2.2 设置编辑环境

进入 PCB 库编辑器后，同样需要根据要绘制的元件封装类型对编辑器环境进行相应的设置。PCB 库编辑环境设置包括设计图纸参数、设置层叠、设置网格、设置颜色。

（1）设计图纸参数

选择菜单栏中的"Setup（设置）"→"Design Parameters（设计参数）"命令，弹出"Design Parameter Editor（设计参数编辑）"对话框，打开"Design（设计）"选项卡，设置焊盘文件设计参数，如图6-13所示。

① 在"User units（用户单位）"选项下选择"Millimeter"，设置使用单位为mm。

② 在"Size（大小）"选项下选择"Other"，设置工作区尺寸为自行设定。

③ 在"Accuracy（精度）"微调框默认"4"，设置小数点后为4位。

④ 在"Extents（内容）"选项组下设置"Left X"值为−100，"Lower Y"值为−100，X、Y 设置一个负坐标，方便找到原点进行后续的设计。"Width（宽度）"设置为500，"Height（高度）"设置为500。

⑤ 在"Symbol options（图纸选项）"选项组下设置"Type（类型）"为"Package"，建立一般的零件封装。

单击 OK 按钮，完成设置。

（2）设置层叠

选择菜单栏中的"Setup（设置）"→"Cross-section（层叠结构）"命令或单击"Setup（设置）"工具栏中的"Xsection（层叠结构）"按钮，弹出如图6-14所示的"Cross-section Editor（层叠设计）"对话框，在该对话框中可添加删除元件所需的层。

（3）设置网格

选择菜单栏中的"Setup（设置）"→"Grids（网格）"命令，弹出如图6-15所示"Define

Grid（定义网格）"对话框，在该对话框中主要设置显示"Layer（层）"的"Offset（偏移量）"和"Spacing（格点间距）"参数设置。

图6-13　"Design（设计）"选项卡

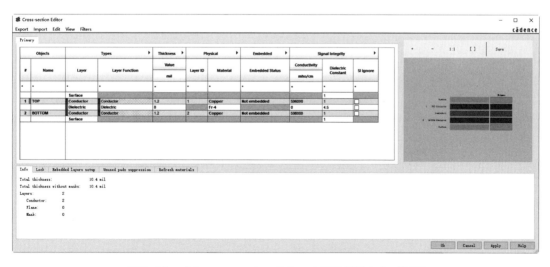

图6-14　"Cross-section Editor（层叠设计）"对话框

需要设置格点参数的层包括以下各层。

- Non-Etch：非布线层，如丝印层、阻焊层、钻孔层。
- All Etch：布线层。

- TOP：顶层。
- BOTTOM：底层。

勾选"Grids on（显示网格）"复选框，显示网格，在PCB中显示对话框中设置的参数；否则，不显示网格。布局时，网格设为100mil、50mil或25mil；布线时，网格可设为1mil。

此处对"Non-Etch"和"All Etch"的"Spacing"全设置为1（mm），"Offset"全设置为0。

（4）设置颜色

选择菜单栏中的"Display（显示）"→"Color/Visibility（颜色可见性）"命令或单击"Setup（设置）"工具栏中的"Color（颜色）"按钮🔡，也可以按"Ctrl+F5"快捷键，弹出如图6-16所示的"Color Dialog（颜色）"对话框，用户可按照习惯设置编辑器中不同位置颜色。

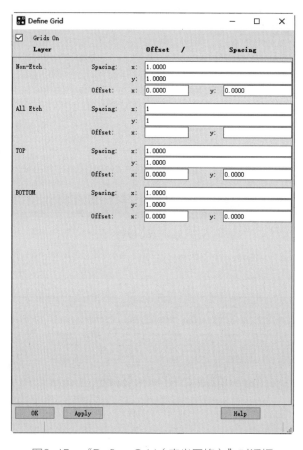

图6-15　"Define Grid（定义网格）"对话框

6.2.3　设置焊盘库

选择菜单栏中的"Setup（设置）"→"User Preferences（用户属性）"命令，弹出"User Preferences Editor（用户属性编辑）"对话框，打开"Paths（路径）"→"Library（库）"选项，设置焊盘路径，如图6-17所示。

- "padpath"：PCB封装的焊盘存放路径。

单击"padpath（焊盘路径）"右侧的▭▭按钮，弹出"padpath Items（焊盘路径条目）"对

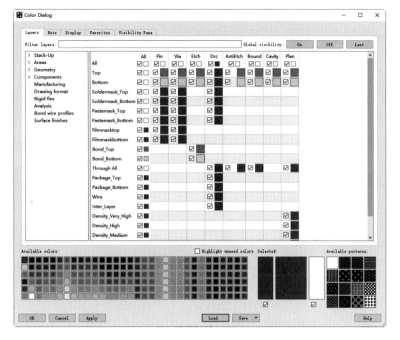

图6-16　"Color Dialog（颜色）"对话框

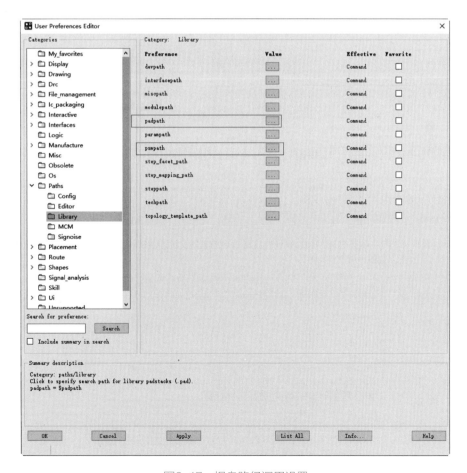

图6-17　焊盘路径调用设置

125

话框，勾选"Expand（扩展）"复选框，显示完整的焊盘Pad文件、Flash文件、PCB封装焊盘使用的Shape文件等内容的存放路径，如图6-18所示。

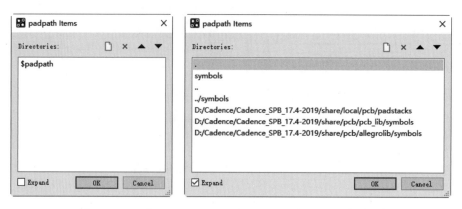

图6-18　"padpath Items（焊盘路径条目）"对话框

　　单击"新建"按钮 ⬚，弹出新路径，如图6-19所示，单击右侧的 ⋯ 按钮，弹出"Select Directory（选择文件）"对话框，选择new_library文件夹，如图6-20所示，单击"Choose（选择）"按钮，将该文件夹添加到焊盘路径下，如图6-21所示。单击"OK"按钮，关闭对话框。

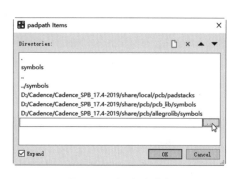

图6-19　新建库路径

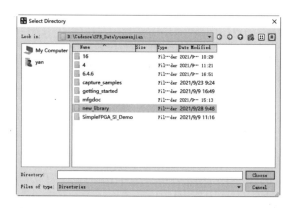

图6-20　"Select Directory（选择文件）"对话框

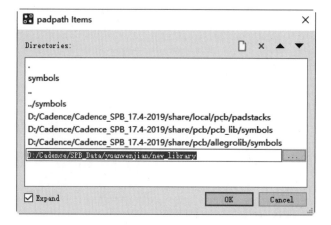

图6-21　添加路径

6.2.4　放置引脚

① 选择菜单栏中的"Layout（布局）"→"Pins（引脚）"命令，或单击"Layout（布局）"工具栏中的"Add Pins（添加引脚）"按钮 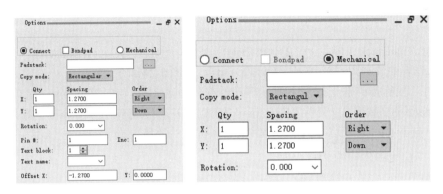 ，打开"Options（选项）"面板，如图6-22所示，显示需要添加的引脚参数。

图6-22　"Options（选项）"面板

下面介绍面板中的各个参数含义。

- 焊盘类型包括Connect（导电过孔）和Mechanical（机械过孔）两种。
- Bondpad（引线）：勾选该复选框，使用引线将引脚连接到封装上。
- 单击Padstack（焊盘）文本框右侧 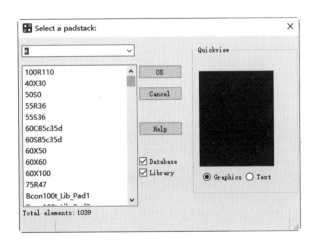 按钮，在弹出的"Select a padstack（选择焊盘）"对话框中选择焊盘的型号，如图6-23所示。

图6-23　"Select a padstack（选择焊盘）"对话框

- Copy mode：复制模式，包括Rectangular（矩形）、Polar（极性）。
- Qty：X、Y方向焊盘个数。
- Spacing：表示输入多个焊盘时，焊盘中心的距离。
- Order：X方向和Y方向上引脚的递增方向，默认选择"Right（X轴方向从左往右放置）""Down（Y轴方向从上往下放置）"。
- Rotation：引脚旋转角度，默认值为0，表示不旋转。

- Pin#：起始引脚编号。
- Inc：下个引脚编号与现在的引脚编号差值，默认值为1。
- Text block：设置引脚编号的字体大小。
- Offset X：引脚编号的文字自引脚的原点默认向右偏移值，输入负值，文字在符号左侧。
- Offset Y：引脚编号的文字自引脚的原点默认向上偏移值，输入负值，文字向下偏移。

② 单击"Padstack（焊盘）"文本框右侧▭按钮，弹出"Select a padstack（选择焊盘）"对话框，从列表中选择焊盘的型号"Pad60c44d"，如图6-24所示。

③ 此时，鼠标指针在工作区上显示浮动的绿色焊盘图标，在"Options（选项）"面板设置"Copy mode（复制模式）"为"Rectangular（矩形）"，"X Qty"方向焊盘个数为"2"，"X Spacing（焊盘中心的距离）"为7.5，"X Order（引脚的递增方向）"选择"Left（X轴方向从右往左放置）"，如图6-25所示。

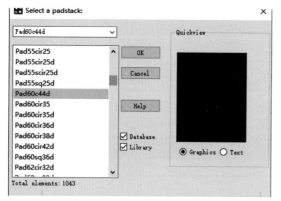

图6-24 "Select a padstack（选择焊盘）"对话框

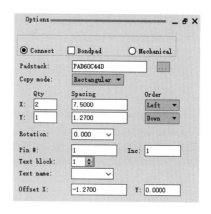

图6-25 "Options"面板设置

在命令框内"commond"处输入以下命令：

x 3.75 0

即把焊盘放在距原点（3.75mm，0mm）处，按回车键，放置水平方向的两个引脚，如图6-26所示。

完成引脚放置后，使用鼠标右键单击，弹出快捷菜单，如图6-27所示，选择"Done（完成）"命令，结束操作。

图6-26 放置引脚

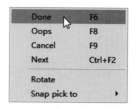

图6-27 快捷菜单

单击左侧"Design Workflow"控制面板中的"Setup（设置）"→"Grids（网格）"选项，弹出如图6-28所示的"Define Grid（定义网格）"对话框，在该对话框中对"Non-Etch"的

"Spacing"设置为0.1（mm），"Offset"设置为0。

④ 选择菜单栏中的"Edit（编辑）"→"Move（移动）"命令，或单击"Edit（编辑）"工具栏中的"Move（移动）"按钮 ⊕，在"Find（查找）"面板内进行如图6-29所示设置。

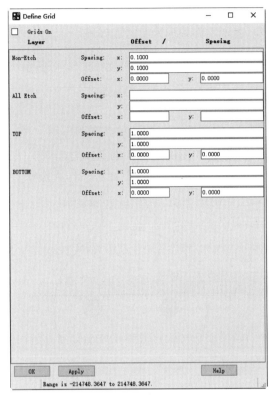

图6-28 "Define Grid（定义网格）"对话框

图6-29 "Find（查找）"面板

单击"All Off（全部关闭）"按钮，取消所有对象类型的勾选，勾选"Text（文本）"复选框，如图6-29所示，在电路板中单击需要移动的焊盘编号，将焊盘编号数字1和2放在焊盘里面，如图6-30所示。

图6-30 移动焊盘编号

6.2.5 绘制丝印层

对于直插式电容，一般选择丝印框在焊盘之外，若是扁平的无极性电容，形状选择矩形；若是圆柱的有极性电容，则选择圆形。

本节绘制的零件外形轮廓为圆形，半径为15mm，定义丝印层大小为15mm×15mm。

选择菜单栏中的"Add（添加）"→"Circle（圆）"命令，在"Options（选项）"面板内进行如下设置，如图6-31所示。

设置"Active Class and Subclass"区域下拉列表中的选项为"Package Geometry"和"Silkscreen_Top"，表示零件丝印层面。

在"Line width（线宽）"文本框中输入0.15。

在"Line font"下拉列表中选择"Solid"，表示零件外形为实心的线段。

在"Circle Creation（创建圆）"选项组下设置绘制的三种方法："Draw Circle""Place Circle""Center /Radius（中心半径）"。

选择"Center /Radius（中心半径）"单选按钮，激活该选项下的参数。

- Radius：定义圆半径为7.5mm。
- Center X，Y：定义圆心坐标为（0，0）。

单击"Create"按钮，创建一个半径为15mm的丝印层圆形框，如图6-32所示。

使用鼠标右键单击，在弹出的快捷菜单中选择"Done（完成）"命令，结束操作。

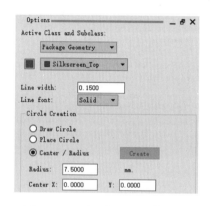

图6-31　设置"Options"面板

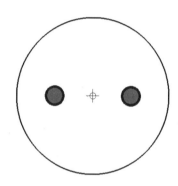

图6-32　添加零件丝印层

6.2.6　绘制装配层

装配层（Assembly Top 层）用于机械焊时为机器提供芯片位置，指的是元件体所在位置。一般选择矩形，不规则的元件可以选择不规则的形状。

选择菜单栏中的"Add（添加）"→"Circle（圆）"命令，在"Options（选项）"面板内进行如下设置，如图6-33所示。

设置"Active Class and Subclass"区域下拉列表中的选项为"Package Geometry"和"Assembly_Top"，表示零件装配层面，线宽默认为0.00mm。

在"Line font"下拉列表中选择"Solid"，表示零件外形为实心的线段。

在"Circle Creation（创建圆）"选项组下选择"Draw Circle（绘制圆）"。

在命令窗口中输入：

x 0 0　Enter

x 7.5 0

使用鼠标右键单击，在弹出的快捷菜单中选择"Done（完成）"命令，结束操作，形成一个半径为15mm的装配层，如图6-34所示。

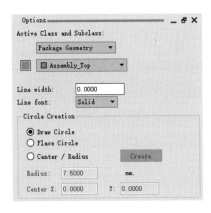

图6-33　设置"Options"面板（1）

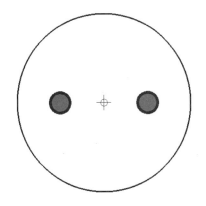

图6-34　添加装配层

6.2.7　绘制零件实体范围

Place_Bound（元件实体范围）区域用于表明元件在电路板上所占位置的大小，防止其他元件的侵入。若其他元件进入该区域，则提示DRC报错。

选择菜单栏中的"Shape（外形）"→"Rectangular（矩形）"命令，设置"Options（选项）"面板中的"Active Class and Subclass"区域下拉列表中的选项为"Package Geometry"和"Place_Bound_Top"，如图6-35所示。

在"Shape Creation（创建形状）"选项组下包括两种绘制方法："Draw Rectangle（绘制矩形）"和"Place Rectangle（放置矩形）"。选择"Place Rectangle（放置矩形）"单选按钮，在命令窗口中输入：

x -7.5 7.5 Enter

使用鼠标右键单击，在弹出的快捷菜单中选择"Done（完成）"命令，结束操作，形成一个15mm×15mm大小的装配层长方形框，如图6-36所示。

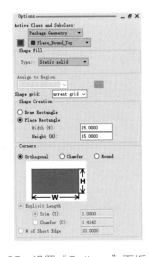

图6-35　设置"Options"面板（2）

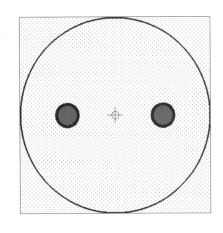

图6-36　添加零件范围

然后使用鼠标右键单击，在弹出的快捷菜单中选择"Done（完成）"命令，退出移动操作。

6.2.8 添加零件标签

选择菜单栏中的"Layout（布局）"→"Labels（标签）"命令，打开如图6-37所示的子菜单，主要包含5种选项命令。

- RefDes：添加零件标签。
- Device：添加设备型号。
- Value：添加零件参数值。
- Tolerance：添加零件参数公差。
- Part Number：添加零件部件号。

（1）添加丝印层零件序号（RefDes For Artwork）

丝印层（Silkscreen）是用于注释的一层，方便电路的安装和维修等，在印刷板的上下两表面印刷上所需要的标志图案和文字代号等，例如元件标号和标称值、元件外廓形状和厂家标志、生产日期等。

丝印层零件序号在生产文字面底片时参考到零件序号层面，通常放置于引脚1附近。

选择菜单栏中的"Layout（布局）"→"Labels"→"RefDes（零件序号）"命令，打开Options（选项）面板，设置参数，如图6-38所示。

- Active Class and Subclass：在区域中选择元件序号的文字层面为"Ref Des"和"Silkscreen_Top"。
- Mirror：勾选此复选框，镜像Ref Des中的文字。
- Marker size：标记大小。
- Rotate：设置Ref Des的文字旋转角度。
- Text block：设置Ref Des的文字字体大小，设置为4。
- Text just：设置 Ref Des的文字对齐方式。

在工作区标签坐标点处单击，确定Ref Des文字的输入位置。

在命令窗口中，输入"C*"，然后使用鼠标右键单击，在弹出的快捷菜单中选择"Done（完成）"选项，完成加入底片用零件序号的动作，如图6-39所示。

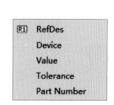

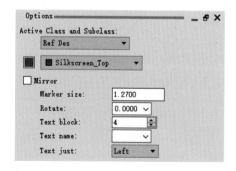

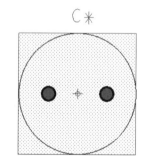

图6-37　添加零件标签　　　图6-38　"Options"面板设置内容　　　图6-39　添加底片用零件序号

（2）添加装配层零件序号（RefDes For Placement）

装配层零件序号在摆放零件时参考到零件序号层面，通常放置于零件中心点附近。

选择菜单栏中的"Layout（布局）"→"Labels（标签）"→"Ref Des（零件序号）"命令，打开"Options"面板，在"Active Class and Subclass"区域设置元件序号的文字层面为

"Ref Des"和"Assembly_Top"，如图6-40所示。

在工作区标签坐标点处单击，确定Ref Des文字的输入位置。

在命令窗口内输入"C*"，然后使用鼠标右键单击，在弹出的快捷菜单中选择"Done"命令，完成摆放用零件序号的添加，如图6-41所示。

图6-40　"Options"面板设置内容

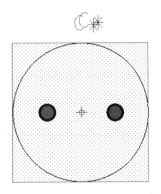

图6-41　添加摆放用零件序号

6.2.9　添加引脚标识

选择菜单栏中的"Add（添加）"→"Line（线条）"命令，打开"Options（选项）"面板，如图6-42所示。

- 设置"Active Class and Subclass"区域下拉列表中的选项为"Ref Des（几何图形）"和"Silkscreen_Top"。
- 在"Line width"文本框中输入0.2mm。

在PIN 1处添加引脚标识，在命令窗口中输入：

x 8 0　Enter

x 9 0　Enter

然后使用鼠标右键单击，在弹出的快捷菜单中选择"Done"命令，结束操作。

采用同样的方法绘制线条，在命令窗口中输入：

x 8.5 0.5　Enter

x 8.5 -0.5　Enter

完成引脚标识的确定，如图6-43所示。

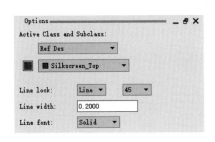

图6-42　设置"Options"面板

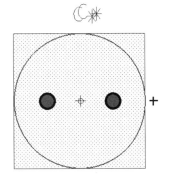

图6-43　确定引脚标识

至此，就完成一个零件封装的绘制。

6.3 绘制直插式电阻实例

直插式电阻封装为AXIAL-××形式（如AXIAL-0.3，AXIAL-0.4），后面的××代表焊盘中心间距为××英寸，一般用AXIAL-0.4。

对于直插式电阻的封装，主要需要下面几个指标：焊盘中心距、电阻直径、焊盘大小以及焊盘孔的大小等。插式电阻的封装，名字为AXIAL-×××。例如AXIAL-0.3，0.3是指焊盘中心距为0.3in，即300mil。

使用Allegro提供的Wizard功能创建封装零件方便快速。PCB元件向导通过一系列对话框来让用户输入参数，最后根据这些参数自动创建一个封装。

下面将通过建立AXIAL-0.3封装的例子来说明如何利用Wizard创建零件封装。

6.3.1 绘制直插电阻外形

Format Symbol用于设计辅助类型的封装。例如：静电标识、常用的标注表格、LOGO等。包括由图形文件.dra和符号文件.osm组成的封装，是我们设计中不可缺少的一种封装。

对于直插式电阻、电感或二极管，丝印层通常选择矩形框，位于两个焊盘内部，且两端抽头。

AXIAL-0.3直插电阻引脚直径为20mil，引脚间距为300mil，元件外形宽度约50mil，元件长度为240mil。

① 执行"开始"→"程序"→"Cadence PCB 17.4-2019"→"PCB Editor 17.4"命令，弹出"17.4 Allegro PCB Designer Product Choices"对话框，选择"Allegro PCB Designer"选项，进入系统主界面。

选择菜单栏中的"File（文件）"→"New（新建）"命令，弹出"New Drawing（新建图纸）"对话框，在"Drawing Type（图纸类型）"下拉列表中选择"Format symbol"选项，在"Drawing Name"文本框内输入"AXIAL_200_50"，如图6-44所示。

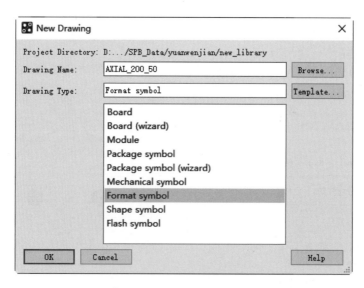

图6-44 "New Drawing（新建图纸）"对话框

② 单击 Browse... 按钮指定存放的位置，然后单击 OK 按钮，回到编辑器界面。

选择菜单栏中的"Add（添加）"→"Line（线条）"命令，在"Options（选项）"面板内进行如下设置，如图6-45所示。

设置"Active Class and Subclass"区域下拉列表中的选项为"Board Geometry"和"Silkscreen_Top"，表示零件丝印层面。

在"Line width（线宽）"文本框中输入8（mm）。

在"Line font"下拉列表中选择"Solid"，表示零件外形为实心的线段。

在命令窗口中输入：

x -100 25 Enter

ix 200 Enter

iy -50 Enter

ix -200 Enter

iy 50 Enter

使用鼠标右键单击，在弹出的快捷菜单中选择"Next（下一步）"命令，继续执行线条绘制，在命令窗口中输入：

x -100 0 Enter

ix -20 Enter

使用鼠标右键单击，在弹出的快捷菜单中选择"Next（下一步）"命令，继续执行线条绘制，在命令窗口中输入：

x 100 0 Enter

ix 20 Enter

使用鼠标右键单击，在弹出的快捷菜单中选择"Done（完成）"命令，结束操作，如图6-46所示。

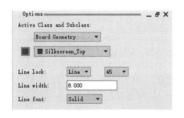

图6-45　设置"Options"面板

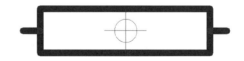

图6-46　添加零件丝印层

③ 保存文件。选择菜单栏中的"File（文件）"→"Save（保存）"命令，或单击"File（文件）"工具栏中的"Save（保存）"按钮 🖫，保存封装外形符号。

6.3.2　利用Wizard创建零件封装

① 选择菜单栏中的"File（文件）"→"New（新建）"命令，弹出"New Drawing（新建图纸）"对话框，如图6-47所示。在"Drawing Name"文本框内输入"N_AXIAL_03"，在"Drawing Type"下拉列表中选择"Package symbol（wizard）"选项，单击 Browse... 按钮，设置存储的路径。

② 完成设置后，单击 OK 按钮，将弹出"Package Symbol Wizard"对话框，如图6-48所示。在"Package Type（封装类型）"选项组内显示9种元件封装类型，选择

"TH DISCRETE（直插式）"单选按钮，创建直插式零件。

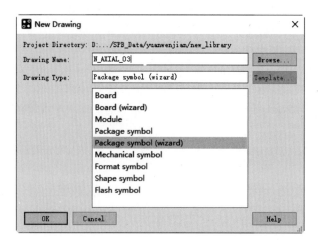

图6-47　"New Drawing"对话框

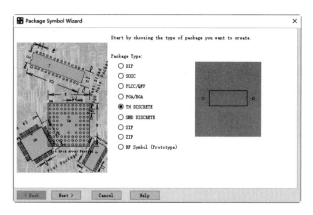

图6-48　"Package Symbol Wizard"对话框

③ 单击 Next> 按钮，弹出"Package Symbol Wizard-Template"对话框，如图6-49所示，可以通过参数设置选择使用默认模板或加载自定义模板。

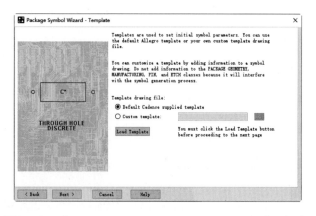

图6-49　"Package Symbol Wizard-Template"对话框

- "Default Cadence supplied template（使用默认库模板）"选项：使用默认库模板。
- "Custom template（使用自定义模板）"选项：加载自定义创建的模板文件。
- `Load Template`：加载模板文件。

选择"Custom template（使用自定义模板）"选项，单击 `...` 按钮，加载自定义创建的外形 Shape 模板文件"AXIAL_200_50.dra"，单击 `Load Template` 按钮，加载该文件，如图6-50所示。

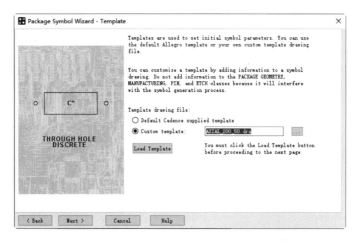

图6-50　"Package Symbol Wizard-Template"对话框

单击 `Next >` 按钮，弹出"Package Symbol Wizard-General Parameters"对话框，通过设置下面的参数，在该对话框中定义封装元件的单位及精确度。

- Units used to enter dimensions in this wizard：用于在此向导中输入尺寸的单位，包括 Mils（密尔）、Inch（英寸）、Micron（微米）、Millimeter（毫米）、Centimeter（厘米）。这里选择Mils。
- Accuracy：小数点位数，设置为0。
- Units used to create package symbol：用于在此向导中输入封装符号的单位。
- Reference designator prefix：参考指示符前缀，包含U*、R*、C*、J*。这里选择"R*"，如图6-51所示。

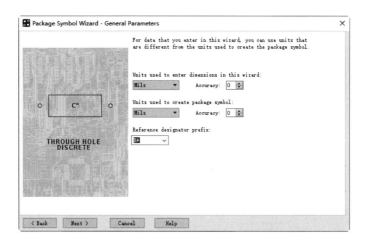

图6-51　"Package Symbol Wizard-General Parameters"对话框

④ 单击 Next> 按钮，弹出如图6-52所示"Package Symbol Wizard- TH Discrete Parameters"对话框，通过设置下面的参数，定义元件封装装配层参数。

Terminal pin spacing（el）：设置左右引脚中心间距，默认为"300"。

Package width（E）：设置封装装配层宽度，默认为"200"。

Package length（D）：设置封装装配层长度，默认为"50"。

⑤ 完成参数设置后，单击 Next> 按钮，弹出"Package Symbol Wizard-Padstacks"对话框，如图6-53所示，选择要使用的焊盘类型。

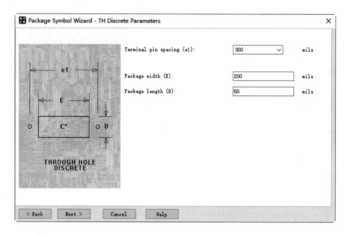

图6-52 "Package Symbol Wizard- TH Discrete Parameters"对话框

Default padstack to use for symbol pins：用于符号引脚的默认焊盘。

Padstack to use for pin l：用于1号引脚的焊盘。

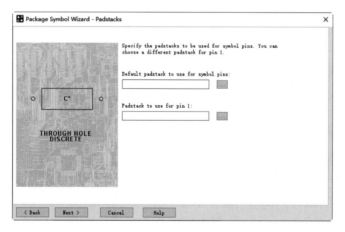

图6-53 "Package Symbol Wizard-Padstacks"对话框

⑥ 单击选项右侧的 按钮，弹出"Package Symbol Wizard Padstack Browser"对话框，选择焊盘"Pad35cir25d"，如图6-54所示。

⑦ 完成焊盘设置后，如图6-55所示。单击 Next> 按钮，弹出"Package Symbol Wizard-Symbol Compilation"对话框，选择定义封装元件的坐标原点，如图6-56所示。

⑧ 完成设置后，单击 Next> 按钮，弹出"Package Symbol Wizard-Summary"对话框，单

击 Next > 按钮，如图6-57所示。显示生成后缀名为 ".dra" ".psm" 的零件封装，完成封装 AXIAL_0.3，如图6-58所示。

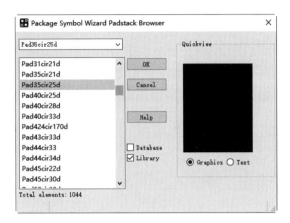

图6-54　 "Package Symbol Wizard Padstack Browser" 对话框

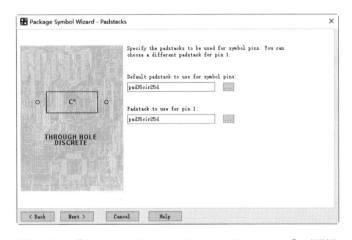

图6-55　 "Package Symbol Wizard- Padstacks" 对话框

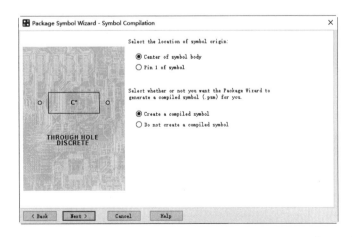

图6-56　 "Package Symbol Wizard-Symbol Compilation" 对话框

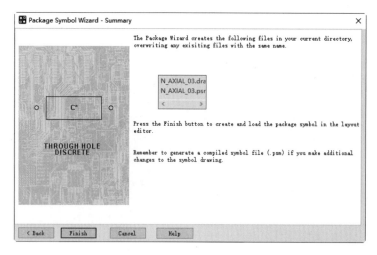

图6-57 "Package Symbol Wizard–Summary"对话框

图6-58 AXIAL_0.3封装

6.3.3 显示零件模型

选择菜单栏中的"View（视图）"→"3D Canvas（三维画布）"命令，打开"Allegro 3D Canvas（三维画布）"窗口，显示零件封装三维模型，如图6-59所示。

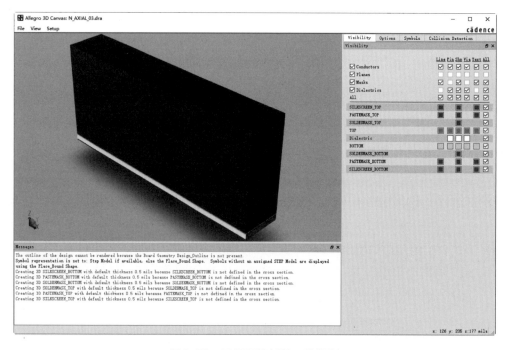

图6-59 显示零件封装三维模型

6.4　绘制贴片电容实例

大容量的贴片电容一般选择贴片钽电解电容或者贴片铝电解电容。贴片钽电容是一种用金属钽作为阳极材料而制成的电解电容，使用金属钽做介质，不像普通电解电容那样使用电解液，很适合在高温下工作，是电容器的供应商中体积小而又能达到较大电容量的产品。

贴片钽电容的封装分为 A 型（3216）、B 型（3528）、C 型（6032）、D 型（7343）、E 型（7845）。有斜角的表示正极，拨码开关、晶振，其单位为毫米。贴片钽电容的封装尺寸见表6-2。

表6-2　贴片钽电容的封装尺寸

代码	EIA 代码	长（L）（mm） ±0.2（0.008）	宽（W）（mm） ±0.2（0.008）	高（H）（mm） ±0.2（0.008）	斜角（A）（mm） ±0.3（0.012）
A	3216	3.2（0.126）	1.3（0.063）	1.6（0.063）	0.8（0.031）
B	3528	3.5（0.138）	2.8（0.110）	1.9（0.075）	0.8（0.031）
C	6032	6.0（0.236）	3.2（0.126）	2.6（0.102）	1.3（0.051）
D	7343	7.3（0.287）	4.3（0.169）	2.9（0.114）	1.3（0.051）
E	7845	7.3（0.287）	4.3（0.169）	4.1（0.162）	1.3（0.051）

B 型零件封装如图6-60所示，其封装大小为3528，即元件体长度 L 为3.5±0.2（mm），宽度 W 为2.80±0.2（mm），高度 H 为1.90±0.20（mm）。焊盘选择smd40_92。

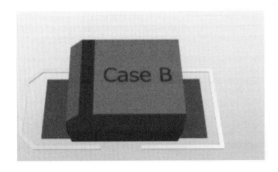
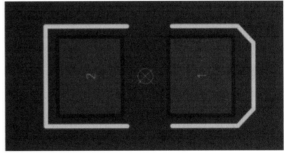

图6-60　B型零件封装

6.4.1　设置工作环境

① 执行"开始"→"程序"→"Cadence PCB 17.4-2019"→"PCB Editor 17.4"命令，在弹出的"17.4 Allegro PCB Designer Product Choices"对话框中选择"Allegro PCB Designer"选项，然后选择 OK 按钮，进入系统主界面。

② 选择菜单栏中的"File（文件）"→"New（新建）"命令，弹出"New Drawing（新建图纸）"对话框，单击 Browse... 按钮，选择新建封装库文件的路径，在"Drawing Name（图纸名称）"文本框中输入"B_3528"，在"Drawing Type（图纸类型）"下拉列表中选择"Package symbol（封装符号）"选项，如图6-61所示。

单击 OK 按钮，进入Allegro封装符号的设计界面。

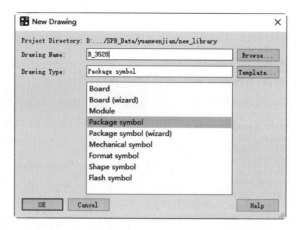

图6-61　"New Drawing（新建图纸）"对话框

6.4.2　设置编辑环境

进入PCB库编辑器后，同样需要根据要绘制的元件封装类型对编辑器环境进行相应的设置。PCB库编辑环境设置包括设计图纸参数、设置层叠、设置网格、设置颜色。

（1）设计图纸参数

选择菜单栏中的"Setup（设置）"→"Design Parameters（设计参数）"命令，弹出"Design Parameter Editor（设计参数编辑）"对话框，打开"Design（设计）"选项卡，设置焊盘文件设计参数，如图6-62所示。

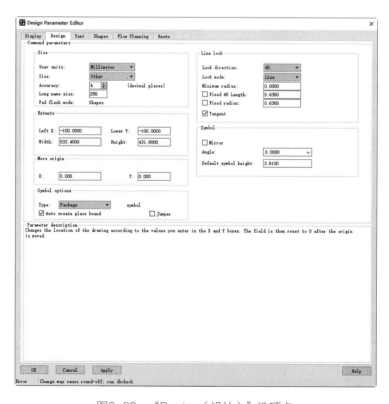

图6-62　"Design（设计）"选项卡

① 在"User units（用户单位）"中选择"Millimeter"，设置使用单位为mm。

② 在"Size（大小）"选项下选择"Other"，设置工作区尺寸为自行设定。

③ 在"Accuracy（精度）"微调框输入"4"，设置小数点后为4位。

④ 在"Extents（内容）"选项组下设置"Left X"值为−100，"Lower Y"值为−100，X、Y设置为0，方便找到原点进行后续的设计。

⑤ 在"Symbol options（图纸选项）"选项组下设置"Type（类型）"为"Package"，建立一般的零件封装。

单击 OK 按钮，完成设置。

（2）设置层叠

选择菜单栏中的"Setup（设置）"→"Cross-section（层叠结构）"命令或单击"Setup（设置）"工具栏中的"Xsection（层叠结构）"按钮，弹出如图6-63所示的"Cross-section Editor（层叠设计）"对话框，在该对话框中可添加删除元件所需的层。

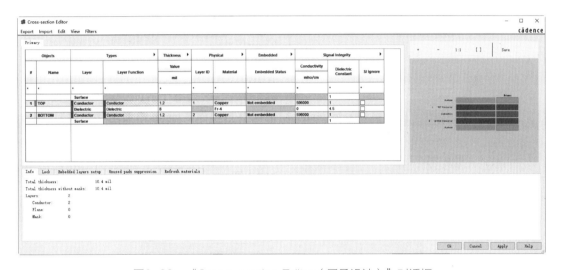

图6-63 "Cross-section Editor（层叠设计）"对话框

（3）设置网格

选择菜单栏中的"Setup（设置）"→"Grids（网格）"命令，弹出"Define Grid（定义网格）"对话框，在该对话框中主要设置显示"Layer（层）"的"Offset（偏移量）"和"Spacing（格点间距）"参数设置。

勾选"Grids on（显示网格）"复选框，显示网格，对"Non-Etch"和"All Etch"的"Spacing"全设置为1mil（mm），"Offset"全设置为0。

（4）设置颜色

选择菜单栏中的"Display（显示）"→"Color/Visibility（颜色可见性）"命令或单击"Setup（设置）"工具栏中的"Color（颜色）"按钮，也可以按"Ctrl+F5"快捷键，弹出如图6-64所示的"Color Dialog（颜色）"对话框，用户可按照习惯设置编辑器中不同位置的颜色。

6.4.3 放置引脚

① 选择菜单栏中的"Layout（布局）"→"Pins（引脚）"命令，或单击"Layout（布局）"

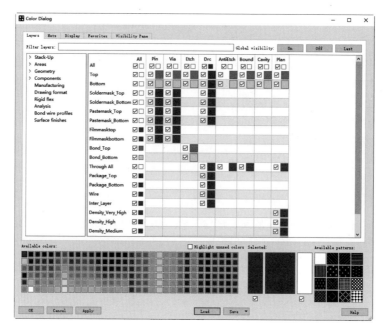

图6-64   "Color Dialog（颜色）"对话框

工具栏中的"Add Pins（添加引脚）"按钮 ⚄，打开"Options（选项）"面板，显示需要添加的引脚参数。

② 单击"Padstack（焊盘）"文本框右侧 ▥ 按钮，弹出"Select a padstack（选择焊盘）"对话框，从列表中选择焊盘的型号"N_Smd40_92"，如图6-65所示。

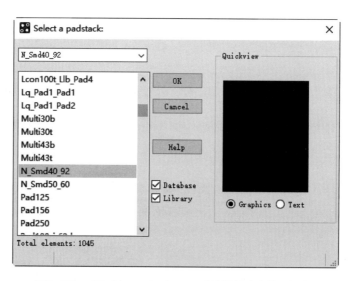

图6-65   "Select a padstack（选择焊盘）"对话框

③ 此时，鼠标在工作区上显示浮动的绿色焊盘图标，在"Options（选项）"面板设置"Copy mode（复制模式）"为"Rectangular（矩形）"，"Rotation（旋转角度）"为"0.000"，如图6-66所示。

在命令框内"commond"处输入以下命令：

x 1 0
x -1 0

即把此焊盘放在（-1mm，0mm）（1mm，0mm）处。按回车键，如图6-67所示。

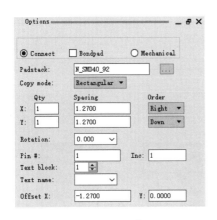

图6-66　"Options"面板设置

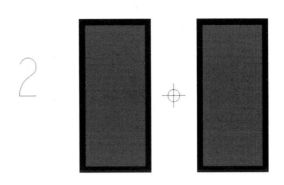

图6-67　放置引脚

完成引脚放置后，使用鼠标右键单击，在弹出的快捷菜单中选择"Done（完成）"命令，结束操作。

6.4.4　绘制零件外形

零件外形主要用于在电路板上辨识该零件及其方向或大小，即元件实体范围和高度。

元件体轮廓为3.5mm×2.8mm，Place_Bound的尺寸一般为元件体的外边缘+（10～20）mil（0.2～0.5mm），取值10mil（0.1mm），则Place_Bound的尺寸为3.7mm×3mm矩形。线宽不用设置。

为显示图形，单击"Setup（设置）"工具栏中的"Grid Toggle（网格切换）"按钮▦，关闭网格显示。

选择菜单栏中的"Shape（外形）"→"Rectangular（矩形）"命令，或单击"Shape（外形）"工具栏中的"Shape Add Rectangular（矩形）"按钮□，设置"Options（选项）"面板中的"Active Class and Subclass"区域下拉列表中的选项为"Package Geometry"和"Place_Bound_Top"。

在"Shape Creation（创建形状）"选项组下包括两种绘制方法："Draw Rectangle（绘制矩形）"和"Place Rectangle（放置矩形）"。选择"Draw Rectangle（绘制矩形）"，如图6-68所示。

在命令窗口中输入：

x -1.85 1.5 Enter
x 1.85 -1.5

使用鼠标右键单击，在弹出的快捷菜单中选择"Done（完成）"命令，结束操作，形成一个3.7mm×3mm大小的元件体框，如图6-69所示。

然后使用鼠标右键单击，在弹出的快捷菜单中选择"Done（完成）"命令，退出矩形绘制操作。

145

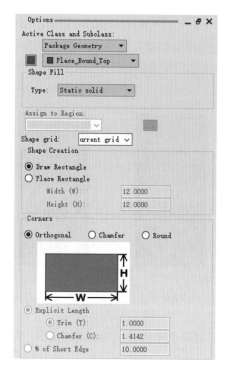

图6-68　设置"Options"面板

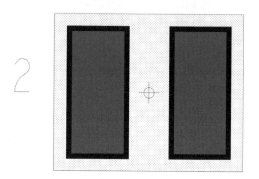

图6-69　添加元件实体区域

6.4.5　绘制丝印层

丝印层尺寸比Place_bound略小（0～10mil），线宽可设置成5mil（0.1～0.2mm）。本节定义丝印层框与Place_bound边间距为0.1mm，丝印层大小为3.5mm×2.8mm。

选择菜单栏中的"Add（添加）"→"Line（线条）"命令，在"Options（选项）"面板内进行如下设置，如图6-70所示。

设置"Active Class and Subclass"区域下拉列表中的选项为"Package Geometry"和"Silkscreen_Top"，表示零件丝印层面。

在"Line width（线宽）"文本框中输入"0.15"。

在"Line font"下拉列表中选择"Solid"，表示零件外形为实心的线段。

在命令窗口中输入：

x -1.75 1.4 Enter

iy -2.8 Enter

ix 3.3 Enter

x 1.75 -1.2 Enter

iy 2.4 Enter

x 1.55 1.4 Enter

ix -3.3 Enter

使用鼠标右键单击，在弹出的快捷菜单中选择"Done（完成）"命令，结束操作，如图6-71所示。

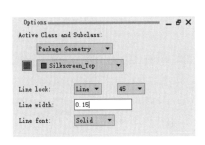

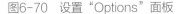

图6-70　设置"Options"面板

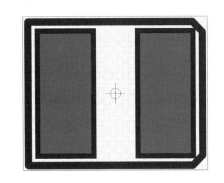

图6-71　添加零件丝印层

6.4.6　绘制装配层

装配层（Assembly Top 层）用于机械焊时为机器提供芯片位置，指的是元件体所在位置。一般选择矩形，大小为2.3mm×2.25mm。

选择菜单栏中的"Add（添加）"→"Rectangle（矩形）"命令，在"Options（选项）"面板内进行如下设置，如图6-72所示。

设置"Active Class and Subclass"区域下拉列表中的选项为"Package Geometry"和"Place_Bound_Top"，表示零件装配层面，线宽默认为0.00mm。

● 在"Line font"下拉列表中选择"Solid"，表示零件外形为实心的线段。

在"Shape Creation（创建形状）"选项组下包括两种绘制方法："Draw Rectangle（绘制矩形）"和"Place Rectangle（放置矩形）"。

● 选择"Draw Rectangle（绘制矩形）"。

在命令窗口中输入：

x -1.15 1.125 Enter

x 1.15 -1.125

使用鼠标右键单击，在弹出的快捷菜单中选择"Done（完成）"命令，结束操作，形成一个2.3mm×2.25mm大小的元件体框，如图6-73所示。

图6-72　设置"Options"面板

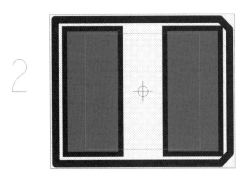

图6-73　添加元件实体区域

然后使用鼠标右键单击，在弹出的快捷菜单中选择"Done（完成）"命令，退出矩形绘制操作。

Assembly指的是元件体的区域，而不是封装区域。装配层尺寸一般比元件体略大即可（0 ~ 10mil），线宽不用设置。

6.4.7　设置零件高度

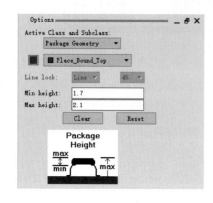

图6-74　设置"Options"面板

选择菜单栏中的"Setup（设置）"→"Areas（区域）"→"Package Height（封装高度）"命令，激活零件高度设置命令。

设置"Options（选项）"面板中的"Active Class and Subclass"区域下拉列表中的选项为"Package Geometry"和"Place_Bound_Top"。使用鼠标左键单击零件实体范围的形状，在"Options"面板内的"Min height（高度）"文本框内输入"1.7"，表示零件的最低高度为1.7mm，在"Max height（高度）"文本框内输入"2.1"，表示零件的最大高度为2.1mm，如图6-74所示。

在工作窗口内使用鼠标右键单击，在弹出的快捷菜单中选择"Done（完成）"命令，完成零件高度的设置。

6.4.8　添加零件标签

零件标示符包括装配层和丝印层两个部分，下面分别进行介绍。

（1）添加丝印层零件序号（RefDes For Artwork）

丝印层零件序号在生产文字面底片时参考到零件序号层面。

选择菜单栏中的"Layout（布局）"→"Labels"→"RefDes（零件序号）"命令，或单击"Layout（布局）"工具栏中的"Label Refdes（添加零件序号）"按钮 R1，打开"Options（选项）"面板，设置参数，如图6-75所示。

- Active Class and Subclass：在区域中选择元件序号的文字层面为"Ref Des"和"Silkscreen_Top"。

在工作区标签坐标点处单击，确定Ref Des文字的输入位置。

在命令窗口中，输入"C*"，然后使用鼠标右键单击，在弹出的快捷菜单中选择"Done（完成）"选项，完成加入底片用零件序号的动作，如图6-76所示。

（2）添加装配层零件序号（RefDes For Placement）

装配层零件序号在摆放零件时参考到零件序号层面。

选择菜单栏中的"Layout（布局）"→"Labels（标签）"→"Refdes（零件序号）"命令，打开"Options"面板，在"Active Class and Subclass"区域设置Ref Des的文字层面为"Ref Des"和"Assembly_Top"，如图6-77所示。

在工作区标签坐标点处单击，确定Ref Des文字的输入位置。

在命令窗口内输入"C*"，然后使用鼠标右键单击，在弹出的快捷菜单中选择"Done"命令，完成摆放用零件序号的添加，如图6-78所示。

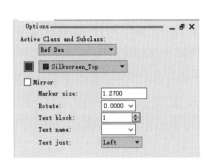

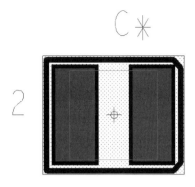

图6-75 "Options"面板设置内容（1）

图6-76 添加底片用零件序号

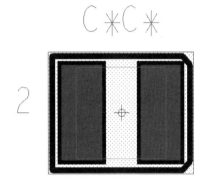

图6-77 "Options"面板设置内容（2）

图6-78 添加摆放用零件序号

6.4.9 添加零件类型

选择菜单栏中的"Layout（布局）"→"Labels（标签）"→"Device（设备）"命令，打开"Options（选项）"面板，设置"Active Class and Subclass"区域下拉列表中的选项为"Device Type"和"Assembly_Top"。其余参数选择默认，如图6-79所示。

在工作区域内单击，确定输入位置，在命令窗口中输入"CAP*"，然后使用鼠标右键单击，在弹出的快捷菜单中选择"Done"命令，完成零件类型的添加，如图6-80所示。

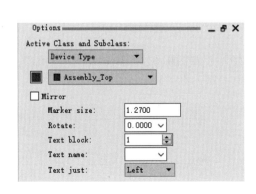

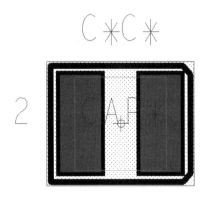

图6-79 设置"Options"面板

图6-80 添加零件类型

6.4.10　模型显示与导出

选择菜单栏中的"View（视图）"→"3D Canvas（三维画布）"命令，打开"Allegro 3D Canvas（三维画布）"窗口，显示零件封装三维模型，如图6-81所示。

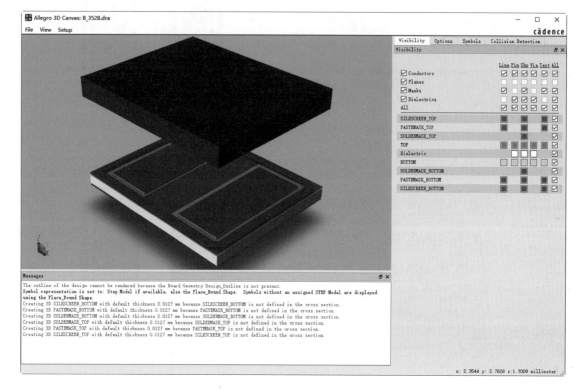

图6-81　显示零件封装三维模型

选择菜单栏中的"File（文件）"→"Export（输出）"命令，打开"Select file（文件选择）"对话框，输出零件封装三维模型，如图6-82所示。

- File name（文件名称）：定义输出文件名称。
- Files of type（文件类型）：选择输出模型文件类型。包含下面几种文件类型：ACIS file…ab（*.sat）、ACIS asse…（*.asat）、HMF files（*.hmf）、HSF files（*.hsf）、IGES file…es（*.igs）、JPEG file…eg（*.jpg）、OBJ files（*obj）、PDF 2D（*.pdf）、PDF 3D（*.pdf）、PLY files（*.ply）、PNG files（*.png）、STL files（*.stl）、STEP file…ep（*.stp）。
- Change Directory（改变目录）：勾选该复选框，更改输出文件路径。

在"File name（文件名称）"文本框中输入B_3528，在"Files of type（文件类型）"中选择"STEP files（*.ste）"，如图6-83所示。

单击"Save（保存）"按钮，输出stp模型文件。在Inventor中打开该文件，如图6-84所示。

至此，就完成一个零件封装的绘制。

图6-82　"Select file（文件选择）"对话框（1）

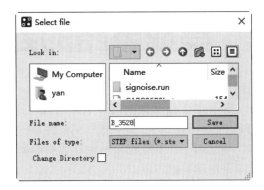

图6-83　"Select file（文件选择）"对话框（2）

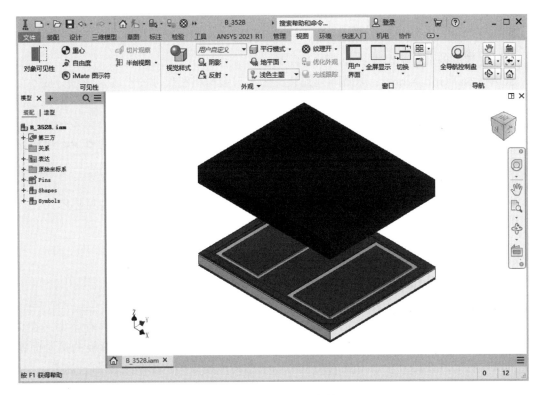

图6-84　打开STP文件

第 7 章

集成电路的封装

随着电子技术的飞速发展，集成电路的封装技术也发生了很大的变化，从开始的DIP、QFP、PGA、BGA到CSP，然后发展到MCM，封装技术越来越先进。芯片的引脚数越来越多，间距越来越小，重量越来越轻，适用频率越来越高，可靠性越来越强，耐温性越来越好，使用起来也越来越方便。

本章通过创建两种规格不同类型的集成元件，演示手动建立封装元件与使用向导建立封装元件的步骤。

7.1 封装分类

按照封装的外形，可以大致分成以下几类。

BGA（Ball Grid Array）：球栅阵列封装。因其封装材料和尺寸的不同，还细分成不同的BGA封装，如陶瓷球栅阵列封装CBGA、小型球栅阵列封装μBGA等。

PGA（Pin Grid Array）：插针网格阵列封装。这种技术封装的芯片内外有多个方阵形的插针，每个方阵形插针沿芯片的四周间隔一定距离排列，根据引脚数目的多少，可以围成2～5圈。安装时，将芯片插入专门的PGA插座。该技术一般用于插拔操作比较频繁的场合，如个人计算机CPU。

QFP（Quad Flat Package）：方形扁平封装，为当前芯片使用较多的一种封装形式。

PLCC（Plastic Leaded Chip Carrier）：有引线塑料芯片载体。

DIP（Dual In-line Package）：双列直插封装。

SIP（Single In-line Package）：单列直插封装。

SOP（Small Out-line Package）：小外形封装。

SOJ（Small Out-line J-Leaded Package）：J形引脚小外形封装。

CSP（Chip Scale Package）：芯片级封装，较新的封装形式，常用于内存条中。在CSP的封装方式中，芯片是通过一个个锡球焊接在PCB板上，由于焊点和PCB板的接触面积较大，所以内存芯片在运行中所产生的热量可以很容易地传导到PCB板上并散发出去。另外，CSP封装芯片采用中心引脚形式，有效地缩短了信号的传导距离，其衰减随之减少，芯片的抗干扰、抗噪性能也得到大幅提升。

Flip-Chip：倒装焊芯片，也称覆晶式组装技术，是一种将IC与基板相互连接的先进封装技术。在封装过程中，IC会被翻覆过来，让IC上面的焊点与基板的接合点相互连接。由于成本与制造因素，使用Flip-Chip接合的产品通常根据I/O数多少分为两种形式，即低I/O数的FCOB（Flip Chip on Board）封装和高I/O数的FCIP（Flip Chip in Package）封装。Flip-Chip技术应用的基板包括陶瓷、硅芯片、高分子基层板及玻璃等，其应用范围包括计算机、PCMCIA卡、军事设备、个人通信产品、钟表及液晶显示器等。

COB（Chip on Board）：板上芯片封装。即芯片被绑定在PCB上，这是一种现在比较流行的生产方式。COB模块的生产成本比SMT低，并且可以减小模块体积。

7.2　常用集成电路封装

下面介绍集成电路中常用的几种封装。

① DIP封装。DIP为双列直插元件的封装，如图7-1所示。双列直插元件的封装是目前最常见的集成电路封装。

标准双列直插元件封装的焊盘中心距是100mil，边缘间距为50mil，焊盘直径为50mil，孔直径为32mil。封装中第一引脚的焊盘一般为正方形，其他各引脚为圆形。

② PLCC封装。PLCC为有引线塑料芯片载体，如图7-2所示。此封装是贴片安装的，采用此封装形式的芯片的引脚在芯片体底部向内弯曲，紧贴芯片体。

图7-1　双列直插元件的封装　　　　图7-2　PLCC封装

③ SOP封装。SOP为小外形封装，如图7-3所示。与DIP封装相比，SOP封装的芯片体积大大减小。

④ TQFP封装。TQFP为方形扁平封装，如图7-4所示。此封装是当前芯片使用较多的一种封装形式。

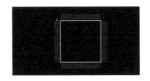

图7-3　SOP封装　　　　图7-4　TQFP封装

⑤ BGA封装。BGA为球形阵列封装，如图7-5所示。
⑥ SIP封装。SIP为单列直插封装，如图7-6所示。

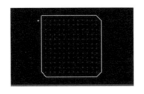
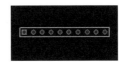

图7-5　BGA封装　　　　图7-6　SIP封装

7.3　建立零件封装SIP10

在绘制元件封装前，我们应该了解元件的相关参数，如外形尺寸、焊盘类型、引脚排列、安装方式等。

SIP为单列直插封装，如图7-7所示。引脚从封装的一个侧面引出，排列成一条直线。通常，它们是通孔式的，引脚插入印制电路板的金属孔内。当装配到印刷基板上时，封装呈侧立状。引脚中心距通常为2.54mm，引脚数从2至23，多数为定制产品。本节绘制单列直插封装SIP10，引脚数为10。

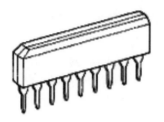
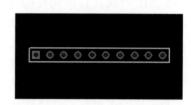

图7-7　SIP封装

7.3.1　手动建立

下面以建立SIP10为例来介绍手动建立封装的操作过程。

7.3.1.1　设置工作环境

执行"开始"→"程序"→"Cadence PCB 17.4-2019"→"PCB Editor 17.4"命令，弹出"17.4 Allegro PCB Designer Product Choices"对话框，选择"Allegro PCB Designer"选项，然后选择 OK 按钮，进入设计系统主界面。

选择菜单栏中的"File（文件）"→"New（新建）"命令，弹出"New Drawing（新建图纸）"对话框，在"Drawing Name（图纸名称）"文本框中输入"N_SIP10"，在"Drawing Type（图纸类型）"下拉列表中选择"Package symbol（封装符号）"选项，单击 Browse... 按钮，选择新建封装文件的路径，如图7-8所示。

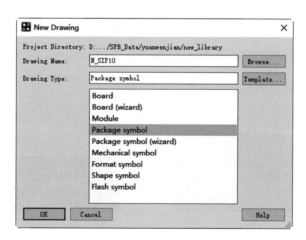

图7-8　"New Drawing（新建图纸）"对话框

完成参数设置后，单击 OK 按钮，进入Allegro封装符号的设计界面。

7.3.1.2　设置编辑环境

进入PCB库编辑器后，同样需要根据要绘制的元件封装类型对编辑器环境进行相应的设置。PCB库编辑环境设置包括设计参数设计、设置层叠、设置颜色和设置用户属性。

（1）设计参数设计

选择菜单栏中的"Setup（设置）"→"Design Parameters（设计参数）"命令，弹出"Design Parameter Editor（设计参数编辑）"对话框，打开"Design（设计）"选项卡，设置焊盘文件设计参数，如图7-9所示。

① 在"User units（用户单位）"选项下选择"Millimeter"，设置使用单位为mm。

② 在"Size（大小）"选项下选择"Other"，设置工作区尺寸为自行设定。

③ 在"Accuracy（精度）"微调框输入"4"，设置小数点后为4位。

④ 在"Extents（内容）"选项组下设置的"Left X"值为-100，"Lower Y"值为-100，"Width"值为500，"Height"值为500。

⑤ 在"Symbol options（图纸选项）"选项组下设置"Type（类型）"为"Package"，建立一般的零件封装。

单击 OK 按钮，完成设置。

选择菜单栏中的"Setup（设置）"→"Grids（网格）"命令，弹出"Define Grid（定义网格）"对话框，在该对话框中设置"Non-Etch"和"All Etch"的"Spacing"全设置为1（mm），"Offset"全设置为0。

（2）设置层叠

选择菜单栏中的"Setup（设置）"→"Cross-section（层叠结构）"命令或单击"Setup（设置）"工具栏中的"Xsection（层叠结构）"按钮，弹出如图7-10所示的"Cross-section Editor（层叠设计）"对话框，在该对话框中可添加删除元件所需的层。

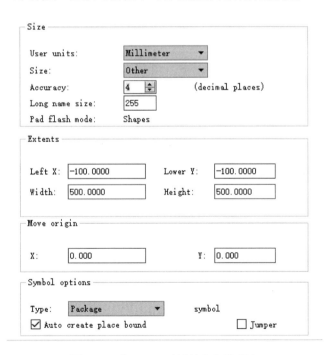

图7-9　"Design（设计）"选项卡

（3）设置颜色

选择菜单栏中的"Display（显示）"→"Color/Visibility（颜色可见性）"命令或单击"Setup（设置）"工具栏中的"Color（颜色）"按钮，也可以按"Ctrl+F5"快捷键，弹出如

155

图7-11所示的"Color Dialog（颜色）"对话框，用户可按照习惯设置编辑器中不同位置颜色。

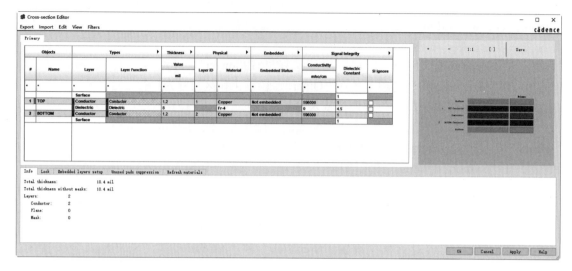

图7-10　"Cross-section Editor（层叠设计）"对话框

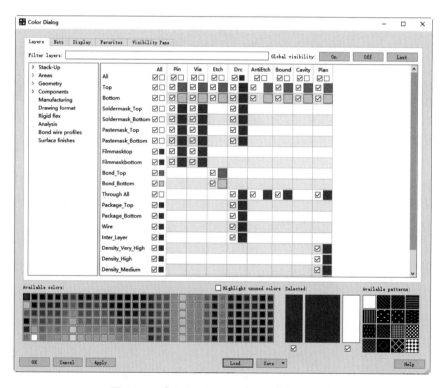

图7-11　"Color Dialog（颜色）"对话框

（4）设置用户属性

选择菜单栏中的"Setup（设置）"→"User Preferences（用户属性）"命令，即可打开"User Preferences Editor（用户属性编辑）"对话框，如图7-12所示，设置后的系统参数，一般选择默认设置。

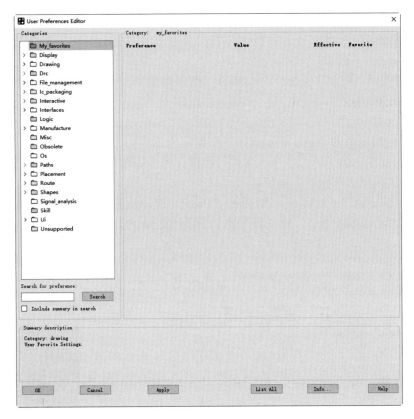

图7-12　"User Preferences Editor（用户属性编辑）"对话框

7.3.1.3　放置引脚

① 选择菜单栏中的"Layout（布局）"→"Pins（引脚）"命令，打开"Options（选项）"面板，设置添加的引脚参数。

② 选择"Connect（连接）"单选按钮，单击█按钮，弹出"Select a padstack（选择焊盘）"对话框，从列表中选择焊盘的型号"Pad50sq30d"，如图7-13所示。

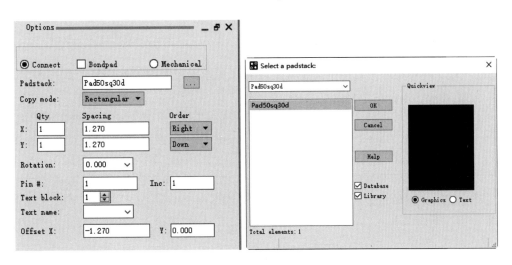

图7-13　"Options"面板设置

157

③ 此时，鼠标在工作区上显示浮动的绿色焊盘图标，在命令窗口中输入"x 0 0"，按"Enter"键，在坐标（0，0）处放置Pin1。

④ 在"Options（选项）"面板设置参数。

- 单击▦按钮，弹出"Select a padstack（选择焊盘）"对话框，在列表中选择焊盘的型号"Pad50cir30d"。
- 设置"X Qty"为"9"，"X Spacing"值为"2.540"，表示再放置9个引脚。
- Pin#：自动更新为"2"，表示起始引脚编号为2。
- Inc：选择默认值"1"，下个引脚编号在现在的引脚编号基础上加1。

其余参数选择默认，如图7-14所示。

在命令窗口输入"x 2.54 0"，然后按"Enter"键，放置9个间隔为2.54mm的圆形通孔焊盘，型号"Pad50cir30d"，最左侧焊盘坐标为（2.54，0），如图7-15所示。一次性放置2～10个引脚。

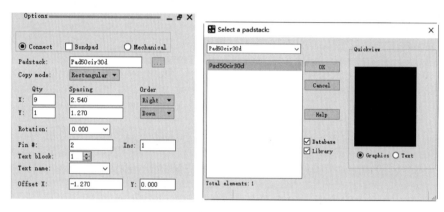

图7-14　　"Options"面板设置

图7-15　添加10个引脚

7.3.1.4　添加元件外形

零件外形主要用于在电路板上辨识该零件及其方向或大小，具体步骤如下。

① 绘制外形。选择菜单栏中的"Shape（外形）"→"Rectangular（矩形）"命令，设置"Options（选项）"面板中的"Active Class and Subclass"区域下拉列表中的选项为"Package Geometry"和"Place_Bound_Top"，设置"Segment Type"栏值为"Line 45"，如图7-16所示。

在"Shape Creation（创建形状）"选项组下包括两种绘制方法："Draw Rectangle（绘制矩形）"和"Place Rectangle（放置矩形）"。选择"Place Rectangle（放置矩形）"，在命令窗口中输入：

x -1.47 1.4 Enter

使用鼠标右键单击，在弹出的快捷菜单中选择"Done（完成）"命令，结束操作，形成一个25.8mm×2.8mm大小的装配层长方形框。

然后使用鼠标右键单击，在弹出的快捷菜单中选择"Done（完成）"命令，退出绘制操作。

② 加入零件范围。选择菜单栏中的"Setup（设置）"→"Areas（区域）"→"Package Boundary（封装界限）"命令，设置"Options（选项）"面板中的"Active Class and Subclass"区域下拉列表中的选项为"Package Geometry"和"Place_Bound_Top"，设置"Segment Type"栏值为"Line 45"，如图7-17所示。

在命令框内输入：

x -1.47 1.4

ix 25.8

iy -2.8

ix -25.8

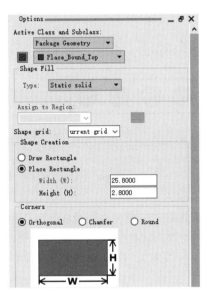

图7-16　设置"Options"面板

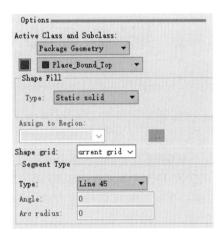

图7-17　设置"Options"面板内容

使用鼠标右键单击，在弹出的快捷菜单中选择"Done（完成）"命令，结束操作。Allegro将自动填充所要求区域，形成一个25.8mm×2.8mm大小的装配层长方形框，完成加入零件实体的范围，如图7-18所示。

图7-18　加入零件范围

③ 设置零件高度。选择菜单栏中的"Setup（设置）"→"Areas（区域）"→"Package Height（封装高度）"命令，设置"Options（选项）"面板中的"Active Class and Subclass"区域下拉列表中的选项为"Package Geometry"和"Place_Bound_Top"。使用鼠标左键单击零件实体范围的形状，在"Options"面板内的"Max height（高度）"文本框内输入"5"，表示零件的高度为5，如图7-19所示。在工作窗口内使用鼠标右键单击，在弹出的快捷菜单

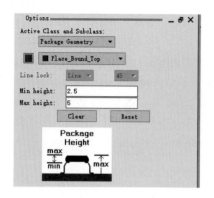

图7-19　设置"Options"面板内容

ix -25.6

iy 2.6

按"Enter"键，形成一个260mil×760mil大小的长方形框，如图7-20所示。

中选择"Done（完成）"命令，完成零件高度的设置。

④ 绘制丝印层。选择菜单栏中的"Add（添加）"→"Line（矩形）"命令，在"Options（选项）"面板内进行如下设置：设置"Active Class and Subclass"区域下拉列表中的选项为"Package Geometry"和"Silkscreen_Top"，表示零件丝印层面；在"Line width（线宽）"下拉列表中输入"0.15"。

在命令窗口中输入：

x -1.37 1.3

ix 25.6

iy -2.6

图7-20　添加丝印层

⑤ 绘制装配层。选择菜单栏中的"Edit（编辑）"→"Z-Copy（复制）"命令，设置"Options（选项）"面板参数，如图7-21所示。

- 将"Active Class and Subclass"区域下拉列表中的选项设置为"PACKAGE GEOMETRY"和"ASSEMBLY_TOP"，并将复制的边框设置为装配层顶层。
- Size：复制后对象的缩放方式，包括Contract（收缩）、Expand（扩展）两种，选择"Contract（收缩）"。
- Offset：偏移值，设置收缩或扩展的偏移值，输入0.1。

完成参数后，使用鼠标左键单击零件丝印层的形状，在原位置复制收缩后的装配层框，如图7-22所示。

图7-21　设置"Options"面板

图7-22　绘制装配层

7.3.1.5　添加零件标签

添加零件标签的具体操作步骤如下。

① 添加零件序号。选择菜单栏中的"Layout（布局）"→"Labels"→"RefDes（零件序号）"命令，打开"Options（选项）"面板，设置参数。

- Active Class and Subclass：在区域中选择元件序号的文字层面为"Ref Des"和"Silkscreen_Top（Assembly_Top）"。

在工作区标签坐标点处单击，靠近Pin1附件，确定Ref Des文字的输入位置。

在命令窗口中，输入"U*"，然后使用鼠标右键单击，在弹出的快捷菜单中选择"Done（完成）"选项，完成加入底片用零件序号的动作，如图7-23所示。

图7-23　添加零件序号

② 添加零件类型（Device Type）。选择菜单栏中的"Layout（布局）"→"Labels（标签）"→"Device（设备）"命令，打开"Options（选项）"面板，设置"Active Class and Subclass"区域下拉列表中的选项为"Device Type"和"Assembly_Top"。其余参数选择默认。

在工作区域内单击，确定输入位置，在命令窗口中输入"SIP"，然后使用鼠标右键单击，在弹出的快捷菜单中选择"Done"命令，完成零件类型的添加，如图7-24所示。

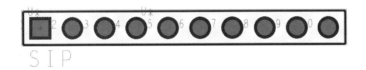

图7-24　添加零件类型

③ 选择菜单栏中的"View（视图）"→"3D Canvas（三维画布）"命令，打开"Allegro 3D Canvas（三维画布）"窗口，显示零件封装三维模型，如图7-25所示。

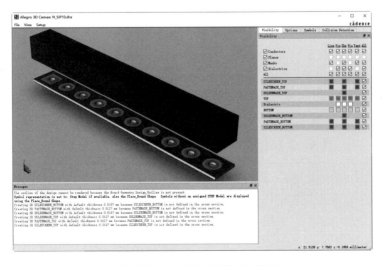

图7-25　显示零件封装三维模型

扫码看视频

7.3.2 使用向导建立

下面将通过建立SIP10封装的例子来说明如何使用Wizard创建零件封装。

① 执行"开始"→"程序"→"Cadence PCB 17.4-2019"→"PCB Editor 17.4"命令，弹出"17.4 Allegro PCB Designer Product Choices"对话框，选择"Allegro PCB Designer"选项，然后选择 OK 按钮，进入设计系统主界面。

② 选择菜单栏中的"File（文件）"→"New（新建）"命令，弹出"New Drawing（新建图纸）"对话框，如图7-26所示。在"Drawing Name"文本框内输入"NN_SIP28"，在"Drawing Type"下拉列表中选择"Package symbol（wizard）"选项，单击 Browse... 按钮，设置存储的路径。

③ 完成设置后，单击 OK 按钮，将弹出"Package Symbol Wizard"对话框，如图7-27所示。在"Package Type（封装类型）"选项列表内显示9种元件封装类型。

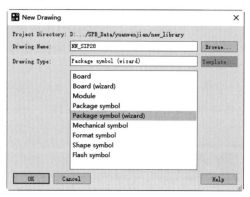

图7-26 "New Drawing"对话框

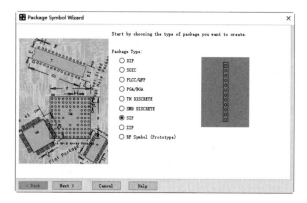

图7-27 "Package Symbol Wizard"对话框

④ 选择"SIP"选项，然后单击 Next > 按钮，将弹出"Package Symbol Wizard-Template"对话框，如图7-28所示，选择使用默认模板，单击 Load Template 按钮，加载默认模板。

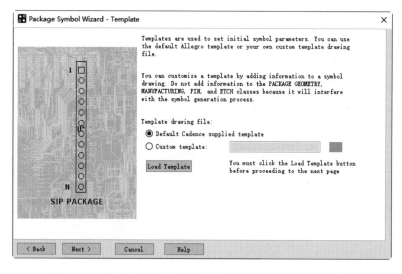

图7-28 "Package Symbol Wizard-Template"对话框

完成设置后，单击 [Next >] 按钮，弹出"Package Symbol Wizard-General Parameters"对话框，如图7-29所示，在该对话框中定义封装元件的单位及精确度。

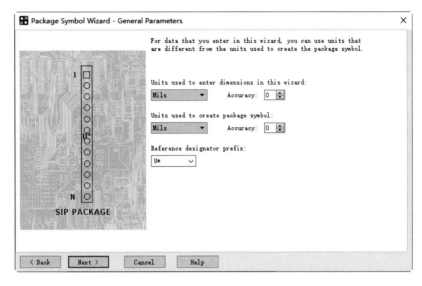

图7-29　"Package Symbol Wizard-General Parameters"对话框

⑤ 单击 [Next >] 按钮，弹出如图7-30所示"Package Symbol Wizard-SIP Parameters"对话框，通过设置下面的参数，定义元件封装引脚数。

Number of pins（N）：引脚数，输入的封装元件名称为"SIP10"，调整引脚数为"10"。

Lead pitch（e）：设置上下引脚中心间距，默认为102 mil。

Package width（E）：设置封装宽度，默认为112 mil。

Package length（D）：设置封装长度，默认为1032 mil。

⑥ 完成参数设置后，单击 [Next >] 按钮，弹出"Package Symbol Wizard-Padstacks"对话框，如图7-31所示，选择要使用的焊盘类型。

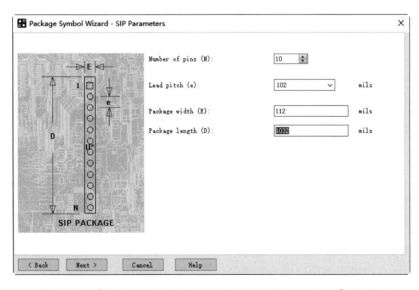

图7-30　"Package Symbol Wizard-SIP Parameters"对话框

Default padstack to use for symbol pins：用于符号引脚的默认焊盘"Pad50cir30d"。

Padstack to use for pin l：用于1号引脚的焊盘"Pad50sq30d"。

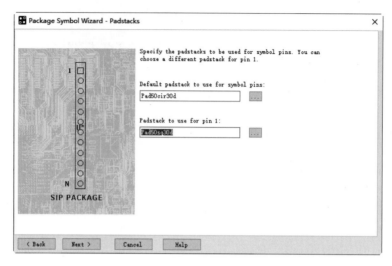

图7-31　"Package Symbol Wizard-Padstacks"对话框

完成焊盘设置后，单击 Next> 按钮，弹出"Package Symbol Wizard-Symbol Compilation"对话框，选择定义封装元件的坐标原点。

⑦ 完成设置后，单击 Next> 按钮，弹出"Package Symbol Wizard-Summary"对话框，单击 Finish 按钮，如图7-32所示。显示生成后缀名为".dra"".psm"的零件封装，完成封装如图7-33所示。

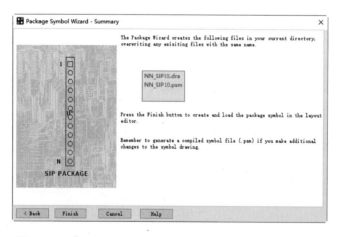

图7-32　"Package Symbol Wizard-Summary"对话框

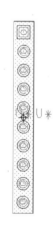

图7-33　SIP10封装

7.4　建立零件封装TQFP

TQFP（Thin Quad Flat Package，即薄塑封四角扁平封装）对中等性能、低引线数量要求的应用场合而言是最有效利用成本的封装方案，且可以得到一个轻质量的不引人注意的封装，TQFP系列支持宽泛范围的印模尺寸和引线数量，尺寸范围从7mm到28mm，引线数量从32到256。

7.4.1　手动建立

这里要创建的封装TQFP64尺寸信息包括：外形轮廓为矩形10mm×10mm，引脚数为16×4，引脚宽度为0.22mm，引脚长度为1mm，引脚间距为0.5mm，引脚外围轮廓为12mm×12mm，如图7-34所示。

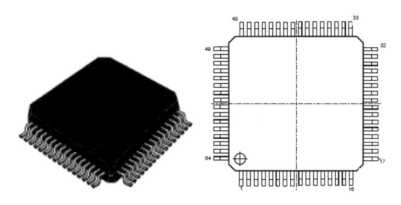

图7-34　TQFP64

7.4.1.1　设置工作环境

① 执行"开始"→"程序"→"Cadence PCB 17.4-2019"→"PCB Editor 17.4"命令，弹出"17.4 Allegro PCB Designer Product Choices"对话框，选择"Allegro PCB Designer"选项，然后选择 OK 按钮，进入设计系统主界面。

② 选择菜单栏中的"File（文件）"→"New（新建）"命令，弹出"New Drawing（新建图纸）"对话框，在"Drawing Name（图纸名称）"文本框中输入"TQFP64.dra"，在"Drawing Type（图纸类型）"下拉列表中选择"Package symbol（封装符号）"选项，单击 Browse... 按钮，选择新建封装文件的路径，如图7-35所示。

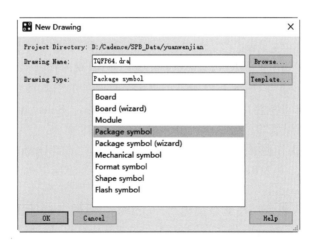

图7-35　"New Drawing（新建图纸）"对话框

完成参数设置后，单击 OK 按钮，进入Allegro封装符号的设计界面。

165

7.4.1.2 设置编辑环境

进入 PCB 库编辑器后，同样需要根据要绘制的元件封装类型对编辑器环境进行相应的设置。PCB 库编辑环境设置包括设计图纸参数、设置层叠、设置网格、设置颜色。

（1）设计图纸参数

选择菜单栏中的"Setup（设置）"→"Design Parameters（设计参数）"命令，弹出"Design Parameter Editor（设计参数编辑）"对话框，打开"Design（设计）"选项卡，设置焊盘文件设计参数。

① 在"User units（用户单位）"选项下选择"Millimeter"，设置使用单位为mm。

② 在"Size（大小）"选项下选择"Other"，设置工作区尺寸为自行设定。

③ 在"Accuracy（精度）"微调框默认"4"，设置小数点后为4位。

④ 在"Extents（内容）"选项组下设置"Left X"值为-100，"Lower Y"值为-100，X、Y 设置一个负坐标，方便找到原点进行后续的设计。

⑤ 在"Symbol optious（图纸选项）"选项组下设置"Type（类型）"为"Package"，建立一般的零件封装。

单击 OK 按钮，完成设置。

（2）设置层叠

选择菜单栏中的"Setup（设置）"→"Cross-section（层叠结构）"命令或单击"Setup（设置）"工具栏中的"Xsection（层叠结构）"按钮，弹出"Cross-section Editor（层叠设计）"对话框，在该对话框中可添加删除元件所需的层。

（3）设置网格

选择菜单栏中的"Setup（设置）"→"Grids（网格）"命令，弹出"Define Grid（定义网格）"对话框，在该对话框中主要设置显示"Layer（层）"的"Offset（偏移量）"和"Spacing（格点间距）"参数设置。

（4）颜色设置

选择菜单栏中的"Display（显示）"→"Color/Visibility（颜色可见性）"命令或单击"Setup（设置）"工具栏中的"Color（颜色）"按钮，也可以按"Ctrl+F5"快捷键，弹出"Color Dialog（颜色）"对话框，用户可按照习惯设置编辑器中不同位置颜色。

7.4.1.3 放置引脚

① 选择菜单栏中的"Layout（布局）"→"Pins（引脚）"命令，如图7-36所示，或单击"Layout（布局）"工具栏中的"Add Pins（添加引脚）"按钮，打开"Options（选项）"面板，默认引脚类型为"Connect"，如图7-37所示，显示需要添加的引脚参数。

② 单击"Padstack（焊盘）"文本框右侧按钮，弹出"Select a padstack（选择焊盘）"对话框，从列表中选择焊盘的型号"Smd10_40"，如图7-38所示。

③ 此时，鼠标在工作区上显示浮动的绿色焊盘图标，在"Options（选项）"面板设置"Copy mode（复制模式）"为Rectangular（矩形），"X Qty"方向焊盘个数为16，"Y Qty"方向焊盘个数为1，"X Spacing（焊盘中心的距离）"为0.5，"Offset Y（引脚编号的文字偏移值）"为-1.5，如图7-39所示。在命令框内"commond"处输入以下命令：x 0 0，即把此焊盘放在距原点的（0mm，0mm）处，按回车键，完成第一组水平引脚放置，如图7-40所示。

④ 在"Options（选项）"面板设置"Copy mode（复制模式）"为"Rectangular（矩形）"，"X Qty"方向焊盘个数为"1"，"Y Qty"方向焊盘个数为"16"；"X/Y Spacing（焊盘中心的距离）"为0.5；"Offset Y（引脚编号的文字偏移值）"为-1.5；"Rotation（引脚旋转角度）"

166

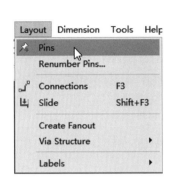

图7-36 菜单命令

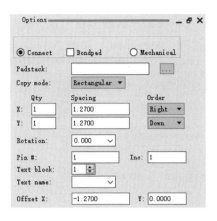

图7-37 "Options（选项）"面板

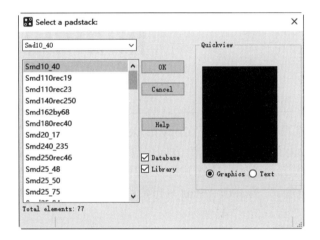

图7-38 "Select a padstack（选择焊盘）"对话框

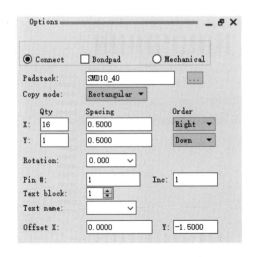

图7-39 "Options"面板设置（1）

图7-40 放置第一组引脚

为90，"Order（Y方向上引脚的递增方向）"选择"Up（Y轴方向从下往上放置）"；"Pin#（起始引脚编号）"为"17"，如图7-41所示。

　　在命令框内"commond"处输入以下命令：x 9.25 1.75，即把此焊盘放在距原点的（9.25mm，1.75mm）处，按回车键，完成放置第二组垂直引脚，如图7-42所示。

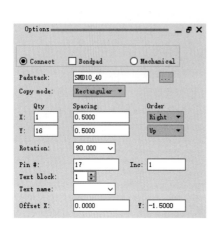

图7-41　"Options"面板设置（2）

图7-42　放置第二组引脚

⑤ 在"Options（选项）"面板设置"Copy mode（复制模式）"为"Rectangular（矩形）"，"X Qty"方向焊盘个数为"16"，"Y Qty"方向焊盘个数为"1"，"X Spacing（焊盘中心的距离）"为0.5；"Order（X方向引脚的递增方向）"默认选择"Left（X轴方向从右往左放置）"；"Rotation（引脚旋转角度）"为180，"Pin#（起始引脚编号）"为"33"，"Offset Y（引脚编号的文字偏移值）"为-1.5，如图7-43所示。

　　在命令框内"commond"处输入以下命令：x 7.5 11，即把此焊盘放在距原点的（7.5mm，11mm）处，按回车键，完成放置第三组水平引脚，如图7-44所示。

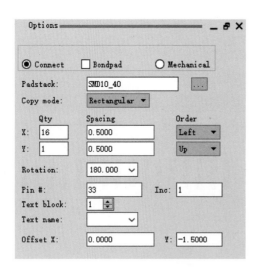

图7-43　"Options"面板设置（3）

图7-44　放置第三组引脚

⑥ 在"Options（选项）"面板设置"Copy mode（复制模式）"为"Rectangular（矩形）"，"X Qty"方向焊盘个数为"1"，"Y Qty"方向焊盘个数为"16"，"X Spacing（焊盘中心的距离）"为0.5，"Order（Y方向上引脚的递增方向）"选择"Down（Y轴方向从上往下放置）"；"Rotation（引脚旋转角度）"为270，"Pin#（起始引脚编号）"为"49"，"Offset Y（引脚编号的文字偏移值）"为-1.5，如图7-45所示。

在命令框内"commond"处输入以下命令：x -1.75 9.25，即把此焊盘放在距原点的（−1.75mm，9.25mm）处，按回车键，完成放置第四组垂直引脚，如图7-46所示。

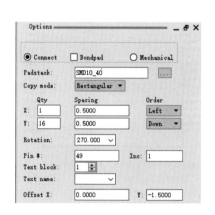

图7-45 "Options"面板设置（4）

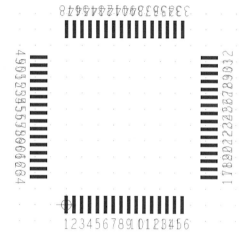

图7-46 放置第四组引脚

完成四组引脚放置后，使用鼠标右键单击，在弹出的快捷菜单中选择"Done（完成）"命令，结束操作，完成引脚的放置。

⑦ 引脚编号出现重叠，为方便显示，需要删除多余编号。框选需要删除的编号，单击工具栏中的"Delete（删除）"按钮 ×，删除框选的编号，结果如图7-47所示。

7.4.1.4 绘制丝印层

本节绘制的零件外形轮廓为矩形10mm×10mm，定义丝印层框与引脚内边间距为0.2mm，丝印层大小为9.6mm×9.6mm。

选择菜单栏中的"Add（添加）"→"Line（线条）"命令，在"Options（选项）"面板内进行如下设置，如图7-48所示。

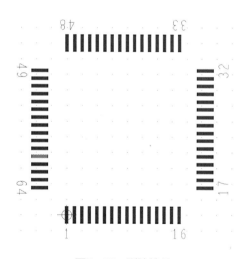

图7-47 删除编号

设置"Active Class and Subclass"区域下拉列表中的选项为"Package Geometry"和"Silkscreen_Top"，表示零件丝印层面。

在"Line width（线宽）"文本框中输入"0.15"。

在"Line font"下拉列表中选择"Solid"，表示零件外形为实心的线段。

在命令窗口中输入：

x -1.05 0.7 Enter

ix 9.6 Enter

iy 9.6 Enter

ix -9.6 Enter

iy -9.6 Enter

使用鼠标右键单击，在弹出的快捷菜单中选择"Done（完成）"命令，结束操作，形成一个10.2mm×10.2mm大小的丝印层长方形框，如图7-49所示。

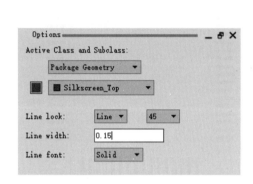

图7-48　设置"Options"面板

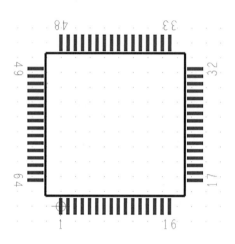

图7-49　添加零件丝印层

7.4.1.5　绘制装配层

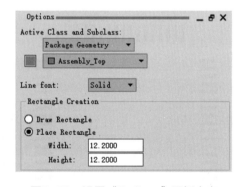

图7-50　设置"Options"面板内容

装配层（Assembly Top 层）指的是元件体的区域，而不是封装区域。装配层尺寸一般比元件体略大即可（0 ~ 10mil），线宽不用设置。

选择菜单栏中的"Add（添加）"→"Rectangle（矩形）"命令，在"Options（选项）"面板内进行如下设置，如图7-50所示。

设置"Active Class and Subclass"区域下拉列表中的选项为"Package Geometry"和"Assembly_Top"，表示零件装配层面，线宽默认为0.00mm。

在"Line font"下拉列表中选择"Solid"，表示零件外形为实心的线段。

在"Rectangle Creation（创建矩形）"选项组下包括两种绘制方法："Draw Rectangle（绘制矩形）"和"Place Rectangle（放置矩形）"。选择"Place Rectangle（放置矩形）"，设置"Width（宽度）"为"12.2000"，"Height（高度）"为"12.2000"。

在命令窗口中输入：

x -1.35 10.6 Enter

使用鼠标右键单击，在弹出的快捷菜单中选择"Done（完成）"命令，结束操作，形成一个12.2mm×12.2mm大小的装配层长方形框，如图7-51所示。

7.4.1.6　添加元件外形

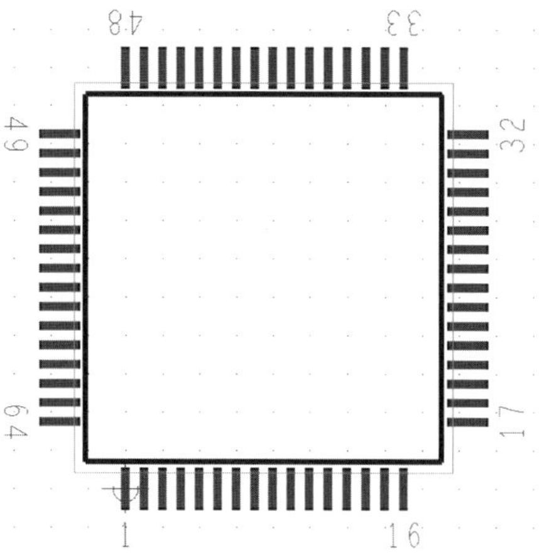

Place_Bound 的尺寸一般为焊盘的外边缘+（10 ～ 20）mil（0.2 ～ 0.5mm），线宽不用设置。引脚外围轮廓为12mm×12mm，绘制大小为13mm×13mm 外轮廓。

加入零件范围。选择菜单栏中的"Shape（外形）"→"Rectangular（矩形）"命令，设置"Options（选项）"面板中的"Active Class and Subclass"区域下拉列表中的选项为"Package Geometry"和"Place_Bound_Top"，设置"Segment Type"栏值为"Line45"，如图7-52所示。

在"Shape Creation（创建形状）"选项组下包括两种绘制方法："Draw Rectangle（绘制矩形）"和"Place Rectangle（放置矩形）"。选择"Draw Rectangle（绘制矩形）"。在命令窗口中输入：

x -2.75 12 Enter

x 10.25 -1

使用鼠标右键单击，在弹出的快捷菜单中选择"Done（完成）"命令，结束操作，形成一个13mm×13mm 大小的装配层长方形框，如图7-53所示。

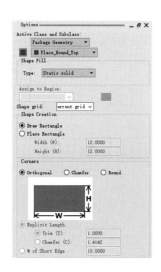

图7-52　设置"Options"面板

图7-51　添加零件装配层

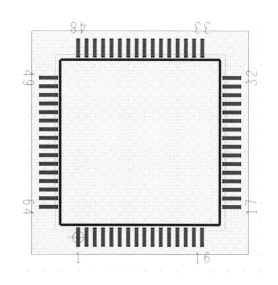

图7-53　添加元件外形

然后使用鼠标右键单击，在弹出的快捷菜单中选择"Done（完成）"命令，退出移动操作。

7.4.1.7　设置零件高度

选择菜单栏中的"Setup（设置）"→"Areas（区域）"→"Package Height（封装高度）"命令，激活零件高度设置命令。

设置"Options（选项）"面板中的"Active Class and Subclass"区域下拉列表中的选项为

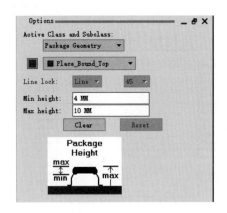

图7-54 设置"Options"面板高度内容

"Package Geometry"和"Place_Bound_Top"。使用鼠标左键单击零件实体范围的形状，在"Options"面板内的"Min height（高度）"文本框内输入4，表示零件的最低高度为4mm，"Max height（高度）"文本框内输入10，表示零件的最大高度为10mm，如图7-54所示。

在工作窗口内使用鼠标右键单击，在弹出的快捷菜单中选择"Done（完成）"命令，完成零件高度的设置。

7.4.1.8 添加零件标签

（1）添加丝印层零件序号（RefDes For Artwork）

丝印层零件序号在生产文字面底片时参考到零件序号层面，通常放置于引脚1附近。

选择菜单栏中的"Layout（布局）"→"Labels"→"RefDes（零件序号）"命令，打开"Options（选项）"面板，设置"Active Class and Subclass"为"Ref Des"和"Silkscreen_Top"，如图7-55所示。

在工作区标签坐标点处单击，靠近Pin1附件，确定Ref Des文字的输入位置。

在命令窗口中，输入"U*"，然后使用鼠标右键单击，在弹出的快捷菜单中选择"Done（完成）"选项，完成加入底片用零件序号的动作，如图7-56所示。

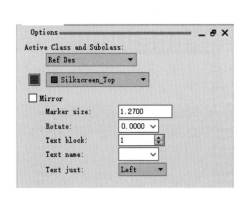

图7-55 "Options"面板设置内容

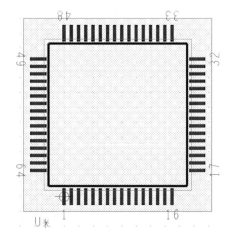

图7-56 添加底片用零件序号

（2）添加装配层零件序号（RefDes For Placement）

装配层零件序号在摆放零件时参考到零件序号层面，通常放置于零件中心点附近。

选择菜单栏中的"Layout（布局）"→"Labels（标签）"→"RefDes（零件序号）"命令，打开"Options"面板，设置"Active Class and Subclass"为"Ref Des"和"Assembly_Top"，如图7-57所示。

在工作区标签坐标点处单击，确定Ref Des文字的输入位置。

在命令窗口内输入"U*"，然后使用鼠标右键单击，在弹出的快捷菜单中选择"Done"命令，完成摆放用零件序号的添加，如图7-58所示。

7.4.1.9 添加零件类型（Device Type）

选择菜单栏中的"Layout（布局）"→"Labels（标签）"→"Device（设备）"命令，打

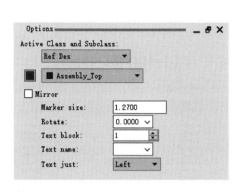

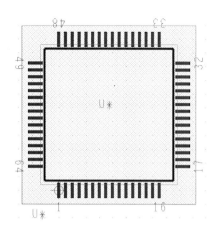

图7-57　"Options"面板　　　　　　　　图7-58　添加摆放用零件序号

开"Options（选项）"面板，设置"Active Class and Subclass"区域下拉列表中的选项为"Device Type"和"Assembly_Top"。其余参数选择默认，如图7-59所示。

在工作区域内单击，确定输入位置，在命令窗口中输入"TQFP"，然后使用鼠标右键单击，在弹出的快捷菜单中选择"Done"命令，完成零件类型的添加，如图7-60所示。

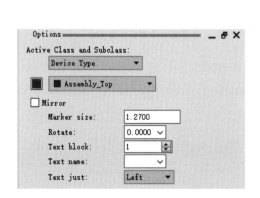

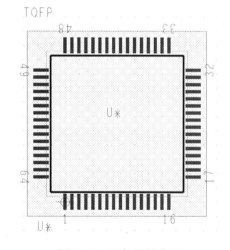

图7-59　设置"Options"面板　　　　　　图7-60　添加零件类型

7.4.1.10　添加引脚标识

选择菜单栏中的"Add（添加）"→"Circle（圆）"命令，打开"Options（选项）"面板，如图7-61所示。

- 设置"Active Class and Subclass"区域下拉列表中的选项为"Device Type（几何图形）"和"Silkscreen_Top"。
- 将"Line width"文本框输入0.1mm。
- 在"Cirele Creation（绘制圆）"选项下选择"Place Circle（放置圆）"，设置"Radius（半径）"为"0.4000"。

在PIN 1处单击，添加引脚标识，然后使用鼠标右键单击，在弹出的快捷菜单中选择

"Done"命令，完成引脚标识的确定，如图7-62所示。

图7-61 "Options"面板

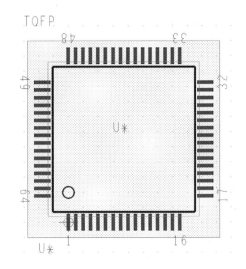

图7-62 确定引脚标识

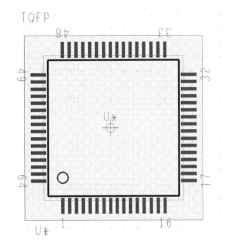

图7-63 确定原点

7.4.1.11 添加零件中心

零件中心点（Body Center）用来指定零件中心点的位置。

① 选择菜单栏中的"Setup（设置）"→"Changing Drawing Origin（切换绘图原点）"命令，在命令行中输入 x 3.5 5.5，在该处设置原点，结果如图7-63所示。

② 选择菜单栏中的"View（视图）"→"3D Canvas（三维画布）"命令，打开"Allegro 3D Canvas（三维画布）"窗口，显示零件封装三维模型，如图7-64所示。

7.4.1.12 零件测量

完成零件封装绘制后，需要再次测量封装的关键尺寸，确认封装绘制无误。

选择菜单栏中的"Display（显示）"→"Measure（测量）"命令，或单击"Display（显示）"工具栏中的"Measure（测量）"按钮▦，或按"Shift+F4"快捷键，激活测量命令。

分别单击选择两个相邻引脚，弹出"Measure（测量）"对话框，显示引脚间距，结果如图7-65所示。

经测量，引脚间距为0.5，符合芯片的实际封装。

至此，就完成一个零件封装的绘制。

扫码看视频

7.4.2 使用向导建立

① 执行"开始"→"程序"→"Cadence PCB 17.4-2019"→"PCB Editor 17.4"命令，弹出"17.4 Allegro PCB Designer Product Choices"对话框，选择"Allegro PCB Designer"选

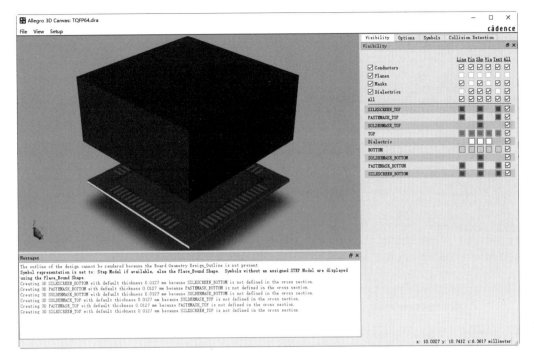

图7-64　显示零件封装三维模型

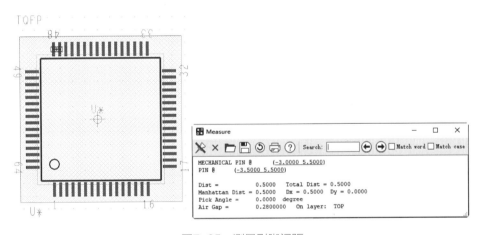

图7-65　测量引脚间距

项，然后单击 OK 按钮，进入设计系统主界面。

　　② 选择菜单栏中的"File（文件）"→"New（新建）"命令，弹出"New Drawing（新建图纸）"对话框，如图7-66所示。在"Drawing Name"文本框内输入"ATF750C.dra"，在"Drawing Type"下拉列表中选择"Package symbol（wizard）"选项，单击 Browse... 按钮，设置存储的路径。

　　③ 完成设置后，单击 OK 按钮，弹出"Package Symbol Wizard"对话框，如图7-67所示。在"Package Type（封装类型）"选项列表内显示9种元件封装类型。

　　④ 选择"PLCC/QFP"选项，然后单击 Next > 按钮，弹出"Package Symbol Wizard-Template"对话框，如图7-68所示，选择"Default Cadence supplied template（使用默认库模

板）"选项，单击 Load Template 按钮，加载默认模板。

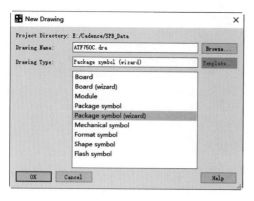

图7-66 "New Drawing"对话框

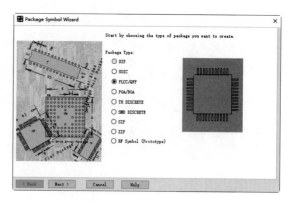

图7-67 "Package Symbol Wizard"对话框

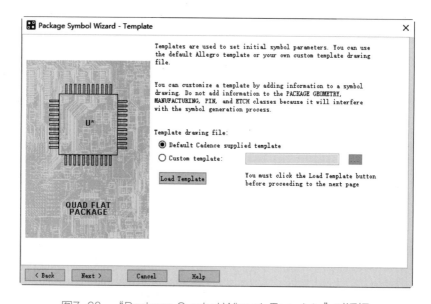

图7-68 "Package Symbol Wizard-Template"对话框

完成设置后，单击 Next > 按钮，弹出"Package Symbol Wizard-General Parameters"对话框，如图7-69所示，在该对话框中定义封装元件的单位及精确度。

⑤ 单击 Next > 按钮，弹出如图7-70所示"Package Symbol Wizard-PLCC/QFP Pin Layout"对话框，定义封装引脚数。

⑥ 单击 Next > 按钮，弹出如图7-71所示"Package Symbol Wizard-PLCC/QFP Parameters"对话框，定义封装尺寸。

⑦ 完成参数设置后，单击 Next > 按钮，弹出"Package Symbol Wizard-Padstacks"对话框，如图7-72所示，选择要使用的焊盘类型。

⑧ 单击选项右侧的 ... 按钮，弹出"Package Symbol Wizard Padstack Browset"对话框，进行焊盘的选择。

　　完成焊盘设置后，单击 Next 按钮，弹出"Package Symbol Wizard-Symbol Compilation"对话框，选择定义封装元件的坐标原点，如图7-73所示。

　　⑨ 完成设置后，单击 Next 按钮，弹出"Package Symbol Wizard-Summary"对话框，单击 Finish 按钮，如图7-74所示。显示生成后缀名为".dra"".psm"的零件封装，完成封装如图7-75所示。

　　⑩ 选择菜单栏中的"View（视图）"→"3D Canvas（三维画布）"命令，打开"Allegro 3D Canvas（三维画布）"窗口，显示零件封装三维模型，如图7-76所示。

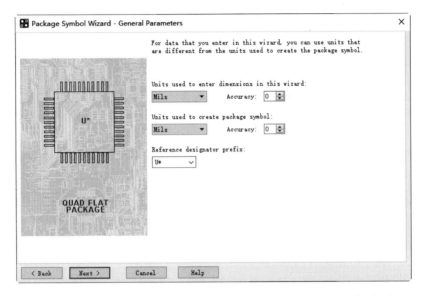

图7-69　"Package Symbol Wizard-General Parameters"对话框

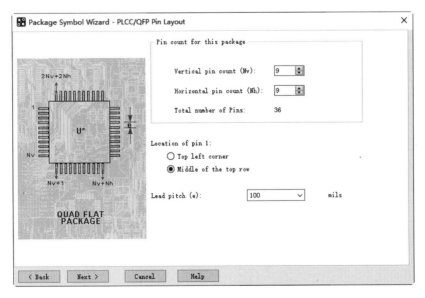

图7-70　"Package Symbol Wizard-PLCC/QFP Pin Layout"对话框

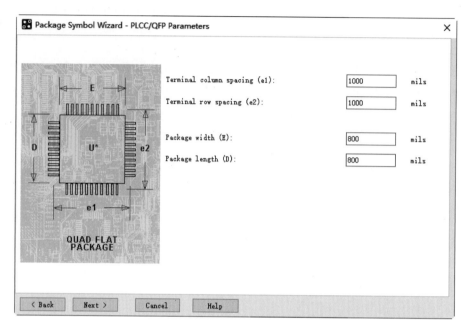

图7-71　"Package Symbol Wizard-PLCC/QFP Parameters"对话框

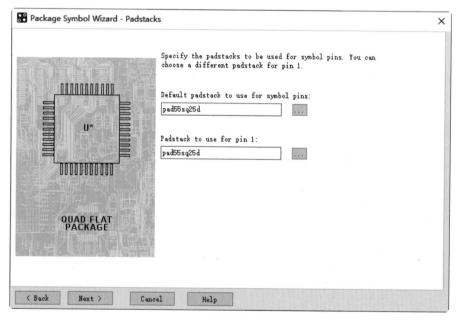

图7-72　"Package Symbol Wizard-Padstacks"对话框

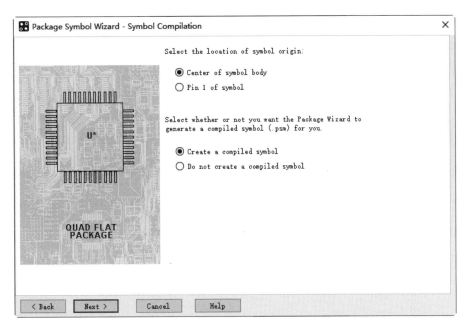

图7-73　"Package Symbol Wizard-Symbol Compilation"对话框

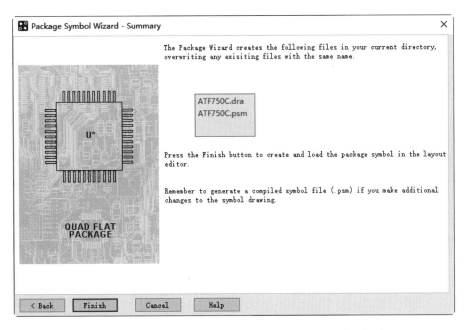

图7-74　"Package Symbol Wizard-Summary"对话框

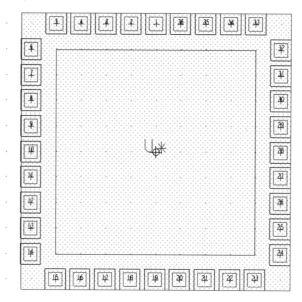

图7-75　封装结果

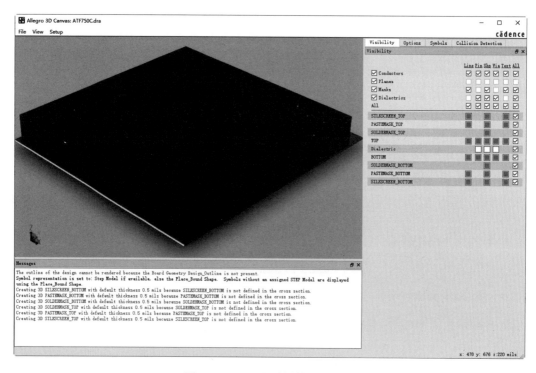

图7-76　显示零件封装三维模型

第 8 章

PCB电路板设计基础

设计印制电路板是整个工程设计的目的。原理图设计得再完美，如果电路板设计得不合理，则性能将大打折扣，严重时甚至不能正常工作。

设计印制电路板软件Cadence Allegro包括了多个模块，Allegro PCB Designer就是一款灵活可扩展的平台，经过了全球广泛用户验证的PCB设计环境，旨在解决技术和方法学难题，使设计周期更短且可预测。

本章主要介绍电路板的概念、PCB界面简介以及PCB界面基本操作等知识，以使读者能对电路板的设计有一个全面的了解。

8.1 印制电路板概述

在设计之前，我们首先介绍一些有关印制电路板的基础知识，以便用户能更好地理解和掌握以后PCB板的设计过程。

8.1.1 印制电路板的概念

印制电路板（Printed Circuit Board），简称PCB，是以绝缘覆铜板为材料，经过印制、腐蚀、钻孔及后处理等工序，在覆铜板上刻蚀出PCB图上的导线，将电路中的各种元器件固定并实现各元器件之间的电气连接，使其具有某种功能。随着电子设备的飞速发展，PCB越来越复杂，上面的元器件越来越多，功能也越来越强大。

印制电路板根据导电层数的不同，可以分为单面板、双面板和多层板3种。

- 单面板：单面板只有一面覆铜，另一面用于放置元器件，因此只能利用敷了铜的一面设计电路导线和元器件的焊接。单面板结构简单，价格便宜，适用于相对简单的电路设计。对于复杂的电路，由于只能单面布线，所以布线比较困难。

- 双面板：双面板是一种双面都敷有铜的电路板，分为顶层Top Layer和底层Bottom Layer。它双面都可以布线焊接，中间为一层绝缘层，元器件通常放置在顶层。由于双面都可以布线，因此双面板可以设计比较复杂的电路。它是目前使用最广泛的印制电路板结构。

- 多层板：如果在双面板的顶层和底层之间加上别的层，如信号层、电源层或者接地层，即构成了多层板。通常的PCB板，包括顶层、底层和中间层，层与层之间是绝缘的，用于隔离布线，两层之间的连接是通过过孔实现的。一般的电路系统设计用双面板和四层板即可满足设计需要，只是在较高级电路设计中，或者有特殊要求时，例如对抗高频干扰要求很高的情况下使用六层或六层以上的多层板。多层板制作工艺复杂，层数越多，设计时间越长，成本也越高。但随着电子技术的发展，电子产品越来越小巧精密，电路板的面积要求越来越小，因此目前多层板的应用也日益广泛。

下面我们介绍几个印制电路板中常用的概念。

（1）元器件封装

元器件的封装是印制电路设计中非常重要的概念。元器件的封装就是实际元器件焊接到印制电路板时的焊接位置与焊接形状，包括实际元器件的外形尺寸、空间位置、各引脚之间的间距等。元器件封装是一个空间的概念，对于不同的元器件可以有相同的封装，同样一种封装可以用于不同的元器件。因此，在制作电路板时必须知道元器件的名称，同时也要知道该元器件的封装形式。

对于元器件封装，我们在第6章中已经做过详细讲述，在此不再讲述。

（2）过孔

过孔是用来连接不同板层之间导线的孔。过孔内侧一般由焊锡连通，用于元器件引脚的插入。过孔可分为3种类型：通孔（Through）、盲孔（Blind）和隐孔（Buried）。从顶层直接通到底层，贯穿整个PCB板的过孔称为通孔；只从顶层或底层通到某一层，并没有穿透所有层的过孔称为盲孔；只在中间层之间相互连接，没有穿透底层或顶层的过孔就称为隐孔。

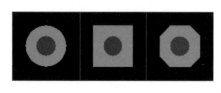

图8-1　焊盘

（3）焊盘

焊盘主要用于将元器件引脚焊接固定在印制板上并将引脚与PCB上的铜膜导线连接起来，以实现电气连接。通常焊盘有圆形（Round）、矩形（Rectangle）和正八边形（Octagonal）三种形状，如图8-1所示。

（4）铜膜导线和飞线

铜膜导线是印制电路板上的实际布线，用于连接各个元器件的焊盘。它不同于印刷电路板布线过程中飞线，所谓飞线，又叫预拉线，是系统在装入网络报表以后，自动生成的不同元器件之间错综交叉的线。

铜膜导线与飞线的本质区别在于铜膜导线具有电气连接特性，而飞线则不具有。飞线只是一种形式上的连线，只是在形式上表示出各个焊盘之间的连接关系，没有实际电气连接意义。

8.1.2　PCB设计流程

笼统地讲，在进行印制电路板的设计时，我们首先要确定设计方案，并进行局部电路的仿真或实验，完善电路性能。之后根据确定的方案绘制电路原理图，并进行ERC检查。最后完成PCB的设计，输出设计文件，送交加工制作。设计者在这个过程中尽量按照设计流程进行设计，这样可以避免一些重复的操作，同时也可以防止出现不必要的错误。

要想制作一块实际的电路板，首先要了解印制电路板的设计流程。印制电路板的设计流程如图8-2所示。

（1）绘制电路原理图

电路原理图是设计印制电路板的基础，此工作主要在电路原理图的编辑环境中完成。如果电路图很简单，也可以不用绘制原理图，直接进入PCB电路设计。

（2）规划电路板

印制电路板是一个实实在在的电路板，其规划包括电路板的规格、功能、工作环境等诸多因素，因此在绘制电路板之前，用户应该对电路板有一个总体的规划。具体是确定电路板的物理尺寸、元器件的封装、采用几层板以及各元器件的布局位置等。

（3）设置参数

主要是设置电路板的结构及尺寸，板层参数，通孔的类型，网格大小等。

（4）定义元器件封装

原理图绘制完成后，正确加入网络报表，前提是需要对元件添加元件的封装。

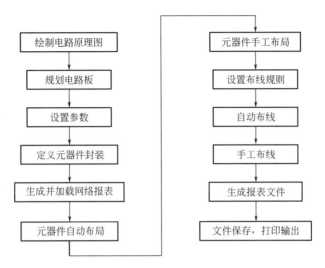

图8-2　印制电路板的设计流程

（5）生成并加载网络报表

网络报表是连接电路原理图和印刷电路板设计之间的桥梁，是电路板自动布线的灵魂。只有将网络报表装入 PCB 系统后，才能进行电路板的自动布线。

在设计好的 PCB 板上生成网络报表和加载网络报表，必须保证产生的网表已没有任何错误，其所有元器件都能够加载到 PCB 板中。加载网络报表后，系统将产生一个内部的网络报表，形成飞线。

（6）元器件自动布局

元器件自动布局是由电路原理图根据网络报表转换成的 PCB 图。对于电路板上元器件较多且比较复杂的情况，可以采用自动布局。由于一般元器件自动布局都不很规则，甚至有的相互重叠，因此必须手动调整元器件的布局。

元器件布局的合理性将影响布线的质量。对于单面板设计，如果元器件布局不合理，将无法完成布线操作；而对于双面板或多层板的设计，如果元器件布局不合理，布线时将会放置很多过孔，使电路板布线变得很复杂。

（7）元器件手工布局

对于那些自动布局不合理的元器件，可以进行手工调整。

（8）设置布线规则

飞线设置好后，在实际布线之前，要进行布线规则的设置，这是 PCB 板设计所必须的一步。在这里用户要设置布线的各种规则，如安全距离、导线宽度等。

（9）自动布线

Cadence 提供了强大的自动布线功能，在设置好布线规则之后，可以利用系统提供的自动布线功能进行自动布线。只要设置的布线规则正确、元器件布局合理，一般都可以成功完成自动布线。

（10）手工布线

在自动布线结束后，有可能因为元器件布局，自动布线无法完全解决问题或产生布线冲突，此时就需要进行手工布线加以调整。如果自动布线完全成功，则可以不必手工布线。另外，对于一些有特殊要求的电路板，不能采用自动布线，必须由用户手工布线来完成设计。

（11）生成报表文件

印制电路板布线完成之后，可以生成相应的各种报表文件，如元器件报表清单、电路板信息报表等。这些报表可以帮助用户更好地了解所设计的印制板和管理所使用的元器件。

（12）文件保存，打印输出

生成各种报表文件后，可以将其打印输出保存，包括PCB文件和其他报表文件均可打印，以便今后工作中使用。

8.1.3 Allegro PCB 工作平台

与原理图编辑器的界面一样，PCB编辑器界面Allegro PCB也是在软件主界面的基础上添加了一系列菜单和工具栏，这些菜单及工具栏主要用于PCB设计中的电路板设置、布局、布线及工程操作等。

启动Allegro PCB非常简单。Allegro PCB安装完毕，系统会将Allegro PCB应用程序的快捷方式图标在开始菜单中自动生成。

执行菜单栏中的"开始"→"程序"→"Cadence PCB 17.4-2019"→"PCB Editor 17.4"命令，将会启动PCB Editor 17.4主程序窗口。

启动软件后，弹出如图8-3所示的"17.4 OrCAD Sigrity ERC Product Choices"对话框，在该对话框中选择需要的开发平台。

Select a Product：产品选择。

- Allegro PCB Designer：功能最全，默认有 Design Planning、Full GRE 功能，可以选择 Team Design、Analog/RF 等功能，一般选择这个。
- Allegro Sigrity SI：可以选择 Team Design、Analog/RF、Design Planning、Full GRE 等功能，用于信号完整性（SI）分析。
- OrCAD PCB Designer Professional：不具备 Team Design、Analog/RF、Design Planning、Full GRE 功能，不备高速约束规则设置功能。

一般情况下选择"Allegro PCB Designer"选项，激活"Available Product Options（有效的产品选项）"选项组，如图8-4所示。

在"Available Product Options（有效的产品选项）"选项组下显示11个复选框，在该选项下，可选择不同复选框，读者可根据设计的PCB要求进行设置。

Use as default：作为默认文件。勾选此复选框，每次启动该软件，不再弹出该对话框，默认选择的产品类型为"Allegro PCB Designer"选项，如图8-4所示。

Reset license cache：重置许可证缓存。勾选此复选框，将清除使用记录，恢复为软件刚安装后的状态。

单击"OK"按钮，进入Allegro PCB Designer设计界面，从图8-5可知，Allegro PCB Designer设计系统主要由标题栏、菜单栏、工具栏、控制面板、状态栏、视窗、控制面板、工作窗口和命令窗口组成。

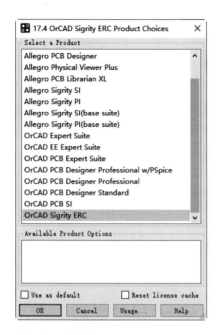

图8-3 "17.4 orCAD Sigrity ERC
Product Choices"对话框

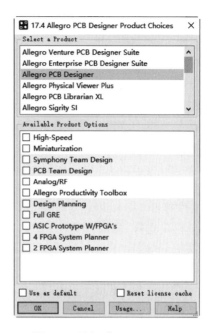

图8-4 选择"Allegro PCB
Designer"选项

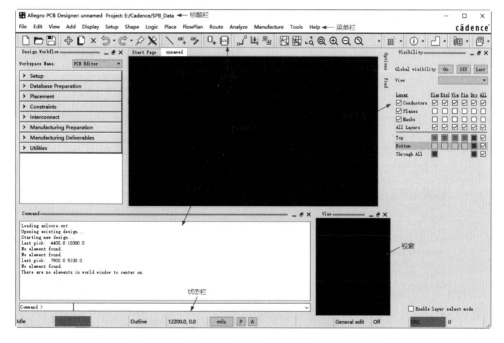

图8-5 "Allegro PCB Designer"编辑器界面

8.2 电路板文件管理

用Allegro软件进行PCB设计最基本的是要建立一块空白电路板，然后定义层面添加板外框等一些动作。

8.2.1 文件基本操作

首先介绍PCB文件的基本操作，包括新建、打开、保存操作。

（1）文件新建

- 菜单栏：选择"File（文件）"→"New（新建）"命令。
- 工具栏：单击"Files（文件）"工具栏中的"New（新建）"按钮。
- 控制面板：选择"Design Workflow（设计工作流程）"面板"Setup（设置）"选项组"Design Parameter（设计参数）"命令。

执行上述命令，弹出如图8-6所示的"New Drawing（新建图纸）"对话框。

（2）文件打开

- 菜单栏：选择"File（文件）"→"Open（打开）"命令。
- 工具栏：单击"Files（文件）"工具栏中的"Open（打开）"按钮。

（3）文件保存

- 菜单栏：选择"File（文件）"→"Save（保存）"命令。
- 工具栏：单击"Files（文件）"工具栏中的"Save（保存）"按钮。

（4）文件选择

- 菜单栏：选择"File（文件）"→"Change Editor...（更改编辑器）"命令。

执行上述命令，弹出"17.4 Allegro PCB Designer Product Choices"对话框，如图8-7所示，重新选择PCB编辑器类型，打开不同的界面。

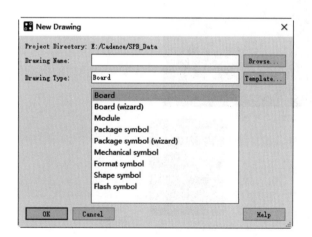

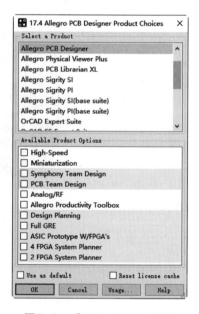

图8-6 "New Drawing（新建图纸）"对话框

图8-7 "17.4 Allegro PCB Designer Product Choices"对话框

8.2.2 导入AD文件

选择菜单栏"File（文件）"→"Import（导入）""Export（导出）"命令。

执行上述命令，在弹出的快捷菜单中显示导入文件的格式，如图8-8所示。

选择菜单栏中的"File（文件）"→"Import（导入）"→"CAD Translators（CAD文件转换器）"→"Altium Designer"命令，弹出如图8-9所示的"Altium PCB Translator（AD文件转换器）"对话框。

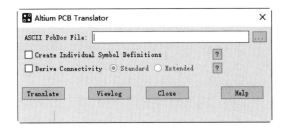

图8-8　文件格式命令　　　　图8-9　"Altium PCB Translator（AD文件转换器）"对话框

单击"ASCII PcbDoc File"文本框右侧"…"按钮，弹出"Open（打开）"对话框，选择文件路径，打开"SimpleDemo.pcbdoc"文件，如图8-10所示。

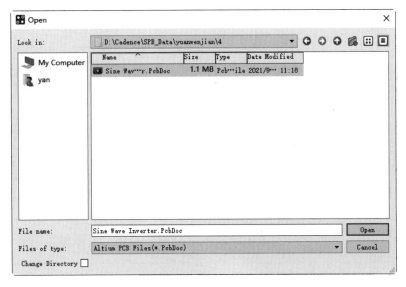

图8-10　"Open（打开）"对话框

提示	若需要转换的文件名称里面不能有中文的名称、中文的路径，或者有其他非法字符，才能保证转换的正确性。

单击"Open（打开）"按钮，返回"Altium PCB Translator（AD文件转换器）"对话框，进行如下设置。

勾选"Create Individual Symbol Definitions"复选框，文件转换PCB时创建单个符号定义，将为每一个位号的元器件使用Symbol+后缀生成一个独立的Symbol，如0805_1、0805_2、0805_3等。如没有在Altium中编辑Footprint，转换时不要勾选此选项，否则会使转换更慢，并且生成更多的多余的焊盘图形。

勾选"Derive Connectivity"复选框，设置位于Etch层的连接线，包含"Standard（标准）""Extended（延长）"单选按钮，默认选择"Standard（标准）"单选按钮，如图8-11所示。

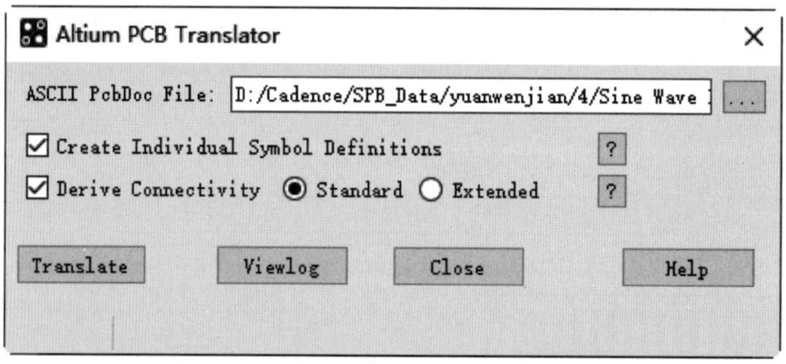

图8-11　参数设置

单击"Translate（转换）"按钮，即可执行转换命令，在命令消息窗口中可以观察文件转换的过程和执行的命令，单击"Viewlog"按钮，在日志文件中显示过程信息，如图8-12所示。

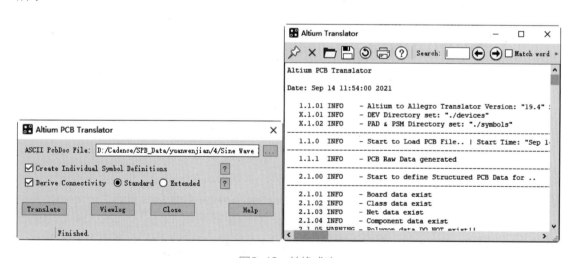

图8-12　转换成功

等到转换完成以后在设置的路径下，可以看到转换后的".brd"格式文件，如图8-13所示。导入的".pcbdoc"文件如图8-14所示。

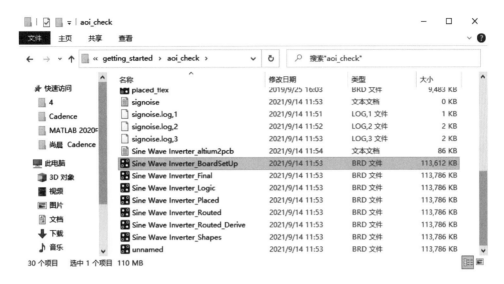

图8-13　转换文件

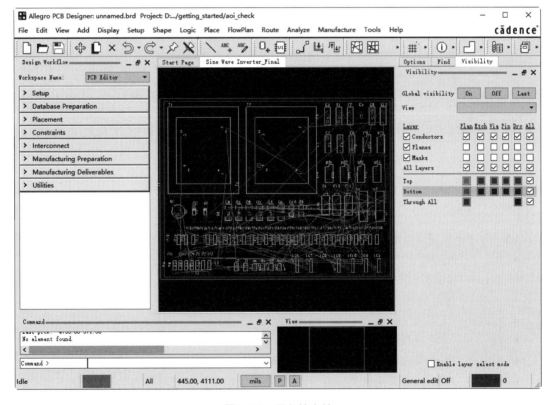

图8-14　导入的文件

8.2.3　文件关闭设置

选择菜单栏中的"Setup（设置）"→"User Preferences（用户属性）"命令，弹出"User Preferences Editor（用户属性编辑器）"对话框，选择"Ui"→"Browse"选项，如图8-15所

示。勾选"nolast_file"复选框，每次打开程序就不开启上次的工程。

如果把工程打开，无法在不关闭程序的情况下关闭工程，只能通过打开新工程的方式关闭当前工程。

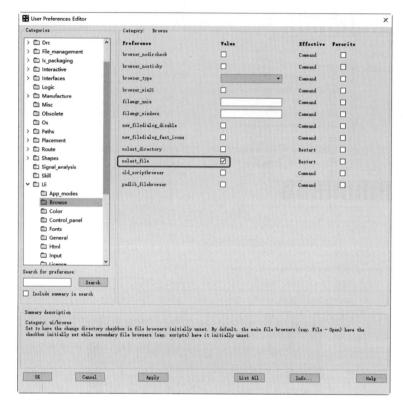

图8-15　参数设置

8.2.4　文件类型

Allegro 电路图设计中常用文档类型如下。

- .brd——普通的电路板文件。
- .dra——库元件文件，绘制符号。
- .psd——焊盘栈文件，可直接调用。
- .psm——普通库文件。
- .osm——由图框及图文件说明组成的库文件
- .bsm——由板外框机螺丝孔组成的库文件。
- .fsm——有特殊图形元件的库文件，仅用于建立焊盘栈及热焊盘。
- .ssm——特殊外形库文件，仅用于建立特殊外形的焊盘栈。
- .mdd——定义模块文件。
- .tap——NC 钻孔文件。
- .scr——脚本和宏文件。
- .art——底片文件。
- .log——临时信息文件。

在如图8-16所示的"New Drawing（新建图纸）"对话框"Drawing Type（图纸类型）"下拉列表中选择图纸类型。

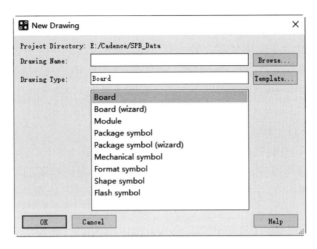

图8-16　"New Drawing（新建图纸）"对话框

下面介绍图纸类型选项。

- 选择Board，创建普通电路板文件，后缀名为".brd"。
- 选择Board（wizard），利用向导创建电路板文件，后缀名为".brd"。
- 选择Module，创建模块文件，后缀名为".mdd"。
- 选择 Package symbol，创建普通元件封装库文件，后缀名为"*.psm"。
- 选择 Package symbol（wizard），利用向导创建元件封装，后缀名为"*.psm"。
- 选择Mechanical symbol，创建机构类型的零件，可作为模板文件以供导入，后缀名为"*.bsm"。
- 选择Format symbol，创建电路板的注释说明文件，后缀名为"*.osm"。
- 选择 Shape symbol，创建特殊外形的焊盘栈文件，后缀名为"*.ssm"。
- 选择Flash symbol，创建焊盘文件。后缀名为"*.fsm"。

单击 Template... 按钮，根据系统自带的模板创建电路板文件，例如，在"X：\Cadence\Cadence_SPB_17.4-2019\share\pcb\pcb_lib\symbols\template"路径下的包含符号模板文件sym_template.dra。

8.3　视图显示

视图显示即控制视图的放大、缩小、移动、显示等操作，可以通过菜单命令、工具栏和快捷键来实现。电路板中的视图显示与电路图中的视图显示有异曲同工之效，但略有不同，读者在绘制过程中需要进行区别。

8.3.1　视图平移PAN

① 利用方向键可平移。
② 在三键鼠标中按"中间键"即可动态平移；若为二键鼠标，则为"右键+Shift"。
③ 按键盘上的上下左右方向键。

④ 始终按住鼠标中键实现上下左右拖动。

⑤ 按 Shift+ 鼠标右键实现上下左右拖动。

8.3.2 视图缩放

下面介绍视图缩放命令使用情况，操作简单、方便。

（1）放大视图

- 菜单栏：选择"View（视图）"→"Zoom In（放大）"命令。
- 工具栏：单击"View（视图）"工具栏中的"Zoom In（放大）"按钮🔍。
- 快捷键：按"F11"键。
- 快捷操作：向下滑动鼠标滚轮。

执行上述操作，都可以完成视图的放大操作。扩大视图到绘图的一个小的区域，但中心不变，显示的内容变少。

（2）缩小视图

- 菜单栏：选择"View（视图）"→"Zoon Out（缩小）"命令。
- 工具栏：单击"View（视图）"工具栏中的"Zoon Out（缩小）"按钮🔍。
- 快捷键：按"F12"键。
- 快捷操作：向上滑动鼠标滚轮。

执行上述操作后，都可以完成视图的缩小操作。增加绘图的显示区域，显示的信息多，但对象少。

（3）显示全部

- 菜单栏：选择"View（视图）"→"Zoom Fit（显示全部）"命令。
- 工具栏：单击"View（视图）"工具栏中的"Zoom Fit（显示整体）"按钮🔍。
- 快捷键：按"F2"键。

执行上述操作后，显示所有绘制对象。

（4）显示区域

- 菜单栏：选择"View（视图）"→"Zoom by Points（区域显示）"命令。
- 工具栏：单击"View（视图）"工具栏中的"Zoom Points（区域显示）"按钮🔍。

执行此操作后，通过鼠标指针选择放大区域。具体做法是按住鼠标左键，在需要放大的画面上进行拖曳，最后释放左键，即完成了所选视图的放大。

（5）显示上一个视图

- 菜单栏：选择"View（视图）"→"Zoom Previous（显示上一个视图）"命令。
- 工具栏：单击"View（视图）"工具栏上的"Zoom Previous（显示上一个视图）"按钮🔍。
- 快捷键：按"Shift+F11"键。

执行此操作后，电路板恢复到前一次缩放或平移操作之前的显示状态。

（6）显示整体

- 菜单栏：选择"View（视图）"→"Zoom World（显示整体）"命令。
- 快捷键：按"Shift+F12"键。

执行此操作后，此命令表示在工作区域内显示绘图的整个内容。

（7）显示中心

- 菜单栏：选择"View（视图）"→"Zoom Center（显示中心）"命令。

执行此操作后，以选择的点为中心重新显示绘图区域，在工作区域显示绘图整个内容。

（8）显示选中对象

- 工具栏：选择"View（视图）"→"Zoom Selection（显示选中对象）"命令。

执行此操作后，在电路板中单击对象则放大显示选中的对象。

（9）刷新

- 菜单栏：选择"View（视图）"→"Redraw（刷新）"命令。
- 工具栏：单击"View（视图）"工具栏上的"Redraw（刷新）"按钮 。
- 快捷键：按"F5"键。

执行此操作后，刷新当前显示区域。

8.4　控制面板

控制面板一般位于右侧，是一个浮动面板，当光标移动到其标签上时，就会显示该面板，也可以通过单击标签在几个浮动面板间进行切换，也可将该面板固定显示在右侧。

当工作面板为浮动状态时，单击右上角的"固定"按钮 ，面板固定在工作窗口右侧，不随鼠标指针的移开而自定隐藏；这时，右上角的图标变为"浮动"按钮 ，单击此按钮，工作面板变为浮动，将光标放置在此处时，面板打开，移开光标，面板自定隐藏，只在工作窗口右侧显示面板标签，如图8-17所示。

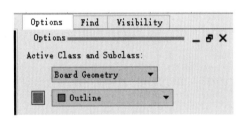

图8-17　控制面板标签

在PCB设计中经常用到的工作面板有Options（选项）面板、Find（查找）面板及Visibility（可见性）面板。

8.4.1　"Options（选项）"面板

"Options（选项）"面板如图8-18所示。在该面板中列出了当前命令执行后的相关参数，通过对参数的设置，完成工作窗口中的相应命令。该功能体现了Allegro操作的方便性。

执行不同的操作，面板中显示不同的参数。

Active Class and Subclass：显示激活的类和子类。

下面介绍常用的类和子类（格式如class-subclass）。

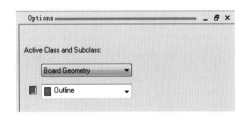

图8-18　"Options（选项）"面板

- Eth-Top：导体蚀刻层，有导电性，Pad/PIN（通孔或表贴孔）、Shape（贴片IC下的散热铜箔）视情况而定。
- Eth-Bottom：有导电性，Pad/PIN（通孔或盲孔）视需要而定。
- Package Geometry-Pin_Number：映射原理图元件的pin号，如果PAD没标号，表示pin是图形符号（Geometry）或是机械孔。
- Ref Des-Silkscreen_Top：丝印层文字面层，用于定义元件的位号。
- Component Value-Silkscreen_Top：定义元件型号或元件值。

图8-19　快捷菜单

- Package Geometry-Silkscreen_Top：元件外形和说明，线条、弧、字、Shape等。
- Package Geometry-Place_Bound_Top：元件占地区域和高度。
- Route Keepout-Top：禁止布线区，视需要而定。

Via Keepout-Top：禁止放过孔区，视需要而定。

不同命令显示状态下，"Options（选项）"面板显示不同，完成命令操作后，按F6键或使用鼠标右键单击弹出如图8-19所示的快捷菜单，选择"Done（完成）"命令，返回无命令状态。

实例8-1：复制命令参数。

图8-20所示为执行"Copy（复制）"命令时面板显示的参数。

实例8-2：绘制线命令参数。

图8-21所示为执行"Add line（添加线）"命令时面板显示的参数。

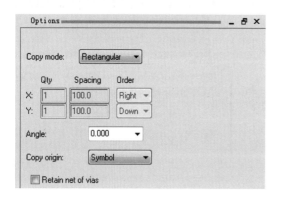

图8-20　"Options（选项）"面板（1）

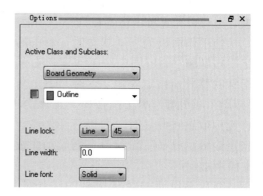

图8-21　"Options（选项）"面板（2）

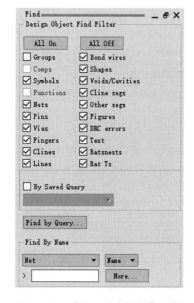

图8-22　"Find（查找）"面板

8.4.2　"Find（查找）"面板

"Find（查找）"面板如图8-22所示。在该面板中可以快速方便地查找对象。该面板包含四个选项组。

（1）Design Object Find Filter（设计对象查找过滤器）

单击"All On（全选）""All Off（全不选）"按钮，分别全部选中或全部清除对下面选项的选择。下面介绍选择对象属性。

- Groups：将单个或多个元件设置为群组。
- Comps：带元件序号的元件。
- Symbols：所有电路板中的元件。
- Functions：群组中的单个元件。
- Nets：导线。
- Pins：引脚。
- Vias：过孔。
- Figures：图形符号。
- Clines：具有电气特性的线段（导线间、过孔间、导线与过孔间）。

- Lines：没有电气特性的线段（元件外框）。
- Bond wires：连接线。
- Shapes：任意多边形（圆、矩形、多边形）。
- Voids/Cavities：挖空部分（多边形内部）。
- Cline segs：有电气特性的无拐角线段。
- Other segs：无电气特性的无拐角线段。
- DRC errors：违反设计规范的位置及相关信息。
- Text：文本。
- Ratsnests：飞线。
- Rat Ts：T 形飞线。

图8-23 通过保存的对象查询

通过勾选不同复选框，可执行不同命令。

（2）By Saved Query（通过保存的对象查询）

勾选该复选框，激活下拉列表，选择"Browse（搜索）"
按钮，如图8-23所示，弹出"Open（打开）"对话框，选择
FNDQ File（*. qfnd）文件，加载查找对象。

（3）Find by Query...（通过查找对话框查找）

单击"Find by Query（查找对话框）"按钮，弹出"Find by Query（查找）"对话框，如
图8-24所示，通过选择Objects、Configure选项卡中的对象，进行对象查找。

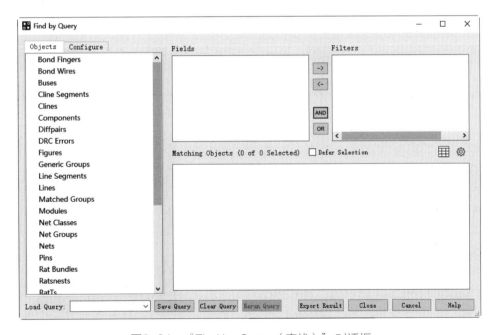

图8-24 "Find by Query（查找）"对话框

（4）Find By Name（按名称查找）。

① 在左侧下拉列表中选择查找类型，如图8-25所示。

② 在右侧下拉列表中选择查找类别，按照元件名称或按照元件列表查找，如图8-26所示。

③ 在文本框中输入查找的关键词。输入"*"，表示任意。

图8-25　查找类型　　　　　　图8-26　查找类别

④ 单击"More（更多）"按钮，弹出如图8-27所示的"Find by Name or Property（通过名称或属性查找）"对话框，在该对话框中可以更详细、精确地进行查找。

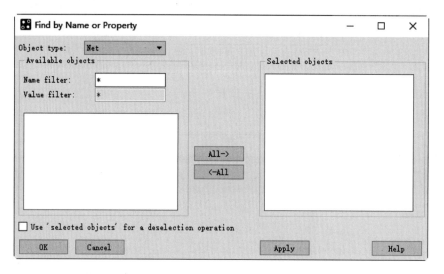

图8-27　"Find by Name or Property（通过名称或属性查找）"对话框

- Object type（对象类型）：打开该下拉列表选择对象类型。
- Name filter：按名称进行过滤。
- Value filter：按元件值进行过滤。
- Available objects：有用的对象。
- Selected objects：选中的对象。
- All→：单击该按钮，将"Available objects（有用的对象）"列表中的对象全部转移到"Selected objects（选中的对象）"列表中。
- ←All：单击该按钮，将"Selected objects（选中的对象）"列表中的对象全部转移到"Available objects（有用的对象）"列表中。

8.4.3　"Visibility（可见性）"面板

"Visibility（可见性）"面板如图8-28所示，在该面板中设置连线层的颜色。

- View：视图。将当前层颜色存储为视图文件，在下拉列表中选择"Last View"选项，即存储该文件，系统自动按照该文件调整面板显示的颜色。该选项可用于快速窗口切换。

- Conductors：控制对象的可见性，勾选各元素前的小方框，表示显示该对象，反之，则不显示。下面介绍显示的对象。
  - Plan：电源/地层。
  - Etch：走线层。
  - Pin：元件引脚。
  - Via：过孔。
  - Drc：错误标志。
  - All：所有的层面及标志，查看所有电器层的内容。

实例8-3　创建自定义电路板。

操作步骤：选择菜单栏中的"File（文件）"→"New（新建）"命令，弹出如图8-29所示的"New Drawing（新建图纸）"对话框。

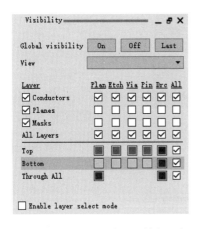

图8-28　Visibility（可见性）面板

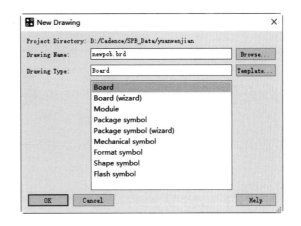

图8-29　"New Drawing（新建图纸）"对话框

在"Drawing Type（图纸类型）"下拉列表中选择图纸类型"Board"，在"Drawing Name（图纸名称）"文本框中输入图纸名称"newpcb.brd"，单击 Browse 按钮，弹出如图8-30所示的"New（新建）"对话框，设置文件路径及文件名称。

单击 OK 按钮，结束对话框，进入设置电路板的工作环境，如图8-31所示。

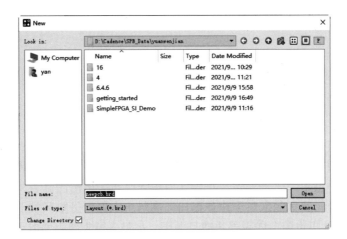

图8-30　"New（新建）"对话框

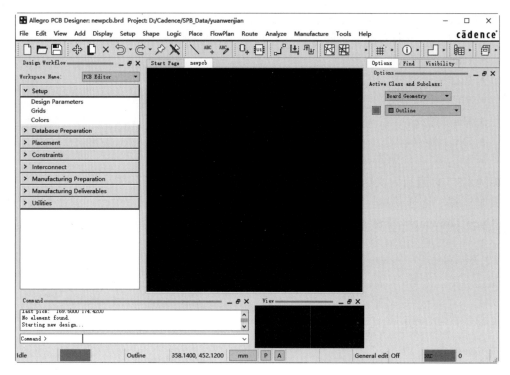

图8-31　创建电路板文件

8.5　在PCB文件中导入原理图网络表信息

　　网络表是原理图与PCB图之间的联系纽带，原理图的信息可以通过导入网络表的形式完成与PCB之间的同步。进行网络表的导入之前，必须确保在原理图中网络表文件的导出。网络报表是电路原理图的精髓，是原理图和PCB板连接的桥梁，没有网络报表，就没有电路板的自动布线。

　　下面介绍在Allegro中网络表的导入操作。

　　① 启动PCB Editor。

　　② 新建电路板文件。

　　③ 选择菜单栏中的"File（文件）"→"Import（导入）"→"Logic/Netlist（原理图）"命令，如图8-32所示，弹出如图8-33所示的"Import Logic/Netlist（导入原理图）"对话框。

　　由于在Capture中原理图网络表的输出有两种，因此在Allegro中根据使用不同方法输出的网络表，有两种导入方法。

　　打开"Cadence"选项卡，导入在Capture里输出网络表（netlist）时选择"PCB Editor"方式的网络表。

　　为了方便对电路板的布局，需要在原理图中的元件添加必要属性，包含属性的原理图输出网络表时选择"PCB Editor"方式，输出的网络表中元件的相关属性，使用"Cadence"方式导入该网络表。

　　在"Import logic type（导入的原理图类型）"选项组下有两个绘图工具——Design entry HDL/System Capture、Design entry CIS（Capture），根据原理图选择对应的工具选项，表示

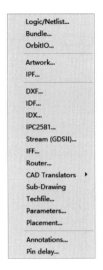

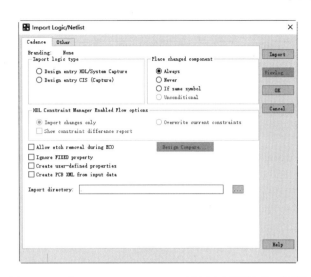

图8-32　"Files（文件）"菜单命令　　　　图8-33　"Import Logic/Netlist（导入原理图）"对话框

导入不同工具生成的原理图网络表；在"Place changed component（放置修改的元件）"选项组下默认选择"Always（总是）"，表示无论元件在电路图中是否被修改，该元件放置在原处；"HDL Constraint Manager Enabled Flow options（HDL约束管理器更新选项）"选项只有在 Design entry HDL/System Capture 生成的原理图进行更新时才可用，该选项组包括"Import changes only（仅更新约束管理器修改过的部分）"和"Overwrite current constraints（覆盖当前电路板中的约束）"。

　　该选项卡中还包含4个复选框，可根据所需选择。

- Allow etch removal during ECO：勾选此复选框，进行第二次以后的网络表输入时，Allegro 会删除多余的布线。
- Ignore FIXED property：勾选此复选框，在输入网络表的过程中对有固定属性的元素进行检查时，忽略此项产生的错误提示。
- Create user-defined properties：勾选此复选框，在输入网络表的过程中根据用户自定义属性在电路板内建立此属性的定义。
- Create PCB XML from input data：勾选此复选框，在输入网络表的过程中，产生 XML 格式的文件。单击"Design Compare（比较设计）"按钮，用 PCB Design Compare 工具比较差异。

　　在"Import directory（导入路径）"文本框中，单击右侧按钮，在弹出的对话框中选择网表路径目录（一般是原理图工程文件夹下的allegro下），单击"Import"按钮，导入网络表，出现进度对话框，如图8-34所示。

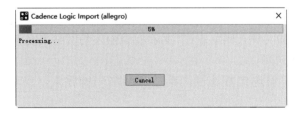

图8-34　导入网络表的进度对话框

④ 单击"Viewlog"按钮，打开"netrev.lst"窗口，查看错误信息。也可选择菜单栏中的"Files（文件）"→"Viewlog（查看日志）"命令，同样可以打开如图8-35所示的窗口，查看网络表的日志文件。

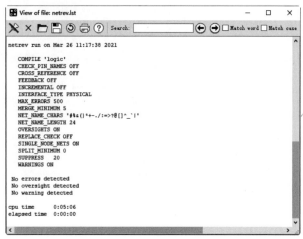

正确信息

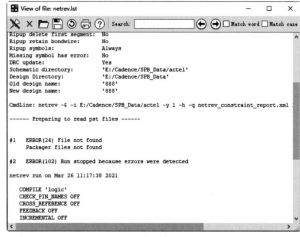

显示警告信息

图8-35　网络表的日志文件

⑤ 打开"Other"选项卡，弹出如图8-36所示的对话框，设置参数选项，导入在Capture里输出网络表（netlist）时选择"Other"方式的网络表。

对于在没有添加元件属性的原理图，使用"Other"方式输出的网络表下也没有元件属性，这就需要用到Device文件，Device是一个文本文件，内容是描述零件以及引脚的一些网络属性。

⑥ 在"Import netlist（导入网络表）"文本框中输入的网络表文件名称。

根据所述设置以下选项。

Syntax check only：勾选此复选框，不进行网络表的输入，仅对网络表文件进行语法检查。

Supersede all logical data：勾选此复选框，比较要输入的网络表与电路板内的差异，再

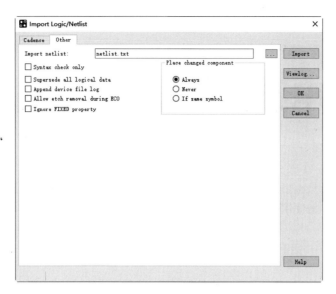

图8-36　"Other"选项卡

将这些差异更新到电路板内。

Append device file log：勾选此复选框，保留 Device 文件的 log 记录文件，同时添加新的 log 记录文件。

Allow etch removal during ECO：勾选此复选框，进行第二次以后的网络表输入时，Allegro 会删除多余的布线。

Ignore FIXED property：勾选此复选框，在输入网络表的过程中对有固定属性的元素进行检查时，忽略此项产生的错误提示。

单击 Import 按钮，导入网络表，具体步骤同上，这里不再赘述。

完成网络表导入后，选择菜单栏中的"place（放置）"→"manually（手动放置）"命令，在弹出的对话框中查看有无元件。

第 **9** 章

创建电路板文件

　　用Allegro软件进行PCB设计最基本的是要建立一块空白电路板，然后定义层面添加板外框等一些动作。电路板可以在Cadence中利用原理图创建，也可以利用Allegro本身提供两种建板的模式（一种是使用向导，另一种是手动）创建。

9.1 原理图创建广告彩灯电路实例

　　OrCAD Capture 17.4在原理图设计中增加了创建和添加PCB Layout文件及同步的功能，该功能可以让PCB Layout和原理图之间的连接更加紧密，便于发现设计过程中存在的错误，并督导工程师及时纠正这些设计错误和存在的问题，为电路的原理图设计打好坚实基础。

　　OrCAD Capture 17.4开始可以支持在原理图中创建和添加PCB Layout文件，并进行双向的同步和布局调整。

9.1.1 原理图文件设置

　　选择"开始"→"程序"→"Cadence PCB 17.4-2019"→"Capture CIS 17.4"→"OrCAD Capture CIS"命令，启动OrCAD Capture CIS。

　　选择菜单栏中的"File（文件）"→"Open（打开）"命令或单击"Capture"工具栏中的"Open Document（打开文件）"按钮，选择将要打开的"guanggaocaideng.dsn"文件，将其打开，原理图如图9-1所示。

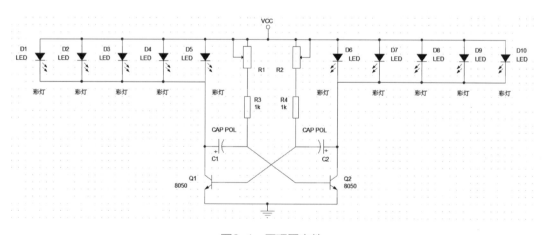

图9-1 原理图文件

9.1.2 添加Footprint属性

　　原理图绘制完成后，系统不会自动地为元件提供封装，需要用户手动为元件添加封装

202

属性。

选中电路的所有模块,使用鼠标右键单击并在弹出的快捷菜单中选择"Edit properties (编辑属性)"命令,在窗口下方选择打开"Parts(元件)"选项卡,选择属性"PCB Footprint",在该列表框中输入元件对应的封装名称,如图9-2所示。

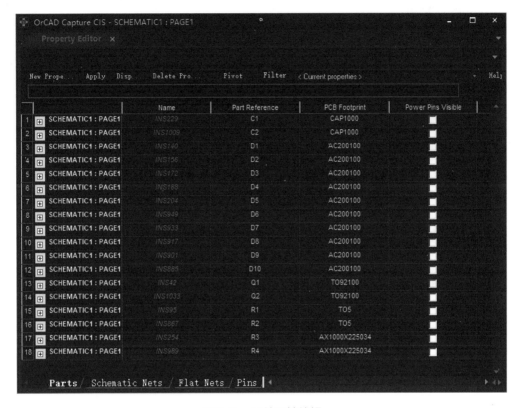

图9-2　元件属性编辑

原理图中添加封装信息后,在工作区下方"Online DRCs"中不再显示DRC,如图9-3所示,若仍显示错误信息报告,则需要按照错误列表修改至原理图正确。

9.1.3　新建PCB Layout文件

PCB Layout文件是与当前的原理图配套的电路板文件,默认是.brd格式。在项目管理中 "Layout"项目管理文件夹下添加、删除、打开原理图关联的PCB Layout文件。

选择菜单栏中的"PCB"→"New Layout(新建布局)"命令,弹出"New Layout(新建PCB Layout)"对话框,如图9-4所示,进行参数的设置。

- PCB Layout Folder:设置存放allegro网络表的路径。
- Input Board File:设置输入的PCB Layout文件,这个路径的设置适用于已经存在PCB 文件后的更新操作。若之前没有PCB文件,则不需要设置。
- Board:设置新建的PCB文件名称和路径,文件名称就是将要创建新的PCB文件名称。路径的设置需要注意,路径不能有非法字符。

设置完成后,单击"OK"按钮,自动在原理图文件目录下创建"allegro\ guanggaocaideng.brd"文件。当前的原理图工程项目中新建PCB,如图9-5所示。

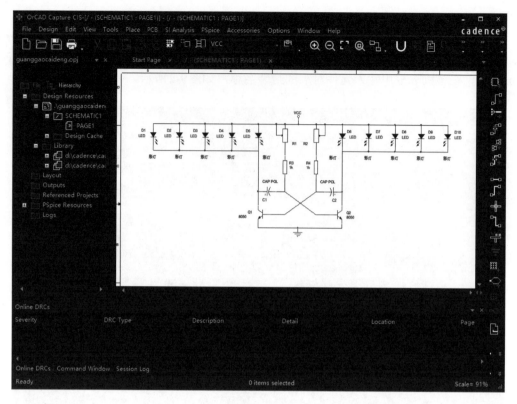

图9-3　原理图属性添加

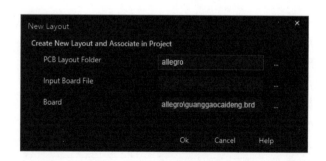

图9-4　"New Layout（新建PCB Layout）"对话框

图9-5　新建Layout文件

　　同时启动PCB Editor 17.4软件，弹出如图9-6所示的"17.4 Allegro PCB Designer Product Choices"对话框，在该对话框中选择需要的开发平台"Allegro PCB Designer"后，自动打开通过原理图创建的电路板文件"guanggaocaideng.brd"，如图9-7所示。

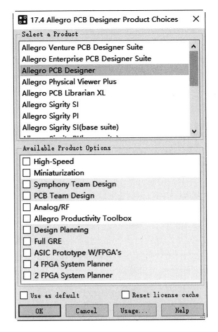

图9-6　"17.4 Allegro PCB Designer Product Choices"对话框

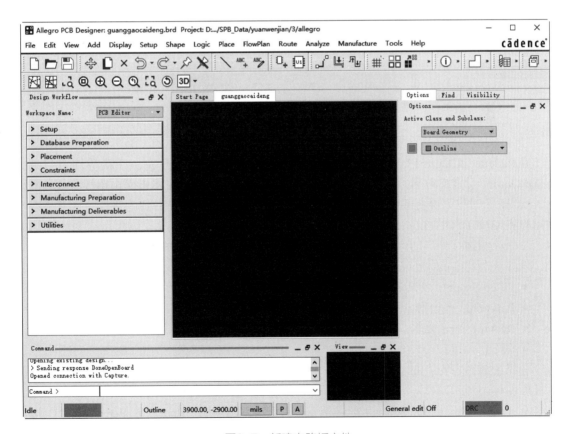

图9-7　新建电路板文件

205

9.2 利用向导创建电源开关电路实例

9.2.1 绘制电路板框模板

每次设计 PCB 时，都需要绘制一次电路板外框并确定螺钉孔的位置，显得较麻烦。有时我们设计的 PCB 的外框及螺钉孔位置是相同的，例如显卡，计算机主板和同一插框的不同单板。这时我们可以将 PCB 的外框及螺钉孔建成一个 Mechanical Symbol，在设计 PCB 时，将此 Mechanical Symbol 调出即可，这样就节约了时间。

（1）创建板框文件

Mechanical Symbol 主要是结构方面的封装类型，它由板外框及螺钉孔等结构定位器件所组成的结构符号。

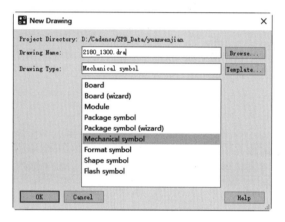

图9-8 "New Drawing（新建图纸）"对话框

① 启动 PCB Editor 17.4，选择"Allegro PCB Designer"选项，进入系统主界面。

② 选择菜单栏中的"File（文件）"→"New（新建）"命令，弹出"New Drawing（新建图纸）"对话框，如图9-8所示。

- 在"Drawing Name（图纸名称）"文本框中输入"2180_1300"，该文件包含图形文件.dra和符号文件.bsm。
- 在"Drawing Type（图纸类型）"下拉列表中选择"Mechanical symbol（封装符号）"选项。

单击 OK 按钮，进入 Allegro 电路板板框的设计界面，如图9-9所示。

（2）绘制板框

在 Cadence Allegro 17.2 之前的版本，电路板的外观、内部开窗、开孔等均可以通过 Board Outline 层定义得到。17.2 之后的版本，若使用 Board Outline 层定义电路板外观，在输出 Artwork 的时候，会提示错误对话框；输出 3D 图形的时候，看不到电路板。因此，需要使用 DESIGNED_OUTLINE 和 CUTOUT 层来定义电路板外观。

下面介绍通过外形创建板框的方法。

选择菜单栏中的"shape（外形）"命令，显示四种外形轮廓。

- Filled Shape：填充多边形。
- Polygon：多边形。
- Rectangular：矩形。
- Circular：圆形。

选择菜单栏中的"Shape（外形）"→"Rectangular（矩形）"命令，设置"Options（选项）"面板如图9-10所示。

- Active Class and Subclass：此区域下拉列表中的选项为"Board Geometry"和"Design_Outline"。
- 在"Shape Creation（创建矩形）"选项组下包括两种绘制方法："Draw Rectangle（绘

制矩形）"和"Place Rectangle（放置矩形）"。

选择"Place Rectangle（放置矩形）"单选按钮，在命令窗口中输入：

x 0 0 Enter

x 2180 1300 Enter

使用鼠标右键单击，在弹出的快捷菜单中选择"Done（完成）"命令，结束操作，形成一个2180mil×1300mil大小的长方形框，如图9-11所示。

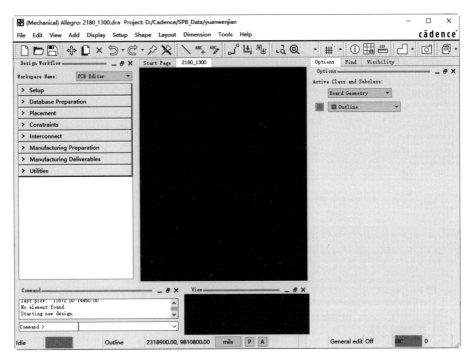

图9-9 绘图界面

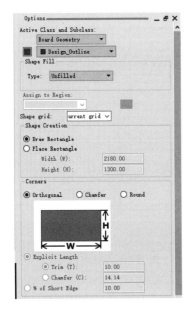

图9-10 设置"Options"面板

图9-11 添加板框

然后使用鼠标右键单击，在弹出的快捷菜单中选择"Done（完成）"命令，退出绘制矩形操作。

9.2.2 使用模板创建电路板文件

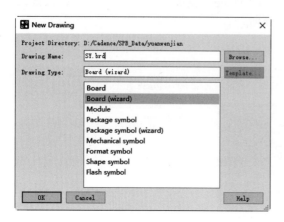

图9-12 "New Drawing（新建图纸）"对话框

① 选择"开始"→"程序"→"Cadence PCB 17.4-2019"→"PCB Editor 17.4"命令，启动 Allegro PCB Designer。

② 选择菜单栏中的"File（文件）"→"New（新建）"命令或单击"Files（文件）"工具栏中的"New（新建）"按钮，弹出如图9-12所示的"New Drawing（新建图纸）"对话框。

- 在"Drawing Name（图纸名称）"文本框中输入图纸名称"SY.brd"。
- 在"Drawing Type（图纸类型）"下拉列表中选择图纸类型"Board（wizard）"。

③ 单击 OK 按钮后关闭对话框，弹出"Board Wizard（板向导）"对话框，如图9-13所示，进入"Board（Wizard）"的工作环境。

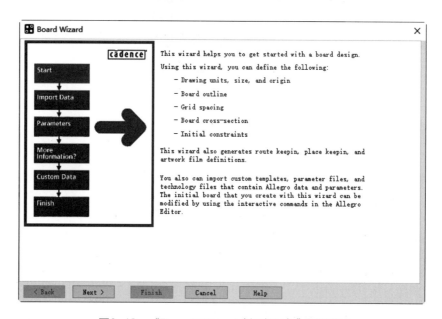

图9-13 "Board Wizard（板向导）"对话框

在该对话框中显示利用向导创建的电路板需要设置的参数。

- Drawing units，size，and origin：定义图纸单位、尺寸和原点。
- Board outline：电路板电气边界。
- Grid spacing：网格间距。
- Board cross-section/Initial constraints：层叠设置/内层约束。

④ 单击 Next > 按钮，进入图9-14所示的对话框，选择"No（否）"选项，表示不输入模板。

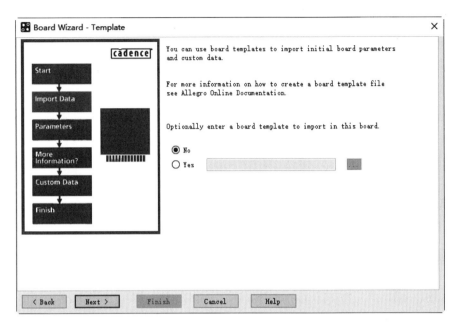

图9-14　"Board Wizard- Template（板向导模板）"对话框

⑤ 单击 Next > 按钮，进入如图9-15所示的对话框。对两个选项均选择"No（否）"选项，表示不选择tech file与Parameter file。

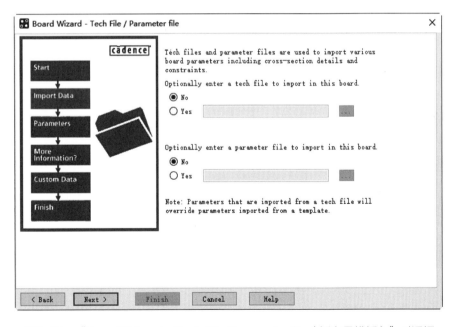

图9-15　"Board Wizard –Tech File/Parameter file（板向导模板）"对话框

⑥ 单击 Next > 按钮，进入如图9-16所示的对话框。选择"Yes（是）"选项，表示导入电路板外形。

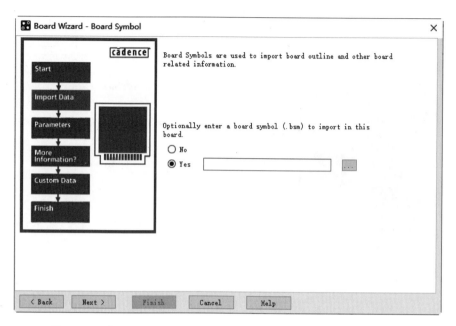

图9-16 "Board Wizard-Board Symbol(板向导模板)"对话框

单击▥按钮,弹出"Board Wizard Mechanical Symbol Browser(搜索板外形)"对话框,选择前面绘制的电路板外框"2180_1300"文件(图9-17),单击"OK"按钮,加载该模板,如图9-18所示。

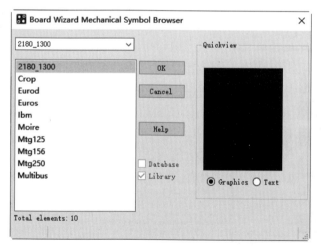

图9-17 "Board Wizard Mechanical Symbol Browser(搜索板外形)"对话框

⑦ 单击 Next> 按钮,进入如图9-19所示的对话框,选择"Import default parameter data now(导入默认数据)"选项。

⑧ 单击 Next> 按钮,进入如图9-20所示的对话框。设置图纸选项。

● 选择"Units(单位)"为"Mils"。

● 默认Size(工作区的范围大小)。

● "Specify the location of the origin for this drawing(设定工作区的原点的位置)"选项下

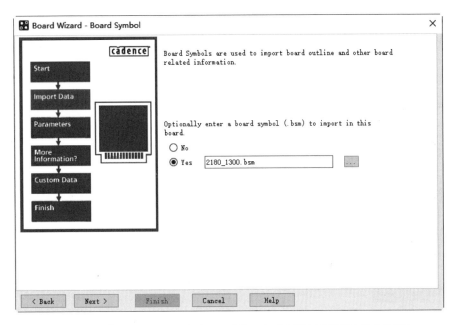

图9-18　"Board Wizard -Board Symbol（板向导模板）"对话框

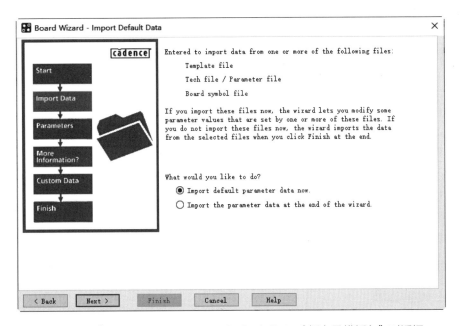

图9-19　"Board Wizard-Import Default Data（板向导模板）"对话框

选择"As is defined by the loaded data（根据加载的数据定义原点）"单选按钮。

⑨ 单击 Next> 按钮，进入如图9-21所示的对话框，继续设置图纸参数，选择默认设置。

⑩ 单击 Next> 按钮，进入图9-22所示的对话框，定义层面的名称和其他条件。

⑪ 单击 Next> 按钮，进入如图9-23所示的对话框。在这个对话框中设定了板中的一些默认限制。

• Minimum Line width：最小线宽，设置为5mil。

- Minimum Line to Line spacing：最小线与线间距，设置为10mil。
- Minimum Line to Pad spacing：线与焊盘最小间距，设置为5mil。
- Minimum Pad to Pad spacing：焊盘与焊盘最小间距，设置为5mil。
- Default via padstack：默认贯孔，选择via。

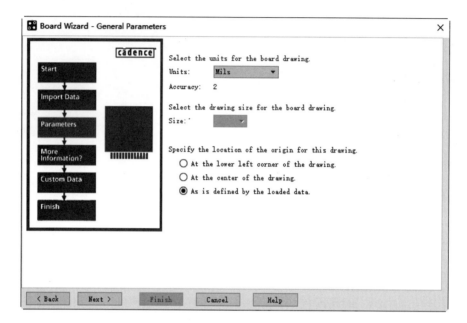

图9-20　"Board Wizard – General Parameters（板向导模板）"对话框

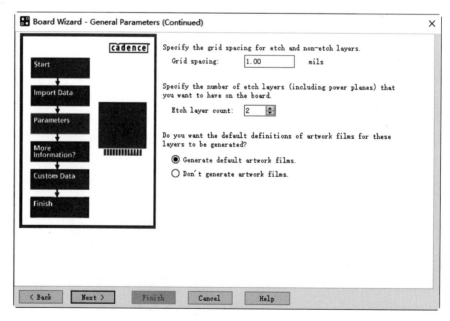

图9-21　"Board Wizard – General Parameters（Continued）（板向导模板）"对话框

⑫ 单击 Next > 按钮，进入如图9-24所示的对话框。在该对话框中定义电气边界与板框的间距。

- Route keepin distance：板框与允许布线区域间距，设置为50mil。
- Package keepin distance：板框与元件允许放置区域间距，设置为80mil。

⑬ 单击 Next > 按钮，进入如图9-25所示的对话框，单击 Finish 按钮，完成向导模式"（Board Wizard）"板框创建，如图9-26所示。

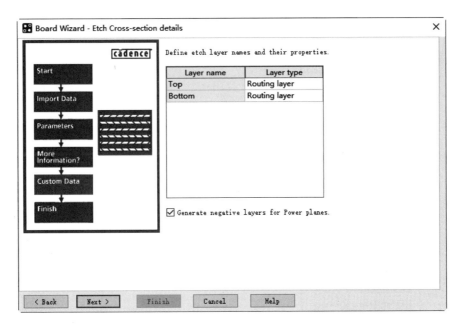

图9-22 "Board Wizard - Etch Cross-section details（板向导模板）"对话框

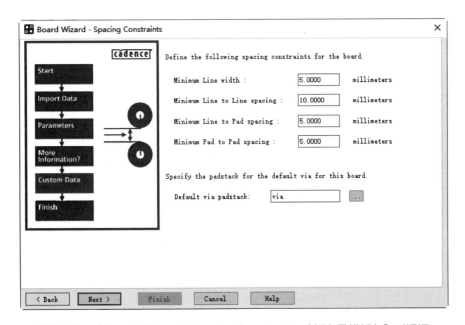

图9-23 "Board Wizard-Spacing Constraints（板向导模板）"对话框

213

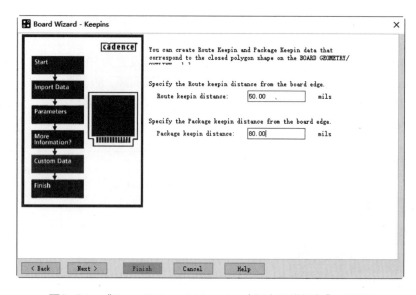

图9-24 "Board Wizard-Keepins（板向导模板）"对话框

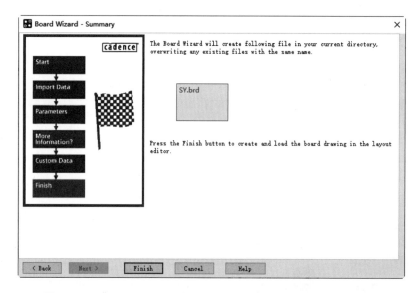

图9-25 "Board Wizard - Summary（板向导模板）"对话框

图9-26 完成的板框

9.3 手动创建蓝牙电路板

选择"开始"→"程序"→"Cadence PCB 17.4-2019"→"PCB Editor 17.4"命令，启动 Allegro PCB Designer。

选择菜单栏中的"File（文件）"→"New（新建）"命令或单击"Files（文件）"工具栏中的"New（新建）"按钮，弹出如图 9-27 所示的"New Drawing（新建图纸）"对话框。

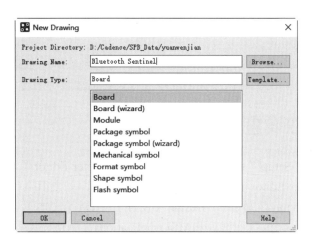

图9-27 "New Drawing（新建图纸）"对话框

- 在"Drawing Name（图纸名称）"文本框中输入图纸名称"Bluetooth Sentinel"。
- 在"Drawing Type（图纸类型）"下拉列表中选择图纸类型"Board"。

单击 OK 按钮，结束对话框，进入设置电路板的工作环境，如图 9-28 所示。

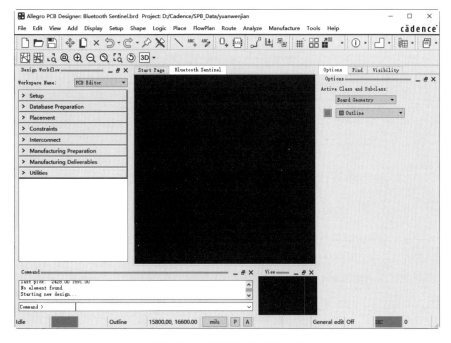

图9-28 创建空白电路板文件

PCB环境参数设置

由于需要参照用户所设计的PCB图来进行电路板的生产，在进行PCB设计前，首先要对工作环境进行详细的设置。主要包括板形的设置、PCB图纸的设置、电路板层的设置、层的显示、颜色的设置以及PCB系统参数的设置等。考虑到实际中的散热和干扰等问题，因此相对于原理图的设计来说，对PCB图的环境参数设置需要设计者更细心和耐心。

10.1　设计参数设置

选择菜单栏中的"Setup（设置）"→"Design Parameter Editor（设计参数编辑）"命令，弹出"Design Parameter Editor（设计参数编辑）"对话框，如图10-1所示。该对话框中主要设置7个选项卡："Display（显示）、Design（设计）、Text（文本）、Shapes（外形）、Flow Planning（流程规划）、Route（布线）和Mfg Applications（制造应用程序）"。

（1）"Display（显示）"选项卡

打开的"Display（显示）"选项卡如图10-1所示，设置"Command parameters（命令参数）"，包括五个选项组。

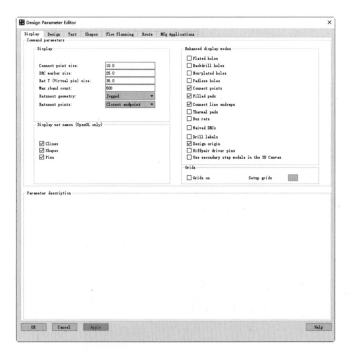

图10-1　"Display（显示）"选项卡

Display（显示）选项组：

- Connect point size：连接点大小，系统默认值为10。
- DRC marker size：DRC 显示尺寸，系统默认值为25。
- Rat T（Virtual pin）size：T 形飞线尺寸，系统默认值为35。
- Max rband count：当放置、移动元件时允许显示的网格飞线数目。当移动零件时，零件的引脚数大于这个值时，就不显示连到这零件引脚上的网络，经过引脚的网络还是显示的，如图10-2所示。

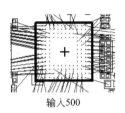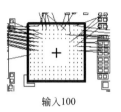

输入500　　　　　　　　　　　输入100

图10-2　设置飞线数目

- Ratsnest geometry：飞线的走线模式，在下拉列表中显示两个选项，即"Jogged（飞线呈水平或垂直时自动显示有拐角的线段）"和"Straight（走线为最短的直线线段）"，如图10-3所示。

Straight模式　　　　　Jogged模式

图10-3　飞线走线模式

- Ratsnest points：飞线的点距。在其下拉列表中显示两个选项，即"Closest endPoint（显示 Etch/Pin/Via 最近两点间的距离）"和"Pin to pin（引脚之间最近的距离）"，如图10-4所示。

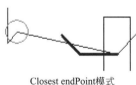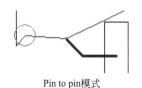

Closest endPoint模式　　　　　　Pin to pin模式

图10-4　设置飞线点距

Display net names（OpenGL only）：显示网络名称。包含三个选项：Clines、Shapes、Pins。

Enhanced display modes：高级显示模式。

- Plated holes：显示上锡的过孔。
- Non-plated holes：显示没有上锡的孔。
- Padless holes：显示没有上锡的过孔。
- Filled pads：填满模式，如图 10-5 所示。
- Connect line endcaps：使导线拐弯处平滑。
- Thermal pads：热焊盘。
- Bus rats：总线型飞线。
- Waived DRCs：DRC 忽略检查。
- Diffpair driver pins：不同对传感器引脚，如图 10-6 所示。

勾选复选框　　　　　不勾选

图10-5　填满模式

勾选复选框　　　　　不勾选

图10-6　传感器引脚模式

注意

Allegro PCB 文件中，若焊盘是圆圈显示，走线拐角有断接痕迹。需要进行参数设置，下面介绍具体设置步骤。

① 选择菜单栏中的"Setup（设置）"→"Design Parameter Editor（设计参数编辑）"命令，在"Display（显示）"选项卡"Enhanced display modes（高级显示模式）"选项组下勾选"Plated holes""Filled pads""Connect line endcaps（使导线拐弯处平滑）"复选框。

② 按住鼠标中键（如果没有鼠标中键，可以按Shift+鼠标右键组合；或者按住上下左右方向键）进行缩放刷新，在走线拐弯连接处已经平滑过渡了。

③ 勾选"Filled pads（填满模式）"复选框，按住上面的方法刷新，焊盘显示实体的了，不再显示圆圈。

④ 勾选"Plated holes（显示上锡的过孔）"复选框，刷新图纸，显示 VIA 的通孔。

Grids：网格。

- Grids on：启动网格。
- Setup grids：网格设置。单击此按钮，弹出"Define Grid（定义网格）"对话框，对网格进行设置，在后面章节进行详细介绍，这里不再赘述。

Parameter description：参数描述。

（2）"Design（设计）"选项卡

打开的"Design（设计）"选项卡如图10-7所示，设置页面属性，包括六个选项组。

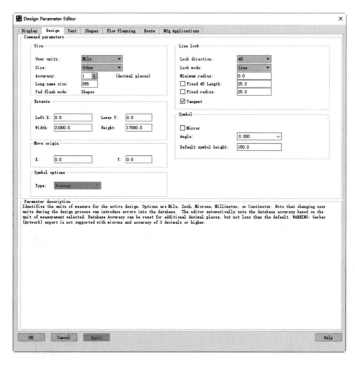

图10-7　"Design（设计）"选项卡

Size：图纸尺寸设置。

- User units：设定单位。下拉列表中有 5 种可选单位，如图 10-8 所示。Mils 表示米制；Inch 表示英寸；Microns 表示微米；Millimeter 表示毫米；Centimeter 表示厘米。
- Size：设定工作区的大小标准。若在 "User units（设定单位）" 下拉列表中选择 "Mils（米制）" 或 "Inch（英寸）" 选项，则该选项提供了 A、B、C、D、Other 这 5 种不同的尺寸，如图 10-9 所示；若在 "User units（使用单位）" 下拉列表中选择其余三种选项，则该选项提供了 A1、A2、A3、A4、Other 这 5 种不同的尺寸，如图 10-10 所示。
- Accuracy：精确性。在微调框中输入小数点后的位数。
- Long name size：名称字节长度。系统默认值为 255。

图10-8　选择单位　　　　图10-9　图纸尺寸（1）　　　　图10-10　图纸尺寸（2）

Extents：图纸范围设置。
- Left X：在该文本框中输入图纸左下角起始横向坐标值。
- Lower Y：在该文本框中输入图纸左下角起始纵向坐标值。
- Width：在该文本框中输入图纸宽度。
- Height：在该文本框中输入图纸高度。

Move origin：图纸原点坐标。X、Y 分别为移动的相对坐标，输入好后系统会自动更改 Left X、Lower Y 的值，以达到移动原点的目的。

Type：图纸类型设置。不能修改，显示当前文件的类型。

Line lock：走线设置。
- Loce direction：锁定方向。包含三个选项：Off（以任意角度进行拐角）、45（以 45° 角进行拐角）、90（以 90° 角进行拐角）。
- Lock mode：锁定模式。
- Minimum radius：最小半径。
- Fixed 45 Length：45° 斜线长度。
- Fixed radius：圆弧走线固定半径值。
- Tangent：切线方式走弧线。

Symbol：图纸符号设置。
- Angle：角度。范围为 1°～ 315°，设置元件默认方向。
- Mirror：镜像。放置元件时旋转至背面。
- Default symbol height：设置为图纸符号默认高度。

（3）"Text（文本）" 选项卡

在 "Text（文本）" 选项卡下可设置文本属性，如图 10-11 所示。
- Justification：加 text 时光标字体的对齐方式。文本有三种对齐方式："Center（中间对齐）""Right（右对齐）""Left（左对齐）"。
- Parameter block：光标大小的设定。
- Text marker size：文本书签尺寸。
- Setup text sizes：字体设置。单击此按钮，弹出如图 10-12 所示的 "Text Setup（文本设置）" 对话框。通过该对话框可方便直观地设置需要的文字大小，或者对已有的文字大小进行修改。

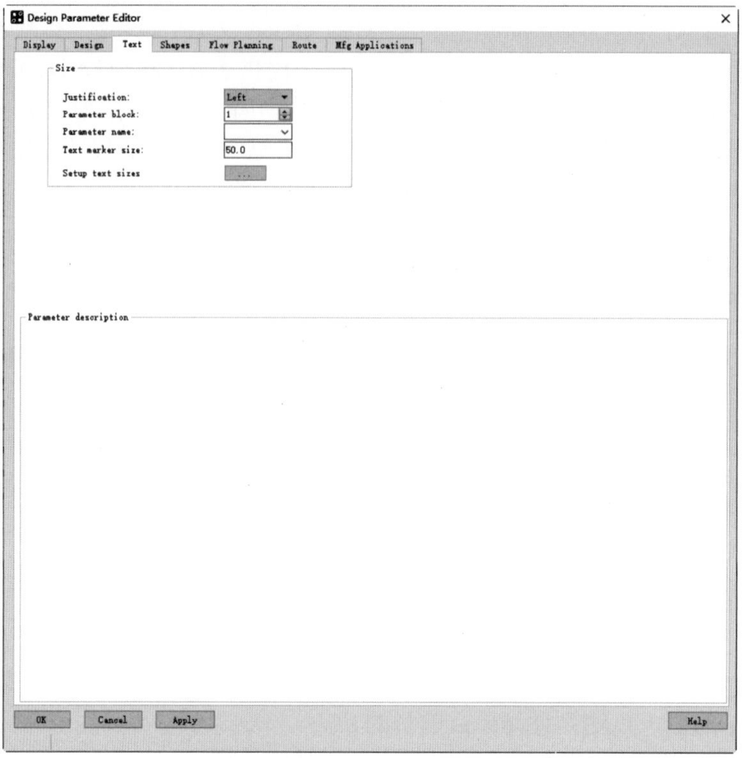

图10-11　"Text（文本）"选项卡

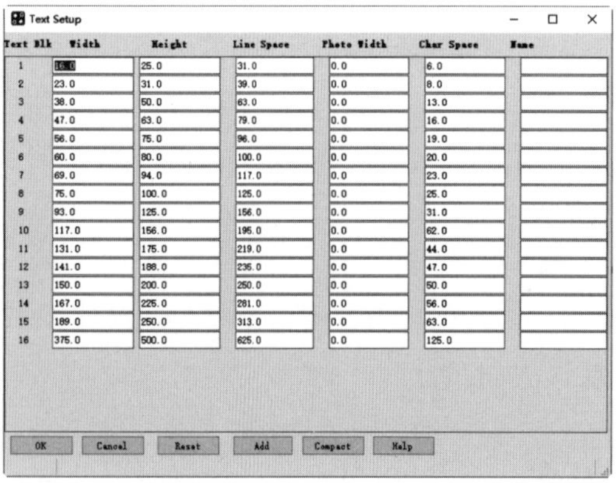

图10-12　"Text Setup（文本设置）"对话框

该对话框中可以设置的标题有"Text Blk（字体类型）""Width（宽度）""Height（高度）""Line Space（行间距）""Photo Width（底片上的字宽）"和"Char Space（字间距）"。

- OK：完成设置后，单击此按钮，确认设置，退出对话框。
- Cancel：单击此按钮，取消设置操作，退出对话框。
- Reset：单击此按钮，重置参数。
- Add：单击此按钮，添加新的文字类型。
- Compact：单击此按钮，合并所有类型，默认有16种中文字样式。
- Help：帮助。

（4）"Shapes（外形）"选项卡

打开的"Shapes（外形）"选项卡如图10-13所示，设置页面属性，包括3个选项组。

Edit global dynamic shape parameters：单击此按钮，弹出如图10-14所示的"Global Dynamic Shape Parameters（全局动态形体参数）"对话框，编辑全局动态形体参数。

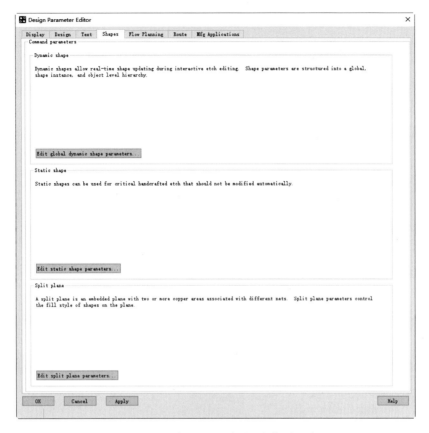

图10-13　"Shapes（外形）"选项卡

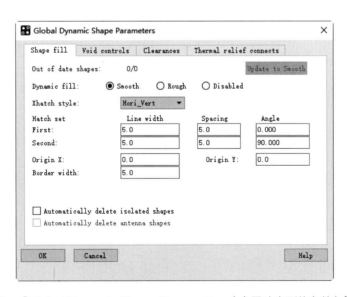

图10-14　"Global Dynamic Shape Parameters（全局动态形体参数）"对话框

Edit static shape parameters：单 击 此 按 钮，弹 出 如 图10-15所 示 的 "Static Shape Parameters（静态形体参数）"对话框，编辑变形参数。

Edit split plane parameters：单击此按钮，弹出如图10-16所示的"Split Plane Params（分割平面层参数）"对话框，编辑分割平面参数。

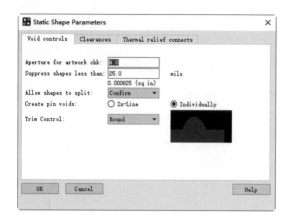

图10-15　　"Static Shape Parameters（静态形体参数）"对话框

图10-16　　"Split Plane Params（分割平面层参数）"对话框

（5）"Flow Planning（流程规划）"选项卡

打开的"Flow Planning（流程规划）"选项卡如图10-17所示，设置电路板流程。

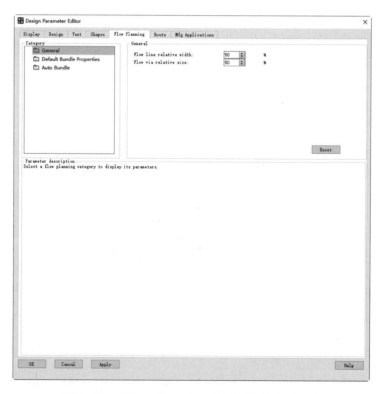

图10-17　　"Flow Planning（流程规划）"选项卡

（6）"Route（布线）"选项卡

打开的"Route（布线）"选项卡如图10-18所示，设置布线参数。

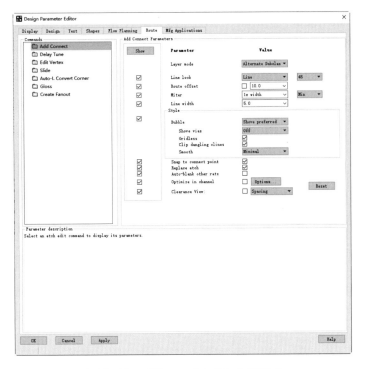

图10-18　"Route（布线）"选项卡

（7）"Mfg Applications（制造应用程序）"选项卡

打开的"Mfg Applications（制造应用程序）"选项卡如图10-19所示，设置应用程序制造属性，包括四个选项组。

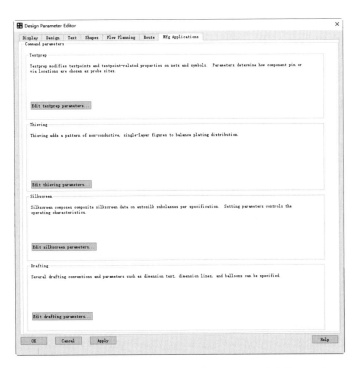

图10-19　"Mfg Applications（制造应用程序）"选项卡

Edit testprep parameters：单击此按钮，弹出如图10-20所示的"Testprep Parameters（测试参数）"对话框，编辑测试参数。

Edit thieving parameters：单击此按钮，弹出如图10-21所示的"Thieving Parameters（变形参数）"对话框，编辑变形参数。

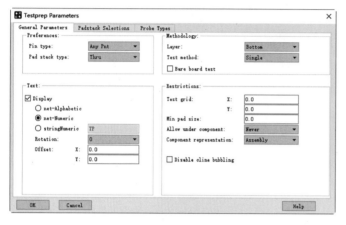

图10-20　"Testprep Parameters
（测试参数）"对话框

图10-21　"Thieving Parameters
（变形参数）"对话框

Edit silkscreen parameters：单击此按钮，弹出如图10-22所示的"Auto Silkscreen（丝印层编辑）"对话框，编辑丝印层参数。

Edit drafting parameters：单击此按钮，弹出如图10-23所示的"Dimensioning Parameters（标注参数）"对话框，编辑图形参数。

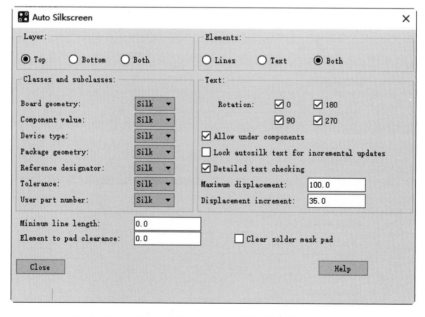

图10-22　"Auto Silkscreen（丝印层编辑）"对话框

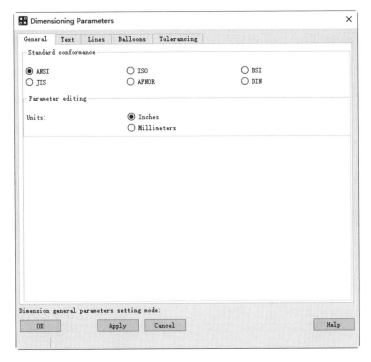

图10-23　"Dimensioning Parameters（标注参数）"对话框

10.2　蓝牙电路参数设置实例

对于手动生成的PCB，在进行PCB设计前，首先要对板的各种属性进行详细的设置。主要包括板形的设置、PCB图纸的设置、电路板层的设置、层的显示、颜色的设置、布线框的设置、PCB系统参数的设置以及PCB设计工具栏的设置等。

图10-24所示为蓝牙电路板文件的三维模型，表10-1所示为该电路板的板层参数，下面介绍具体设置步骤。

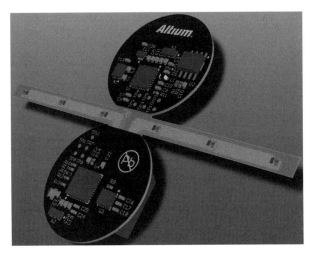

图10-24　电路板模型

表10-1　电路板板层参数

Layer	Name	Material	Thickness	Constant	Rigid	Flex
1	Top Paste					
2	Top Overlay					
3	Top Solder	Solder Resist	0.010mm	3.5		
4	Top Layer	Copper	0.036mm			
5	Dielectric 1	FR-4	0.320mm	4.8		
6	Mid-Layer 1	Copper	0.036mm			
7	Dielectric 2	FR-4	0.320mm	4.8		
8	Mid-Layer 2	Copper	0.036mm			
9	Dielectric 3	FR-4	0.100mm	4.8		
10	Bottom Layer	Copper	0.036mm			
11	Bottom Solder	Solder Resist	0.010mm	3.5		
12	Bottom Overlay					
13	Bottom Paste					

10.2.1　打开文件

选择菜单栏中的"File（文件）"→"Open（打开）"命令或单击"Files（文件）"工具栏中的"Open（打开）"按钮，弹出"Open（打开）"对话框，选择"Bluetooth Sentinel.brd"文件，单击"Open（打开）"按钮，打开电路板文件，进入电路板编辑图形界面，如图10-25所示。

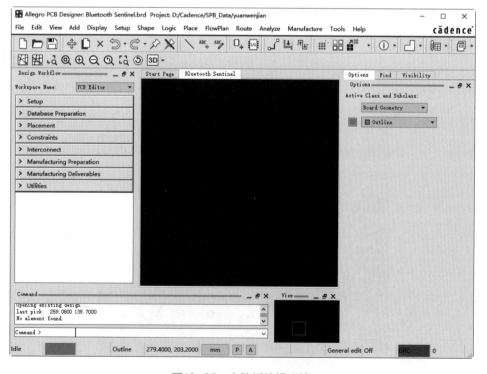

图10-25　电路板编辑环境

10.2.2 层叠设置

PCB 一般包括很多层，不同的层包含不同的设计信息。制板商通常是将各层分开做，然后经过压制、处理，最后生成各种功能的电路板。

Allegro 系统默认的 PCB 板都是两层板，即 TOP 层和 BOTTOM 层。在电路设计中可能需要添加不同层，在对电路板进行设计前可以对板的层数及属性进行详细的设置，选择菜单栏中的"Setup（设置）"→"Cross-section（层叠结构）"命令，或单击"Setup（设置）"工具栏中的"Cross-section（层叠结构）"按钮 ☰。

执行此命令后，弹出如图 10-26 所示的"Cross-section Editor（层叠设计）"对话框，在该对话框中可以增加层、删除层以及对各层的属性进行编辑。

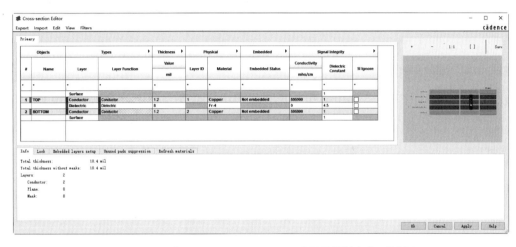

图10-26　"Cross-section Editor（层叠设计）"对话框

该对话框的表格显示了当前 PCB 图的层结构。在这个对话框列表最上方显示板子的层面数、层面的材质、层面名等。

- Name：层面的名称。
- Types：层面的类型，包含 Surface（表面层）、Conductor（布线层）、Dielectric（介电层，即隔离层）和 Plane（平面层，如 GND 平面）这 4 个选项。
- Material：从下拉列表中选择材料，单击 ▼ 按钮后，就可以在里面选择想要的层面的材料（其中 Fr-4 是常用的绝缘材料玻璃纤维，Copper 是铜箔）。
- Thickness：分配给每个层的厚度，如果是走线层和平面层，则是铜皮的厚度。
- Conductivity：设置铜皮的电阻率。
- Dielectric Constant：设置介电层的介电常数，它与 Thickness 列的参数都是计算阻抗的必要参数。
- Loss Tangent：设置介电层的正切损耗。
- Negtive Artwork：设置该层是否以负片形式输出底片，勾选该复选框，则设置为负片；反之为正片。

由于电路板是用手工建立的，所以在"Cross Section"中只有 TOP 层和 BOTTOM 层，而布线层之间还需要有一层隔离层，修改 TOP 层下的隔离层，如图 10-27 所示。

- Name：层面的名称，如"DIELECTRIC 1"。

- Types：层面的类型，默认为"Dielectric（介电层，即隔离层）"。
- Material：从下拉列表中选择"Fr-4"。
- Thickness：层的厚度，设置为0.32mm。
- Dielectric Constant：设置介电层的介电常数，设置为"4.8"。

#	Objects		Types		Thickness		Physical			Embedded		Signal Integrity		
	Name	Layer	Layer Function		Value		Layer ID	Material		Embedded Status		Conductivity		Dielectric Constant
					mm							mho/cm		
*	*	*	*		*		*	*		*		*		*
		Surface												1
1	TOP	Conductor	Conductor		0.03048		1	Copper		Not embedded		596000		1
2	DIELECTRIC 1	Dielectric	Dielectric		0.32		2	Fr-4		Not embedded		0		4.8

图10-27　修改隔离层

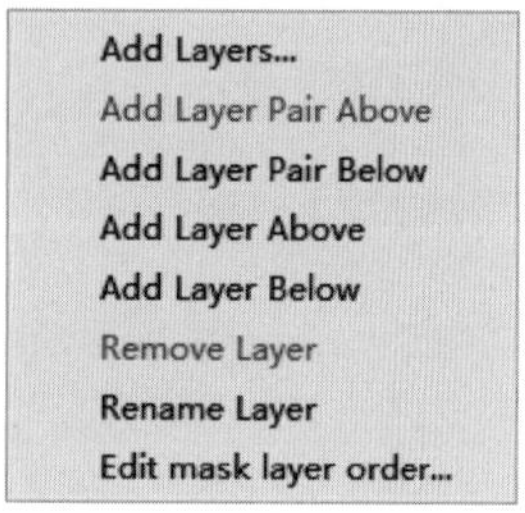

Add Layers...
Add Layer Pair Above
Add Layer Pair Below
Add Layer Above
Add Layer Below
Remove Layer
Rename Layer
Edit mask layer order...

图10-28　快捷菜单

采用同样的方法，修改TOP层和BOTTOM层"Thickness（层的厚度）"为0.036mm。

在列表层任意对象上使用鼠标右键单击，弹出如图10-28所示的快捷菜单，选定一层为参考层进行添加时，添加的层将出现在参考层的下面或上面。

选定"TOP"层为参考层，在该层上使用鼠标右键单击，在弹出的快捷菜单中选择"Add Layer Pair Below（在下面添加层对）"命令，添加的层对将出现在参考层的下面，参数设置如图10-29所示。

设置布线层：
- "Name（层名称）"修改为"MID-LAYER 1"。
- "Types（层面的类型）"选择"Conductor（布线层）"。
- "Material（材料）"选择"Copper"。
- "Thickness（层的厚度）"为0.036mm。

设置隔离层：
- "Name（层名称）"修改为"DIELECTRIC 2"。
- "Types（层面的类型）"选择"Dielectric（隔离层）"。
- "Material（材料）"选择"Fr-4"。
- "Thickness（层的厚度）"为0.320mm。
- "Dielectric Constant（介电层的介电常数）"修改为"4.8"。

#	Objects		Types		Thickness		Physical			Embedded		Signal Integrity		
	Name	Layer	Layer Function		Value		Layer ID	Material		Embedded Status		Conductivity		Dielectric Constant
					mm							mho/cm		
*	*	*	*		*		*	*		*		*		*
		Surface												1
1	TOP	Conductor	Conductor		0.036		1	Copper		Not embedded		596000		1
2	DIELECTRIC 1	Dielectric	Dielectric		0.32		2	Fr-4		Not embedded		0		4.8
3	MID-LAYER 1	Conductor	Conductor		0.036		3	Copper		Not embedded		596000		1
4	DIELECTRIC 2	Dielectric	Dielectric		0.32		4	Fr-4		Not embedded		0		4.8

图10-29　添加层对

　　选定"BOTTOM"层为参考层，在该层上使用鼠标右键单击，选择"Add Layer Pair Above（在上面添加层对）"命令，添加的层对将出现在参考层的上面，参数设置如图10-30所示。

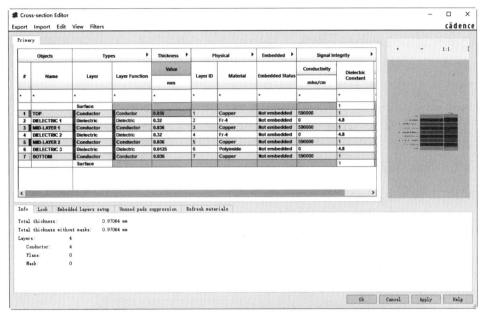

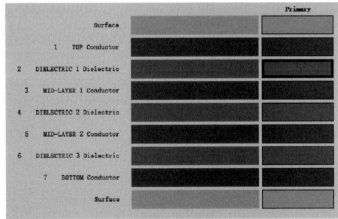

图10-30　添加层对

设置布线层：

- "Name（层名称）"修改为"MID-LAYER 2"。
- "Types（层面的类型）"选择"Conductor（布线层）"。
- "Material（材料）"选择"Copper"。
- "Thickness（层的厚度）"为0.036mm。

设置隔离层：

- "Name（层名称）"修改为"DIELECTRIC 3"。
- "Types（层面的类型）"选择"Dielectric（隔离层）"。
- "Material（材料）"选择"Polyimide（绝缘材料聚亚酰胺）"。
- "Thickness（层的厚度）"为0.0125mm。

● "Dielectric Constant（介电层的介电常数）"修改为"4.8"。

单击"OK"按钮，完成设置，关闭对话框。

10.2.3　设置网格

选择菜单栏中的"Setup（设置）"→"Grids（网格）"命令，弹出如图10-31所示的"Define Grid（定义网格）"对话框，在该对话框中主要设置显示Layer（层）的Offset（偏移量）和Spacing（格点间距）参数设置。

需要设置格点参数的层有Non-Etch（非布线层）、All Etch（布线层）、TOP（顶层）、BOTTOM（底层）。勾选"Grids on（显示网格）"复选框，显示网格，在PCB中显示对话框中设置的参数；否则，不显示网格。

布局时，网格设为100mil、50mil或25mi；布线时，网格可设为1mil。

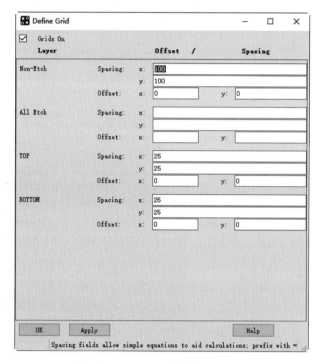

图10-31　"Define Grid（定义网格）"对话框

单击"Setup（设置）"工具栏中的"Grid Toggle（网格开关）"按钮▦，可以显示或关闭网格。

10.2.4　颜色设置

PCB编辑器内显示的各个板层具有不同的颜色，以便于区分。用户可以根据个人习惯进行设置，并且可以决定该层是否在编辑器内显示出来。下面我们就来进行PCB板层颜色的设置。

① 选择菜单栏中的"Display（显示）"→"Color/Visibility（颜色可见性）"命令或单击"Setup（设置）"工具栏中的"Color（颜色）"按钮▦，也可以按"Ctrl+F5"快捷键，弹出如图10-32所示的"Color Dialog（颜色）"对话框。

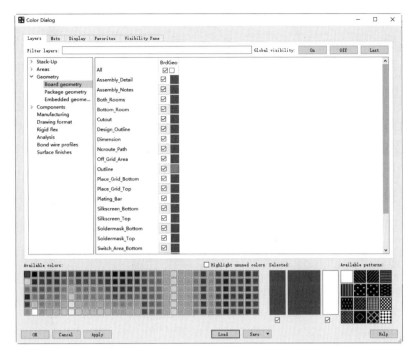

图10-32　"Color Dialog（颜色）"对话框

在该对话框中有5个选项卡，选择不同选项，显示不同界面，进行相应设置。

② 选择"Layers（层）"选项卡，在左侧列表中显示需要设置颜色的选项，右侧列表框中显示对应选项的子集选项。选择要设置的选项，在"Available colors（可用颜色）"颜色组中选择所选颜色；单击"Selected（选中的颜色）"选项中的颜色，弹出如图10-33所示的"Select Color（选择颜色）"对话框，在该对话框中选择任意颜色。

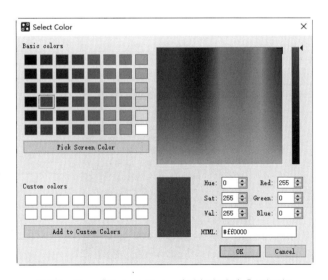

图10-33　"Select Color（选择颜色）"对话框

③ 单击"Nets（网络）"选项卡，对话框显示如图10-34所示，设置网络颜色与设置板颜色基本相同。在"Filter nets（过滤网络）"文本框中输入关键词。

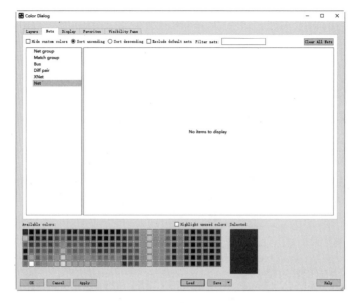

图10-34   "Nets（网络）"选项卡

10.3   广告彩灯电路环境参数设置实例

扫码看视频

10.3.1   打开文件

选择菜单栏中的"File（文件）"→"Open（打开）"命令或单击"Files（文件）"工具栏中的"Open（打开）"按钮，弹出"Open（打开）"对话框，选择"guanggaocaideng.brd"文件。

单击"Open（打开）"按钮，打开电路板文件，进入电路板编辑图形界面，如图10-35所示。

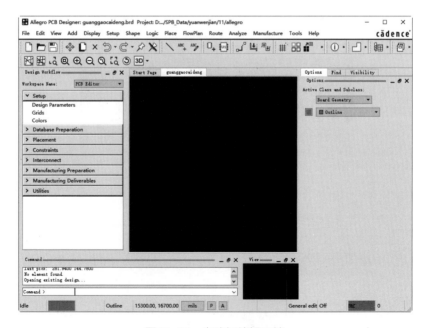

图10-35   电路板编辑环境

10.3.2 层叠管理

选择菜单栏中的"Setup（设置）"→"Cross-Section（层叠管理）"命令，将弹出"Cross-section Editor（层叠管理器）"对话框，如图10-36所示。

在列表内使用鼠标右键单击，在弹出的快捷菜单中选择"Add Layer Pair Above（增加层）"命令，添加两个布线内层GND、VCC，并修改属性。

- Layer：GND、VCC选择"Plane（地层和电源层）"。
- Negative Artwork：勾选该复选框，负片输出内层GND、VCC，一般内电层使用负片输出。

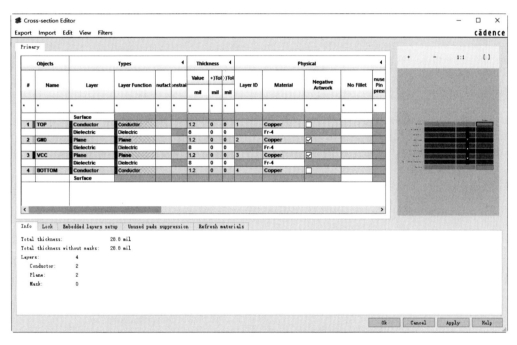

图10-36　"Cross-section Editor（层叠管理器）"对话框

10.3.3 设置颜色

选择菜单栏中的"Display（显示）"→"Color/Visible（颜色可见性）"命令，将弹出"Color Dialog（颜色）"对话框，选择"Stack-Up"，将VCC电气层的"Pin""Via""Etch"以及"Drc"颜色设置为蓝色，将GND电气层的"Pin""Via""Etch"以及"Drc"颜色设置为黄色，如图10-37所示。

完成设置后，单击 OK 按钮，关闭对话框。

10.3.4 放置工作网格

选择菜单栏中的"Setup（设置）"→"Grids（网格）"命令，弹出如图10-38所示的"Define Grid（定义网格）"对话框，在该对话框中主要设置显示层的偏移量和间距。在"Non-Etch（非布线层）""All Etch（布线层）"网格设为10mil，偏移量为5mil，如图10-38所示。

233

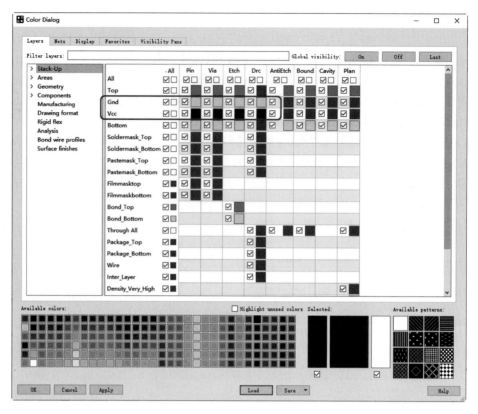

图10-37 "Color Dialog（颜色）"对话框

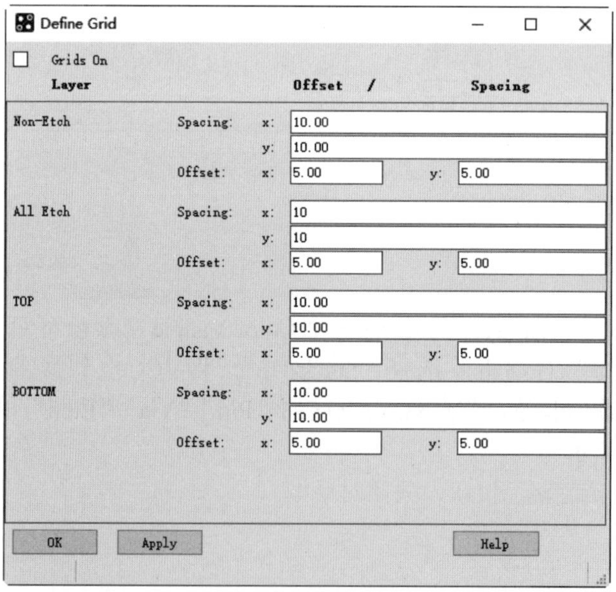

图10-38 "Define Grid（定义网格）"对话框

第11章 电路板图纸设置

对于手动生成的PCB，在进行PCB设计前，首先要对板的各种图纸参数进行详细的设置。本章主要通过三个实例介绍电路板图纸的尺寸、物理边界与电气边界、元件的封装信息的设置，用于满足PCB功能上的需要。

11.1 蓝牙电路电路板设置实例

11.1.1 打开文件

选择菜单栏中的"File（文件）"→"Open（打开）"命令或单击"Files（文件）"工具栏中的"Open（打开）"按钮 🖻，弹出"Open（打开）"对话框，选择"Bluetooth Sentinel. brd"文件。

单击"Open（打开）"按钮，打开电路板文件，进入电路板编辑图形界面，如图11-1所示。

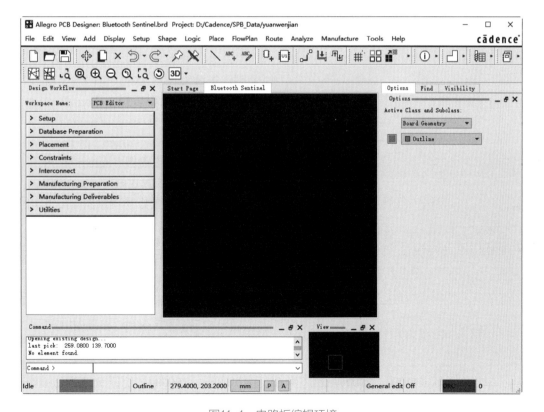

图11-1　电路板编辑环境

11.1.2　设置图纸尺寸参数

选择菜单栏中的"Setup（设置）"→"Design Parameters（设计参数）"命令，弹出"Design Parameter Editor（设计参数编辑器）"对话框，打开"Display（显示）"选项卡，进行参数设置，如图11-2所示。

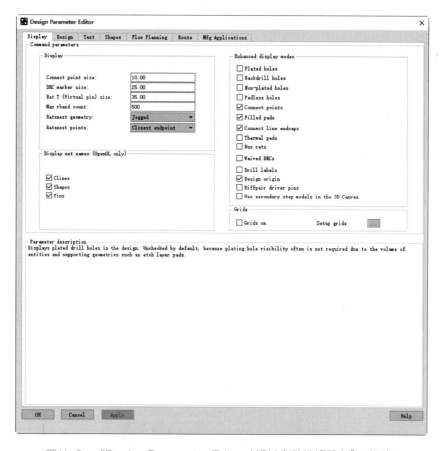

图11-2　"Design Parameter Editor（设计参数编辑器）"对话框

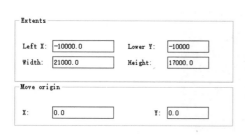

图11-3　"Extents（图纸范围）"选项

在绘制边框前，先要根据板的外形尺寸确定PCB的工作区域的大小。

在"Design Parameter Editor（设计参数编辑）"对话框中的"Design（设计）"选项卡下"Extents（图纸范围）"选项中可以设置图纸边框大小。

该选项组下有四个参数，如图11-3所示，确定这四个参数即可完成边框大小、位置的确定。

板边框所定原点为（0，0），屏幕的左下角坐标（-10000，-10000），左上角坐标（-10000，7000），右上角坐标（11000，7000），右下角坐标（11000，-10000），这样宽度为21000mm，高度为17000mm，根据这个尺寸就能在"Extents（图纸范围）"中进行设置了，将Left X、Lower Y、Width、Height设成相应的值。

11.1.3　绘制电路板物理边界

选择菜单栏中的"Shape（外形）"命令，显示三种外形轮廓。

- Polygon：多边形。
- Rectangular：矩形。
- Circular：圆形。

选择菜单栏中的"Add（添加）"→"Polygon（多边形）"命令，在"Options（选项）"面板内进行如下设置，如图11-4所示。

- 设置"Active Class and Subclass"区域下拉列表中的选项为"Board Geometry"和"Design_Outline"。

将鼠标指针移到工作窗口的合适位置单击，即可进行线的放置操作，每单击一次就确定一个固定点，当绘制的线组成一个封闭的边框时，即可结束边框的绘制。

使用鼠标右键单击，在弹出的快捷菜单中选择"Done（完成）"命令，绘制结束后的PCB边框如图11-5所示。

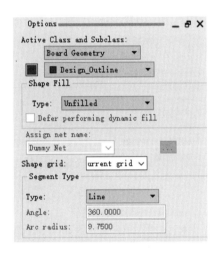

图11-4　设置"Options"面板

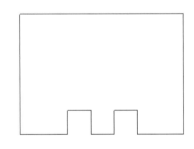

图11-5　添加边框

11.1.4　电路板的电气边界

在日常使用过程中，电路板难免会有磨损，为了保证电路板能够继续使用，在制板过程中需要留有一定的余地，在物理边界损坏后，内侧的电气边界完好，其中的元件及电气关系保持完好，电路板可以继续使用。

电气边界也可称为约束区域，用来界定元件放置和布线的区域范围。在PCB板元件自动布局和自动布线时，电气边界是必需的，它界定了元件放置和布线的范围。通常电气边界应该略小于物理边界，如果大小相同，则会使布线和零件有损伤。

选择菜单栏中"Setup（设置）"→"Areas（区域）"命令，弹出如图11-6所示子菜单，显示各种电气边界，共有以下11种。

- Package Keepin：元件允许布局区。
- Package Keepout：元件不允许布局区。
- Package Height：元件高度限制区。

237

- Route Keepin：允许布线区。
- Route Keepout：禁止布线区。
- Wire Keepout：不允许有线区。
- Via Keepout：不允许有过孔区。
- Shape Keepout：不允许敷铜区。
- Probe Keepout：禁止探测区。
- Gloss Keepout：禁止涂绿油区。
- Photoplot Outline：菲林外框区。

下面介绍确定允许放置区域的操作步骤。

选择菜单栏中的"Setup（设置）"→"Areas（区域）"→"Package Keepin（元件允许布局区）"命令，打开如图11-7所示的"Options（选项）"面板。

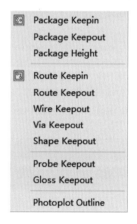

图11-6 "Areas（区域）"子菜单

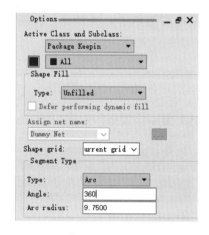

图11-7 "Options（选项）"面板

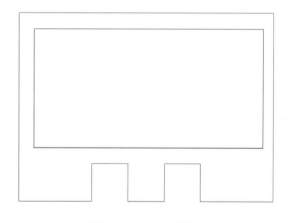

图11-8 完成区域绘制

- 在"Active Class and Subclass（有效的集和子集）"选项组下默认选择"Package Keepin""All"选项。
- 在"Segment Type（线类型）"选项组下"Type（类型）"下拉列表中显示4个选项：Line（线）、Line 45（45°线）、Line Orthogonal（直角线）、Arc（弧线），这里选择"Line（线）"。

完成设置后，将鼠标指针移到工作窗口的合适位置单击，即可进行线的放置操作，每单击一次就确定一个固定点，当绘制的线组成一个封闭的边框时，即可结束边框的绘制。

使用鼠标右键单击并在弹出的快捷菜单中选择"Done（完成）"命令，完成允许布局区域的定义，如图11-8所示。

11.2 广告彩灯电路电路板设置实例

电路板的边框即为PCB的实际大小和形状，也就是电路板的物理边界。根据所设计的PCB在产品中的位置、空间的大小、形状以及与其他部件的配合来确定PCB的外形与尺寸。

任何一块PCB都要有边框存在，而且都应该是闭合的、有尺寸可以测量的。

在Allegro中，"Add（添加）"菜单栏下的绘制工具绘制的图形不是封闭图形，需要通过"Compose shape"把外框做成封闭图形。

选择"开始"→"程序"→"Cadence PCB 17.4-2019"→"Capture CIS 17.4"→"OrCAD Capture CIS"命令，启动OrCAD Capture CIS。

选择菜单栏中的"File（文件）"→"Open（打开）"命令或单击"Capture"工具栏中的"Open document（打开文件）"按钮▣，选择将要打开的"guanggaocaideng.opj"文件，打开项目管理器窗口，并将其置为当前，选中需要创建网络表的电路图文件。

11.2.1 绘制草图

打开"Options（选项）"面板，设置"Active Class and Subclass"区域下拉列表中的选项为"Board Geometry"和"Outline"，如图11-9所示。

通常将板的形状定义为矩形。但在特殊的情况下，为了满足电路的某种特殊要求，也可以将板形定义为圆形、椭圆形或者不规则的多边形。这些都可以通过如图11-10所示的"Add（添加）"菜单或工具栏来完成。

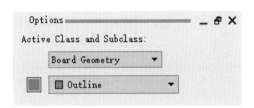

图11-9 选择绘制草图层

选择菜单栏中的"Add（添加）"→"Line（线）"命令或单击"Add（添加）"工具栏中的"Add Line（添加线）"按钮＼，打开"Options（选项）"面板，如图11-11所示。

图11-10 "Add（添加）"菜单

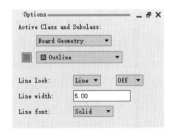

图11-11 设置"Options"面板

下面简单介绍"Options（选项）"面板中各参数含义。

① "Line lock（隐藏线）"：在该选项中分别设置边框线类型及角度。

在左侧下拉列表中有"Line（线）""Arc（弧）"两种边框线；在右侧下拉列表中显示"45""90""Off"三种角度值。

- 选择"Line（线）"绘制边框的方法简单，这里不再赘述。
- 若选择"Arc（弧）"绘制边框，则完成设置后，使用鼠标左键单击确定起点，向右拖动鼠标指针，拉伸出一条直线，也可向上拖动，分别拖出不同形状的弧线，确认形状后单击确定一个固定点，采用同样的方法确定下一段线的形状。

② "Line width（线宽）"：在该文本框中设置边框线的线宽，此处设置为5mil。

下面介绍如何编辑绘制完成的边框线线宽。

选中要编辑的边框线，使用鼠标右键单击，弹出如图11-12所示的快捷菜单，选择 "Change Width（修改宽度）"命令，弹出如图11-13所示的 "Change Width（修改宽度）"对话框，在 "Enter width（输入宽度）"文本框中输入要修改的宽度值，单击 OK 按钮，关闭对话框，完成修改。

图11-12　快捷菜单

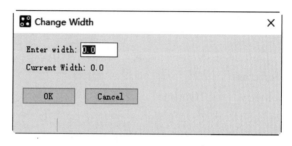

图11-13　"Change Width（修改宽度）"对话框

图11-14　选择线

③ "Line font（线型）"：设置边框线的显示类型。在下拉列表中显示5种类型，如图11-14所示。

电路板的最佳形状为矩形长宽比为3 : 2或4 : 3，当电路板面尺寸大于4000mil×3000mil时，应考虑电路板的机械强度。

- 设置 "Active Class and Subclass" 区域下拉列表中的选项为 "Package Geometry" 和 "Outline"，Package Geometry表示草图面；Outline层是画任何草图的图层。
- 在 "Line width（线宽）"中选择默认值。
- 在 "Line font" 下拉列表中选择 "Solid"，表示零件外形为实心的线段。

完成如图11-15所示参数设置后，进行图形绘制，直线绘制包括两种绘制方法。

① 粗略绘制。将鼠标指针移到工作窗口的合适位置单击，即可进行线的放置操作，每单击一次就确定一个固定点，当绘制的线组成一个封闭的边框时，即可结束边框的绘制。使用鼠标右键单击，在弹出的快捷菜单中选择 "Done（完成）"命令结束。

② 精确绘制。采用输入坐标的方式精确绘制边框，一般要求PCB的左下角为原点（0，0），修改比较方便。根据结构图计算出PCB右下角坐标将是（4000，0），右上角坐标将是（4000，3000），左上角坐标将是（0，3000）。

- 单击命令输入窗口，输入字符："x 0 0"（x 空格0 空格0 回车键）。注意空格和小写字符，命令输入之后按回车键确认执行该命令。
- X 轴方向增量4000mil，输入字符："ix 4000" 或 "x 4000，0"。注意鼠标指针的位置不影响坐标。

- Y 轴方向增量 3000mil，输入字符："iy 3000"或"x 4000，3000"。
- X 轴方向增量 -4000mil，输入字符："ix –4000"或"x 0，3000"。
- Y 轴方向增量 -3000mm，输入字符："iy –3000"或"x 0，0"。

绘制一个封闭的边框，完成边框闭合后，使用鼠标右键单击，在弹出的快捷菜单中选择"Done（完成）"命令。绘制完成的边框如图 11-16 所示。

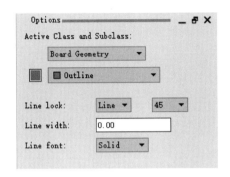

图11-15　设置"Options"面板

图11-16　绘制边框草图

绘制一个封闭的边框，完成边框闭合后，使用鼠标右键单击，在弹出的快捷菜单中选择"Done（完成）"命令。

11.2.2　绘制封闭图形

选择菜单栏中的"Shape（外形）"→"Compose shape（合并形状）"命令，选择上节绘制的矩形框，把外框做成封闭图形。打开"Options（选项）"面板，设置参数，如图 11-17 所示。

- Delete unconnected lines：勾选该复选框，删除未连接的草图线。
- Round corners：勾选复选框，在矩形上添加圆角。
- Radius：设置圆角半径为 200。
- 设置"Active Class and Subclass"区域下拉列表中的选项为"Board Geometry"和"Design_Outline"。Design_Outline 层是真正的板框层。

完成参数设置后，使用鼠标右键单击，并在弹出的快捷菜单中选择"Done（完成）"命令，结果如图 11-18 所示。

图11-17　设置"Options"面板内容

图11-18　绘制边框

241

选择菜单栏中的"Edit（编辑）"→"Delete（删除）"命令，单击"Edit（编辑）"工具栏中的"Delete（删除）"按钮▣，或按"Ctrl+D"快捷键，将十字光标移到要删除的对象上，双击即可将其删除，删除"Board Geometry"中的"Outline"层的矩形线，结果如图11-19所示。

图11-19　显示物理边框

11.2.3　放置定位孔

为确定电路板的安装位置，需在电路板四周安装定位孔，下面介绍定位孔的安装过程。

选择菜单栏中的"Place（放置）"→"Manually（手工放置）"命令或单击"Place（放置）"工具栏中的"Place Manual（手工放置）"按钮 ▯₊。

执行该命令后，弹出如图11-20所示的"Placement（放置）"对话框。

① 打开"Advanced Settings（预先设置）"选项卡，在"List construction（设计目录）"选项组下，勾选"Library（库）"复选框，默认勾选"Database（数据库）"复选框，如图11-21所示。

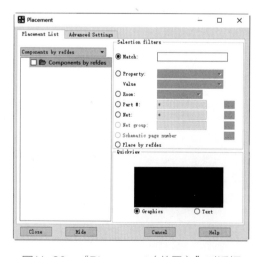

图11-20　"Placement（放置）"对话框

图11-21　"Advanced Settings（预先设置）"选项卡

② 打开"Placement List（放置列表）"选项卡，显示符号选项。

打开"Placement List（放置列表）"选项卡左侧下拉列表，其中有7个选项，下面介绍常用的几种类型，如图11-22所示。

- Components by refdes：允许选择一个或多个元件序号，存放在Database（数据库）中。
- Components by net group：允许选择一个或多个元件序号，存放在Database（数据库）中。
- Package symbols：允许布局封装符号（不包含逻辑信息，即网络表中不存在的），存放在Database（数据库）中。
- Mechanical symbols：允许布局机械符号，存放在Library（库）中。
- Format symbols：允许布局机械符号，存放在Library（库）中。

| Components by refdes |
| Components by net group |
| Module instances |
| Module definition |
| Package symbols |
| Mechanical symbols |
| Format symbols |

图11-22 选择类型

在下拉列表中选择"Mechanical symbols（机械符号）"选项，显示加载的库中的元件，勾选"MTG156"，如图11-23所示。

在信息窗口中一次输入定位孔坐标值：

x 300 300

x 3700 300

x 3700 2700

x 300 2700

放置四个定位孔，结果如图11-24所示。

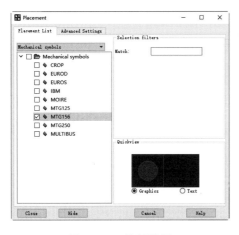

图11-23 选择符号

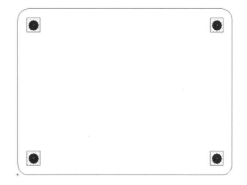

图11-24 放置定位孔

11.2.4 电路板的电气边界

位于电路板边缘的元件，离电路板边缘的距离一般不小于2mm（80mil），因此允许布局元件区域应与电路板的物理边界间隔≥2mm。如果允许零件布线摆放区域形状和允许布线区域形状类似，可使用下面介绍的方法，简单、实用。

执行Z-Copy命令时，按以下步骤操作。

- 如果绘制的Outline是由"Shape（形状）"命令中的子命令绘制时，在"Find（查找）"选项板中勾选"Shape（形状）"复选框，否则无法完成操作。

- 如果绘制的Outline是由"Line（线）"组合而成，在"Find（查找）"选项板中勾选"Line（线）"选项，否则无法完成操作。

（1）允许布局区域

选择菜单栏中的"Edit（编辑）"→"Z-copy（复制）"命令，打开右侧"Options（选项）"面板。

（2）"Copy to Class/Subclass（复制集和子集）"选项组

其中，包含布线区域和器件布局区域如下。

- ROUTE KEEPOUT：在范围内不允许布线。
- ROUTE KEEPIN：在范围内允许布线。
- PACKAGE KEEPIN：在范围内允许放置器件。
- PACKAGE KEEPOUT：在范围内不允许放置器件。

在"Copy to Class/Subclass（复制集和子集）"选项组下依次选择"PACKAGE KEEPIN（允许布局区域）""All"选项。

（3）在"Shape Options（外形选项）"选项组

① "Copy（复制）"选项。选择是否要复制外形的Voids（孔）和Netname（网络名），这主要是针对Etch层的shape。

② Size（尺寸）。选择复制后的shape是Contract（缩小）还是Expand（放大）。

③ 在"Offset（偏移量）"中输入要缩小或扩大的数值。

在"Size（尺寸）"选项组下选择"Contract（缩小）"，在"Offset（偏移量）"中输入要缩小的数值80，如图11-25所示。

完成参数设置后，在工作区中的边框线上单击，自动添加有适当间距的允许布局区域线，如图11-26所示。

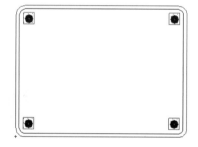

图11-25　设置"Options（选项）"面板内容　　　　图11-26　添加允许布局区域

（4）允许布线边界

选择菜单栏中的"Edit（编辑）"→"Z-copy（复制）"命令，打开右侧"Options（选项）"面板，如图11-27所示。

- 在"Copy to Class/Subclass（复制集和子集）"选项组下依次选择"ROUTE KEEPIN""All"选项。
- 在"Size（尺寸）"选项组下选择"Contract（缩小）"；在"Offset（偏移量）"中输入要缩小的数值50。

完成参数设置后，在工作区中最外侧的边框线上单击，自动添加有适当间距的允许布线区域线，如图11-28所示。

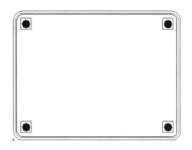

图11-27　设置"Options（选项）"面板　　　　图11-28　添加允许布线区域线

11.3　广告彩灯电路导入封装实例

网络表是原理图与PCB图之间的联系纽带，原理图的信息可以通过导入网络表的形式完成与PCB之间的同步。

对于Capture来说，生成网络表是它的一项特殊功能。在Capture中，可以生成多种格式的网络表，在Allegro中，网络表是进行PCB设计的基础。进行网络表的导入之前，必须确保在原理图中网络表文件的导出。

11.3.1　从原理图生成网络表

只有正确的原理图才可以创建完整无误的网络表，从而进行PCB设计。而原理图绘制完成后，无法用肉眼直观地检查出错误，需要进行DRC检查、元件自动编号、属性更新等操作，完成这些步骤后，才可进行网络表的创建。

选择"开始"→"程序"→"Cadence PCB 17.4-2019"→"Capture CIS 17.4"→"OrCAD Capture CIS"命令，启动OrCAD Capture CIS。

选择菜单栏中的"File（文件）"→"Open（打开）"命令或单击"Capture"工具栏中的"Open document（打开文件）"按钮，选择将要打开的"guanggaocaideng.opj"文件，打开项目管理器窗口，并将其置为当前，选中需要创建网络表的电路图文件。

选择菜单栏中的"Tools（工具）"→"Create Netlist（创建网络表）"命令或单击"Capture"工具栏中的"Create Netlist（生成网络表）"按钮，弹出如图11-29所示的"Create Netlist（创建网络表）"对话框。该对话框中有8个选项卡，在不同的选项卡中生成不同的网络表。打开"PCB"选项卡，设置网络表属性。

① 在"Combined property string（组合属性）"文本框中显示封装默认名"PCB Footprint"，单击右侧的 Setup 按钮，弹出如图11-30所示的"Setup（设置）"对话框，在该对话框中可以修改、编辑、查看配置文件的路径，设置输出参数。

② 在"Configuration（配置）"文本框中显示文件路径。在"Backup（备份）"文本框中默认显示为3。勾选"Output Warnings（输出警告）"复选框，若原理图有误，在输出的网络表中显示错误警告信息，不勾选则若原理图检查有误，也不显示错误信息。勾选"Ignore Electrical constraints（忽略电气约束）"复选框，则在输出的网络表中不显示电气约束信息；在"Suppress Warnings（抑制警告）"选项组下显示网络表中不显示的警告信息，在文本框中输入的警告名称，单击"Add（添加）"按钮，将该警告添加到列表框中，则在网络表输

245

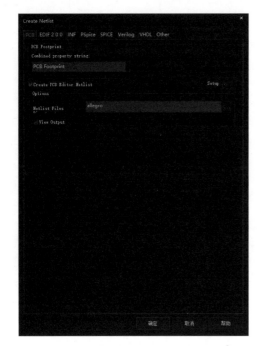

图11-29 "Create Netlist（创建网络表）"对话框

图11-30 "Setup（设置）"对话框

出时不显示该类型的警告信息，单击"Remove（移除）"按钮，删除选中的警告类型。

③ 勾选"Create PCB Editor Netlist（创建PCB网络表）"复选框，可导出包含原理图中所有信息的三个网络表文件"pstchip.dat""pstxnet.dat""pstxprt.dat"；在下面的"Options（选项）"选项组中显示参数设置。

在"Netlist Files（网络表文件）"文本框中显示默认名称"allegro"，单击右侧█按钮，弹出如图11-31所示的"Select Folder（选择文件夹）"对话框。

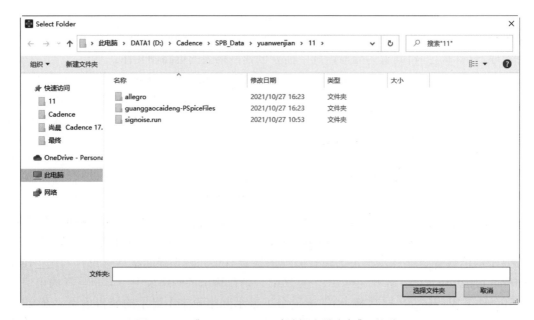

图11-31 "Select Folder（选择文件夹）"对话框

勾选"View Output（显示输出）"复选框，自动打开3个网络表文件，并独立地显示在Capture窗口中。

完成设置后，单击 ■■ 确定 按钮，开始创建网络表，如图11-32所示。

该对话框自动关闭后，生成三个网络表文件"pstchip.dat""pstxnet.dat""pstxprt.dat"，如图11-33～图11-35所示。网络表文件在项目管理器中Output文件下显示，如图11-36所示。

图11-32　创建网络表

```
OrCAD Capture CIS - pstchip                                    _   □   ×
  pstchip  ×
 1: FILE_TYPE=LIBRARY_PARTS;
 2: { Using PSTWRITER 17.4.0 d001Oct-27-2021 at 16:34:20}
 3: primitive 'CAP POL_CAP1000_CAP POL';
 4:   pin
 5:     '1':
 6:        PIN_NUMBER='(1)';
 7:        PINUSE='UNSPEC';
 8:     '2':
 9:        PIN_NUMBER='(2)';
10:        PINUSE='UNSPEC';
11:   end_pin;
12:   body
13:     PART_NAME='CAP POL';
14:     JEDEC_TYPE='CAP1000';
15:     VALUE='CAP POL';
16:   end_body;
17: end_primitive;
18: primitive 'LED_AC200100_LED';
19:   pin
20:     'ANODE':
21:        PIN_NUMBER='(2)';
22:        PINUSE='UNSPEC';
23:     'CATHODE':
24:        PIN_NUMBER='(1)';
25:        PINUSE='UNSPEC';
26:   end_pin;
27:   body
```

图11-33　pstchip.dat文件

```
OrCAD Capture CIS - pstxnet                                    _   □   ×
  pstxnet  ×
 1: FILE_TYPE = EXPANDEDNETLIST;
 2: { Using PSTWRITER 17.4.0 d001 on Oct-27-2021 at 16:34:19 }
 3: NET_NAME
 4: 'N00391'
 5:    '@GUANGGAOCAIDENG.SCHEMATIC1(SCH_1):N00391':
 6:    C_SIGNAL='@guanggaocaideng.schematic1(sch_1):n00391';
 7: NODE_NAME   D2 1
 8:    '@GUANGGAOCAIDENG.SCHEMATIC1(SCH_1):INS156@DISCRETE.LED.NORMAL(CHIPS)':
 9:    'CATHODE';;
10: NODE_NAME   D1 1
11:    '@GUANGGAOCAIDENG.SCHEMATIC1(SCH_1):INS140@DISCRETE.LED.NORMAL(CHIPS)':
12:    'CATHODE';;
13: NODE_NAME   D5 1
14:    '@GUANGGAOCAIDENG.SCHEMATIC1(SCH_1):INS204@DISCRETE.LED.NORMAL(CHIPS)':
15:    'CATHODE';;
16: NODE_NAME   C1 1
17:    '@GUANGGAOCAIDENG.SCHEMATIC1(SCH_1):INS229@DISCRETE.CAP POL.NORMAL(CHIPS)':
18:    '1';;
19: NODE_NAME   D3 1
20:    '@GUANGGAOCAIDENG.SCHEMATIC1(SCH_1):INS172@DISCRETE.LED.NORMAL(CHIPS)':
21:    'CATHODE';;
22: NODE_NAME   D4 1
23:    '@GUANGGAOCAIDENG.SCHEMATIC1(SCH_1):INS188@DISCRETE.LED.NORMAL(CHIPS)':
24:    'CATHODE';;
25: NODE_NAME   Q1 3
26:    '@GUANGGAOCAIDENG.SCHEMATIC1(SCH_1):INS42@TRANSISTOR.LM395P.NORMAL(CHIPS)':
27:    'C';;
```

图11-34　pstxnet.dat文件

```
OrCAD Capture CIS - pstxprt

pstxprt ×

1: FILE_TYPE = EXPANDEDPARTLIST;
2: { Using PSTWRITER 17.4.0 d001Oct-27-2021 at 16:34:20 }
3: DIRECTIVES
4:   PST_VERSION='PST_HDL_CENTRIC_VERSION_0';
5:   ROOT_DRAWING='GUANGGAOCAIDENG';
6:   POST_TIME='Apr 21 2020 03:22:09';
7:   SOURCE_TOOL='CAPTURE_WRITER';
8: END_DIRECTIVES;
9:
10: PART_NAME
11:   C1 'CAP POL_CAP1000_CAP POL':;
12:
13: SECTION_NUMBER 1
14:   '@GUANGGAOCAIDENG.SCHEMATIC1(SCH_1):INS229@DISCRETE.CAP POL.NORMAL(CHIPS)':
15:   C_PATH='@guanggaocaideng.schematic1(sch_1):ins229@discrete.\cap pol.normal\(chips)',
16:   P_PATH='@guanggaocaideng.schematic1(sch_1):page1_ins229@discrete.\cap pol.normal\(chip.
17:   PRIM_FILE='.\pstchip.dat',
18:   SECTION='';
19:
20: PART_NAME
21:   C2 'CAP POL_CAP1000_CAP POL':;
22:
23: SECTION_NUMBER 1
24:   '@GUANGGAOCAIDENG.SCHEMATIC1(SCH_1):INS1009@DISCRETE.CAP POL.NORMAL(CHIPS)':
25:   C_PATH='@guanggaocaideng.schematic1(sch_1):ins1009@discrete.\cap pol.normal\(chips)',
26:   P_PATH='@guanggaocaideng.schematic1(sch_1):page1_ins1009@discrete.\cap pol.normal\(chi
27:   PRIM_FILE='.\pstchip.dat',
```

图11-35　pstxprt.dat文件

图11-36　显示网络表文件

11.3.2　在PCB中导入原理图网络表信息

网络报表是电路原理图的精髓，是原理图和PCB板连接的桥梁，没有网络报表，就没有电路板的自动布线。

下面介绍在Allegro中网络表的导入操作。

选择菜单栏中的"File（文件）"→"Import（导入）"→"Logic/Netlist（原理图）"命令，如图11-37所示，弹出如图11-38所示的"Import Logic/Netlist（导入原理图）"对话框。

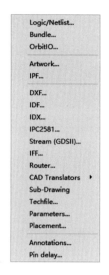

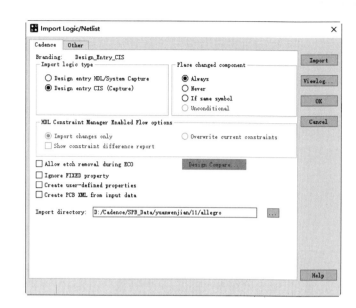

图11-37　"Files（文件）"菜单命令　　　图11-38　"Import Logic/Netlist（导入原理图）"对话框

由于在Capture中原理图网络表的输出有两种，因此在Allegro中根据使用不同方法输出的网络表，有两种导入方法。

① 打开"Cadence"选项卡，导入在Capture里输出网络表（netlist）时选择"PCB Editor"方式的网络表。

为了方便对电路板的布局，需要在原理图中的元件添加必要属性，包含属性的原理图输出网络表时选择"PCB Editor"方式，输出的网络表包含元件的相关属性，使用"Cadence"方式导入该网络表。

- 在"Import logic type（导入的原理图类型）"选项组下有两个绘图工具——Design entry HDL/System Capture、Design entry CIS（Capture），根据原理图选择对应的工具选项，表示导入不同工具生成的原理图网络表。
- 在"Place changed component（放置修改的元件）"选项组下默认选择"Always（总是）"，表示无论元件在电路图中是否被修改，该元件均放置在原处。
- "HDL Constraint Manager Enabled Flow options（HDL约束管理器更新选项）"选项只有在Design entry HDL/System Capture生成的原理图进行更新时才可用，该选项组包括"Import changes only（仅更新约束管理器修改过的部分）"和"Overwrite current constraints（覆盖当前电路板中的约束）"。
- Allow etch removal during ECO：勾选此复选框，进行第二次以后的网络表输入时，Allegro会删除多余的布线。
- Ignore FIXED property：勾选此复选框，在输入网络表的过程中对有固定属性的元素进行检查时，忽略此项产生的错误提示。
- Create user-defined properties：勾选此复选框，在输入网络表的过程中根据用户自定义属性在电路板内建立此属性的定义。
- Create PCB XML from input data：勾选此复选框，在输入网络表的过程中，产生XML格式的文件。单击"Design Compare（比较设计）"按钮，用PCB Design Compare工具比较差异。

- 在"Import directory（导入路径）"文本框中，单击右侧按钮■，在弹出的对话框中选择网表路径目录（一般是原理图工程文件夹的allegro下），单击"Import"按钮，导入网络表，出现进度对话框，如图11-39所示。

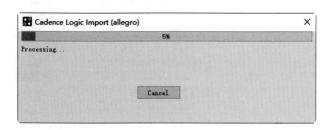

图11-39　导入网络表的进度对话框

② 打开"Other"选项卡，弹出如图11-40所示的对话框，设置参数选项，导入在Capture里输出网络表（netlist）时选择"Other"方式的网络表。

对于没有添加元件属性的原理图，使用"Other"方式输出的网络表下也没有元件属性，这就需要用到Device文件，Device是一个文本文件，内容是描述零件以及引脚的一些网络属性。

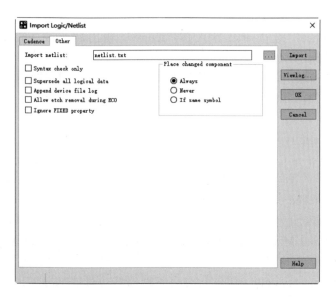

图11-40　"Other"选项卡

- 在"Import netlist（导入网络表）"文本框中输入网络表文件名称。
- Syntax check only：勾选此复选框，不进行网络表的输入，仅对网络表文件进行语法检查。
- Supersede all logical data：勾选此复选框，比较要输入的网络表与电路板内的差异，再将这些差异更新到电路板内。
- Append device file log：勾选此复选框，保留Device文件的log记录文件，同时添加新的log记录文件。
- Allow etch removal during ECO：勾选此复选框，进行第二次以后的网络表输入时，

Allegro 会删除多余的布线。

- Ignore FIXED property：勾选此复选框，在输入网络表的过程中对有固定属性的元素进行检查时，忽略此项产生的错误提示。

单击 `Import` 按钮，导入网络表，具体步骤同上，这里不再赘述。

单击"Viewlog"按钮，打开"netrev.lst"窗口，查看导入信息。也可选择菜单栏中的"Files（文件）"→"Viewlog（查看日志）"命令，同样可以打开如图 11-41 所示的窗口，查看网络表的日志文件。

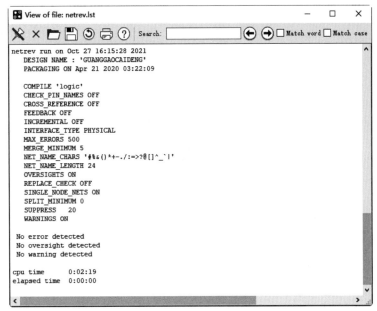

正确信息

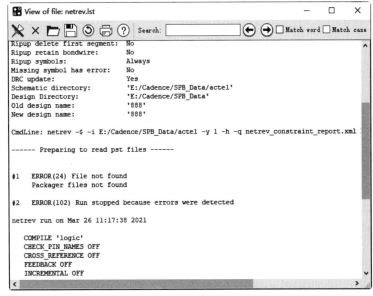

显示警告信息

图 11-41　网络表的日志文件

完成网络表导入后，选择菜单栏中的"place（放置）"→"manually（手动放置）"命令，弹出"Placement（放置）"对话框，如图11-42所示。查看有无元件。

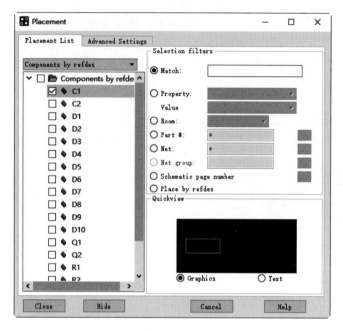

图11-42　"Placement（放置）"对话框

第12章
印制电路板的布局设计

网络报表导入 Allegro 后，所有元器件的封装加载到数据库中，我们首先需要对这些封装进行放置，即将封装元件从数据库放置到 PCB 中，将所有封装元件放置到 PCB 中后才可以对封装元件进行布局操作。

好的布局通常使具有电气连接的元件引脚比较靠近，这样可以使走线距离短，占用空间比较小，从而使整个电路板的导线能够易于连通，获得更好的布线效果。

12.1 布局基本原则

印制电路板中元器件的布局、布线的质量，对电路板的抗干扰能力和稳定性有很大的影响，所以在设计电路板时应遵循 PCB 设计的基本原则。

元器件布局不仅影响电路板的美观，而且还影响电路的性能。在布局前首先需要进行准备工作，包括绘制板框、确定定位孔与对接孔的位置、标注重要网络等；然后进行布局操作，根据原理图进行布局调整；最后进行布局后的检查，如空间上是否有冲突、元件排列是否整齐有序等。在元器件布局时，应注意以下几点。

- 按照关键元器件布局，即首先布置关键元器件，如单片机、DSP、存储器等，然后按照地址线和数据线的走向布置其他元器件。
- 对于工作在高频下的电路要考虑元件之间的布线参数，高频元器件引脚引出的导线应尽量短些，以减少对其他元器件以及电路的影响。
- 模拟电路模块与数字电路模块分开布置，不要混乱地放置在一起。
- 带强电的元器件与其他元器件的距离尽量远一些，并布置在调试时不易接触到的地方。
- 较重的元件需要用支架固件，防止元器件脱落。
- 热敏元件要远离发热元件，对于一些发热严重的元器件，可以安装散热片。
- 对于电位器、可调电感线圈、可变电容器、微动开关等可调元件的布局应考虑整机的结构要求，应放置在便于调试的地方。
- 确定特殊元件位置的时候，需要尽可能地缩短高频元件之间的连线，输入、输出元件要尽量远。
- 要增大可能存在电位差元件之间的距离。
- 要按照电路的流程放置功能电路单元，使电路的布局有利于信号的流通，以功能电路的核心元件为中心进行布局。
- 位于电路板边缘的元件里电路板边缘不少于 2mm。

12.2 元件布局命令

Allegro提供了强大的PCB布局功能，PCB编辑器Allegro PCB Designer根据一套智能算法可以自动地将元件分开，然后放置到规划好的布局区域内并进行合理的布局。

单击菜单栏中的"Place（放置）"命令，其子菜单中包含了与元件布局有关的命令，如图12-1所示。

- Manually…：元件放置。
- Quickplace…：元件快速布局。
- Autoplace：自动布局。
- Interactive：交互式自动布局。
- Swap：交换。
- Autoswap…：自动交换。
- Via Array：阵列过孔。
- Update Symbols…：更新库文件到PCB中。
- Replace SQ Temporary：更换临时SQ。

图12-1 "Place（放置）"
命令的子菜单

12.3 广告彩灯电路自动布局实例

封装元件合理的放置不单单只是将封装元件杂乱无章地放置到PCB中，对元件按属性分化放置也会减轻布局操作的工作量。下面将介绍如何对封装元件进行放置操作。

自动放置适合于元器件比较多的情况。Allegro提供了强大的PCB自动放置功能，设置好合理的放置规则参数后，采用自动放置将大大提高设计电路板的效率。

12.3.1 布局前设置

（1）打开文件

选择菜单栏中的"File（文件）"→"Open（打开）"命令或单击"Files（文件）"工具栏中的"Open（打开）"按钮 📁，弹出"Open（打开）"对话框，选择"guanggaocaideng.brd"文件，单击"Open（打开）"按钮，打开电路板文件，进入电路板编辑图形界面。

（2）保存文件

选择菜单栏中的"File（文件）"→"Save As（另存为）"命令，弹出"Save_As（另存为）"对话框，更改图纸文件的名称为"guanggaocaideng_unrouted"，单击 保存(S) 按钮，完成保存。

（3）参数设置

选择菜单栏中的"Setup（设置）"→"Design Parameters（设计参数）"命令，在弹出的"Design Parameter Editor（设计参数编辑）"对话框中选择"Display"选项卡。

- 取消勾选"Filled pads（填充焊盘）"复选框，如图12-2所示。

单击 OK 按钮，完成设置，电路板设置结果如图12-3所示。

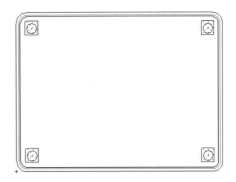

图12-2　不选择"Filled pads"复选框

图12-3　电路板设置结果

12.3.2　添加ROOM区域

广告彩灯电路在原理图中按照功能添加ROOM属性进行放置，在电路板中也按照ROOM属性进行布局，下面介绍添加区域边框线的具体绘制步骤。

选择菜单栏中的"Setup（设置）"→"Outlines（外框线）"→"Room Outlines（区域布局外框线）"命令，弹出"Room Outline（区域布局外框线）"对话框，如图12-4所示。

对话框内选项参数设置如下。

① "Command Operations（命令操作）"区域。

共有四个选项，分别是Create（创建区域）、Edit（编辑区域）、Move（移动区域）和Delete（删除区域）。

② "Room Name（区域名称）"区域。

为用户创建的新区域命名以及在下拉列表中选择用户要修改、移动或删除的区域。

③ "Side of Board（板边）"区域。

图12-4　"Room Outline（区域布局外框线）"对话框

设置Room区域的位置，有三个选项：Top（在顶层）、Bottom（在底层）、Both（都存在）。

④ "ROOM_TYPE Properties（区域类型属性）"。

在此区域内进行Room类型属性的设置，分为两个选项。

Room：区域，在下拉列表中显示如图12-5所示的选项。

- Hard：强制性区域，只有属于这个Room的器件才能放置在这个区域内，其他Room属性的元件放入这个区域内会报错。
- Soft：非强制性区域，在选择"Auto place by room"命令时可以被识别并自动放到相应的区域，元件移入移出这个区域不会报错。
- Inclusive：和前面的Hard模式类似。
- Hard straddle：和Hard模式不同的是，允许属于Room的器件跨在Room边界，不会报错。

- Inclusive straddle：和Hard模式不同的是允许所有器件放入这个Room区域或者跨Room边界放置，只有属于Room的器件放在Room之外才会报错。

Design level：设计标准。在下拉列表中显示如图12-6所示的选项。

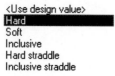

图12-5　Room类型　　　　　　　图12-6　设计标准

⑤ "Create/Edit Options（创建、编辑选项）"区域：在此区域内进行Room形状的选择，有以下三个选项。

- Draw Rectangle：选择此单选按钮，绘制矩形，同时定义矩形的大小。
- Place Rectangle：选择此单选按钮，按照指定的尺寸绘制矩形，在文本框中输入矩形的宽度与高度。
- Draw Polygon：选择此单选按钮，绘制任意形状的图形。

在"Room Outline"对话框中选择Create（创建区域），设置"Name（区域名称）"为"LED1"、"Room（区域类型）"为"Hard"，选择"Place Rectangle"单选按钮，设置"Width"为1300.00、"Height"为2500.00，如图12-7所示。

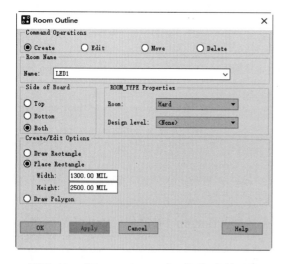

图12-7　"Room Outline"对话框参数设置

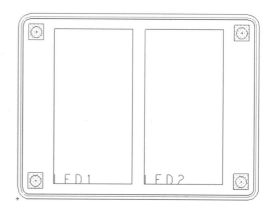

图12-8　添加Room

在命令窗口内输入"x 600 250"，按回车键，放置LED1。

再输入"x 2100 250"，并按下"Enter"键，放置LED2。

此时显示添加的Room，如图12-8所示。添加好需要的Room后，在"Room Outline"对话框内单击 OK 按钮，退出对话框。

12.3.3　自动布局

① 选择菜单栏中的"Place（放置）"→"Quickplace（快速放置）"命令，将弹出"Quickplace（快速放置）"对话框，如图12-9所示。

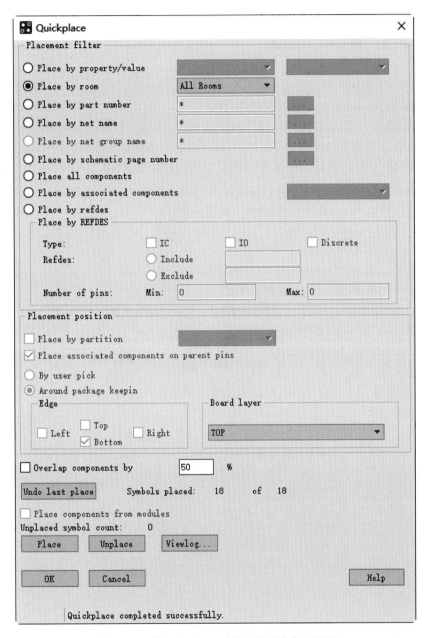

图12-9　"Quickplace（快速放置）"对话框

② 在"Placement filter（放置过滤器）"区域有9种放置方式。

Place by property/value：按照元件属性和元件值放置元件。

Place by room：放置元件到Room中，将具有相同Room属性的元件放置到对应的Room中。

257

Place by part number：按元件名在板框周围放置元件。

Place by net name：按网络名放置。

Place by net group name：按网格用户组放置。

Place by schematic page number：当有一个Design Entry HDL原理图时，可以按页放置元件。

Place all components：放置所有元件。

Place by associated components：放置关联元件。

Place by refdes：按元件序号放置，可以按照元件的"Type（分类）"选择勾选 IO（无源元件）、IC（有源元件）和Discrete（分离元件）来放置，或者三者的任意组合；在"Number of pins（序号数）"文本框中设置元件序号的最大值与最小值。

③ "Placement position（放置位置）"区域。

Place by partition：当原理图是通过"Design Entry HDL"设计时，按照原理图分割放置。

By user pick：放置元件于用户单击的位置，单击"Select Origin（选择原点）"按钮，在电路板中单击，显示原点坐标，即放置时以此坐标点开始放置。

Around package keepin：表示放置元件允许的放置区域。在"Edge（边）"区域中显示元件放置在板框位置：Top（顶部）、Bottom（底部）、Left（左边）和Right（右边）。在"Board layer（板层）"区域显示元件放置在"TOP（顶层）"还是"BOTTOM（底层）"。

Symbols placed：显示放置元件的数目。

Place components from modules：放置模块元件。

Unplaced symbol count：未放置的元件数。

选择"Place by room"，选择"All Rooms"，单击 Place 按钮，对元件进行放置操作，对话框下方显示：

Quickplace completed successfully.

表示元件放置成功。

单击 ok 按钮，关闭对话框，电路板元件放置显示如图12-10所示。

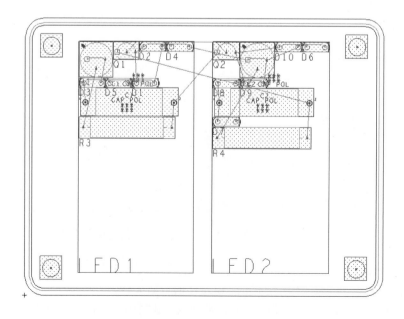

图12-10　快速放置结果

PCB编辑器根据一套智能的算法可以自动地将元件分开，然后放置到规划好的放置区域内并进行合理的放置。这样可以节省很多时间，把零件一个一个调出来，加快了放置的速度。

12.4　广告彩灯电路手动布局实例

元件在自动布局后不再是按照种类排列在一起。各种元件将按照自动布局的类型选择，初步分成若干组分布在PCB板中。自动布局结果并不是完美的，还存在很多不合理的地方，因此还需要对自动布局进行调整，进行手动布局。

12.4.1　模块布局

两个电路模块，它们在原理图中的电路也是一样的，对于这多个相同的电路模块，只要在PCB中做好其中的一个，则其余相同的模块通过复用的方式，可以快速完成。

下面介绍对广告彩灯电路中第一个彩灯模块LED1中的元件进行手动布局的方法。

选择菜单栏中的"Setup（设置）"→"Application Mode（应用模式）"→"Placement Edit（元件放置编辑模式）"命令，进入元件放置模式。

在"Find（查找）"面板中勾选"Symbols"（元件符号）复选框，如图12-11所示，方便选择元件。

图12-11　"Find（查找）"面板

单击选择叠加的元件，激活移动命令，将元件移动到适当位置，结果如图12-12所示。

选中需要布局的元件，使用鼠标右键单击，弹出如图12-13所示的快捷菜单，进行元件的手动调整。

选中D1～D5元件，选择"Align components（元件对齐）"命令，激活"Options（选项）"面板。

- Alignment Direction：对齐方向，包括Horizontal、Vertical。
- Alignment Edge：对齐基准，包括Left、Center、Right。
- Spacing：元件间隔，包括off、Use DFA constraints、Equal spacing。

参数设置结果如图12-14所示，使用鼠标右键单击，并在弹出的快捷菜单中选择"Done（完成）"命令，结束元件对齐操作，如图12-15所示。

选中D1～D5元件，选择"Rotate（旋转）"命令，激活"Options（选项）"面板。

- Ripup etch：移动元件时，清除相关走线。
- Slide etch：移动元件时飞线隐藏，已布连线不断开，且自动修线。
- Stretch etch：选中移动元件时飞线隐藏，已连线不断开。
- Type：旋转类型，包括Incremental（增量方式旋转，可多次选择）、absolute（只能一次旋转固定角度）。
- Angle：旋转角度。

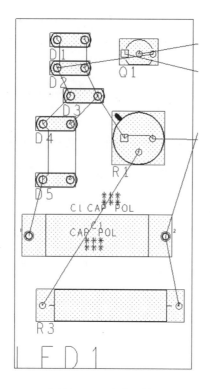

图12-12　移动元件　　　　　　　　　　图12-13　快捷菜单

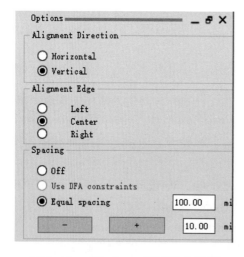

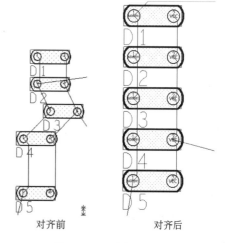

图12-14　"Options（选项）"面板　　　　图12-15　对齐元件操作

- Point：旋转基准点。

参数设置结果如图12-16所示，使用鼠标右键单击，并在弹出的快捷菜单中选择"Done（完成）"命令，结束旋转元件操作，如图12-17所示。

采用同样的方法，对齐C1与R3，该模块布局结果如图12-18所示。

图12-16　"Options（选项）"面板

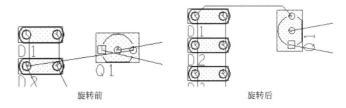

图12-17　旋转元件操作

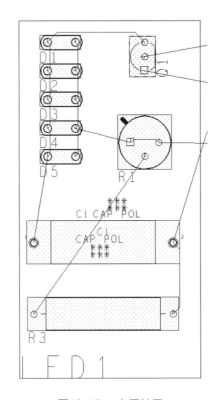

图12-18　布局结果

12.4.2　布局复用

在PCB设计中，对于许多相同的模块，可使用模块布局的方式进行复用，这种方法不但显著提高工作效率，同时也可以使PCB布局在整体上显得美观。

（1）创建模块

使用鼠标左键单击拖动，选择已经完成好的布局模块LED1，在高亮元件上使用鼠标右键单击，在弹出的快捷菜单中选择"Place replicate create（创建布局模块）"命令，然后使用鼠标右键单击，在弹出的快捷菜单中选择"Done（完成）"命令。

在命令行中输入模块原点坐标x 600 200，单击回车键，弹出"Save As（另存为）"对话框，选择要保存的路径和名字"LED1.mdd"，如图12-19所示，单击"Save（保存）"按钮，完成模块存储，如图12-20所示。

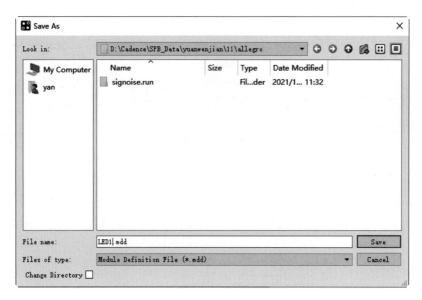

图12-19　"Save As（另存为）"对话框

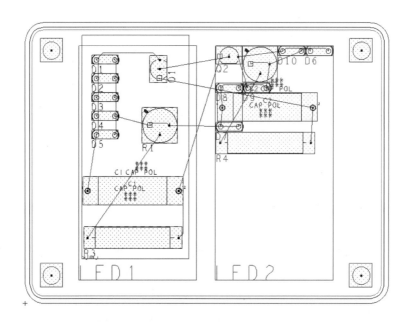

图12-20　创建布局模块

（2）调用模块

左键框选需要进行复用模块的元件，可以多选，无关元件不会进行布局复用，但是不能漏选，否则复用的时候就会缺少元件。

在高亮元件上使用鼠标右键单击，在弹出的快捷菜单中选择"Place replicate apply（模块调用）"命令，在展开的菜单中选择存档的模块的名字"LED1"，如图12-21所示，鼠标指针上显示浮动的模块LED1，在命令行中输入模块放置坐标 x 2100 200，按回车键，完成模块复用，结果如图12-22所示。

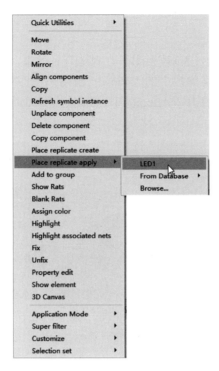

图12-21　快捷命令

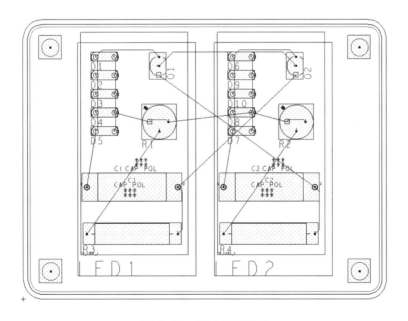

图12-22　模块复用结果

（3）模块修改

需要更改时，可以打开保存的模块修改，完成后保存，复用部分会自动变化。或者在PCB上的模块直接修改，选中后使用鼠标右键单击，在弹出的快捷菜单中选择"Place replicate update（复用模块更新）"命令，产生一个新的模块，命名保存后使用。

12.4.3　3D效果图

　　元件布局完毕后，可以通过3D效果图，直观地查看效果，以检查布局是否合理。

　　在PCB编辑器内，选择菜单栏中的"View（视图）"→"3D Canvas"命令，则系统生成该PCB的3D效果图，自动打开"Allegro 3D Canvas"窗口，如图12-23所示。

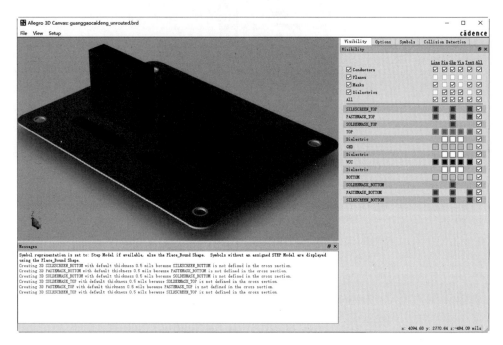

图12-23　布局后的PCB板

12.5　电源开关电路元件布局实例

　　电源开关电路Power Switch根据功能分为两个电路模块，分别在两个原理图页Power、Switch中绘制，如图12-24、图12-25所示。在PCB中同样根据电路模块将元件分为Power、Switch两个Room。在电路板中对元件添加不同属性，为元件放置和布局提供很大帮助，简化布局步骤，减小布局难度。

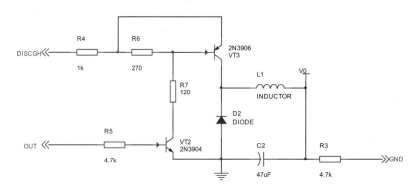

图12-24　Power原理

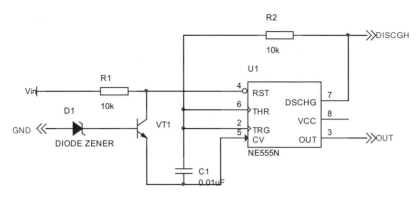

图12-25　Switch原理

12.5.1　设置电路板工作环境

（1）打开文件

选择菜单栏中的"File（文件）"→"Open（打开）"命令或单击"Files（文件）"工具栏中的"Open（打开）"按钮，弹出"Open（打开）"对话框，选择"SY.brd"文件，单击"Open（打开）"按钮，打开电路板文件，进入电路板编辑图形界面。

（2）保存文件

选择菜单栏中的"File（文件）"→"Save As（另存为）"命令，弹出"Save_As（另存为）"对话框，更改图纸文件的名称为"Power switch_unrouted"，单击 保存(S) 按钮，完成保存。

（3）导入原理图网络表信息

① 选择菜单栏中的"File（文件）"→"Import（导入）"→"Logic/Netlist（原理图）"命令，弹出如图12-26所示的"Import Logic/Netlist（导入原理图）"对话框。打开"Cadence"选项卡，导入Capture里输出网络表。

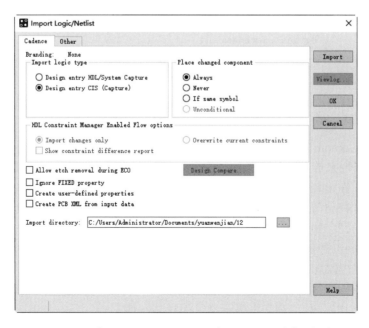

图12-26　"Import Logic/Netlist（导入原理图）"对话框

② 在"Import logic type（导入的原理图类型）"选项组下选择"Design entry CIS（Capture）"单选按钮；在"Place changed component（放置修改的元件）"选项组下默认选择"Always（总是）"单选按钮。

③ 在"Import directory（导入路径）"文本框中，单击右侧按钮，在弹出的对话框中选择网表路径目录，单击 `Import` 按钮，导入网络表，出现进度对话框，如图12-27所示。

进度条消失后，完成封装元件的导入。

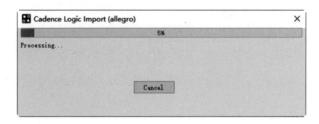

图12-27 导入网络表的进度对话框

（4）分配元件编号

原理图导入PCB后，如果有些元件没有编号，则需要与原理图对应编号。

选择菜单中的"Logic（原理图）"→"Assign RefDes（分配元件序号）"命令，弹出"Options（选项）"面板，如图12-28所示。

- Refdes：写入元件标号编号。
- Refdes increment：元件标号增长为1。

完成参数设置后，再单击元件即可完成编号。

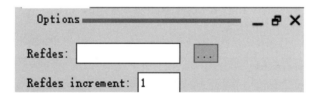

图12-28 设置"Options（选项）"面板

12.5.2 添加Room属性

在不同功能的Room中放置同属性的元件，将元件分成多个部分，在元件布局的时候就可以按照Room属性来放置，将不同功能的元件放在一块，布局的时候好拾取。

导入网表后，在allegro页面中，选择菜单栏中的"Edit（编辑）"→"Properties（属性）"命令，在右侧的"Find（查找）"面板下方"Find By Name（通过名称查找）"下拉列表中选择"Comp（or Pin）"，如图12-29所示。

- 单击"More（更多）"按钮，弹出"Find by Name or Property（通过名称或属性查找）"对话框，在该对话框中选择需要设置Room属性的元件。
- 在"Object type（对象类型）"下拉列表中选择"Comp（or Pin）"，在"Available objects（有用对象）"列表框显示导入的封装元件。
- 单击选中元件，将其添加到"Selected objects（选中对象）"列表框，如图12-30所示。

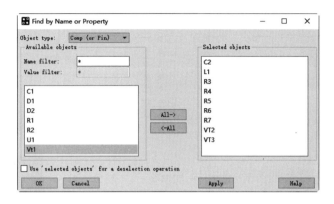

图12-29 设置"Find（查找）"面板　　图12-30 "Find by Name or Property（通过名称或属性查找）"对话框

单击 Apply 按钮，弹出"Edit Property（编辑属性）"对话框，在左侧"Available Properties（可用属性）"下拉列表中选择"Room"，在右侧显示"Room"并设置其Value值，如图12-31所示。选择多个元件添加Room属性后，默认添加Signal_Model属性。

● 在"Value（值）"文本框中输入Power，表示选中的几个元件都是Power的元件，或者说这几个元件均添加了Room属性。

完成添加后，单击 Apply 按钮，完成在PCB中Room属性的添加，弹出"Show Properties（显示属性）"对话框，在该对话框中显示元件属性。

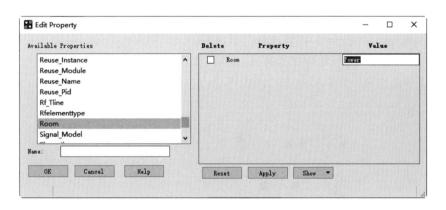

图12-31 "Edit Property（编辑属性）"对话框

12.5.3 元件手动放置

选择菜单栏中的"Place（放置）"→"Manually（手动放置）"命令，弹出"Placement（放置）"对话框，在"Placement List（放置列表）"选项卡中的下拉列表中选择"Components by refdes（按照元件序号）"选项，按照序号显示元件，如图12-32所示。

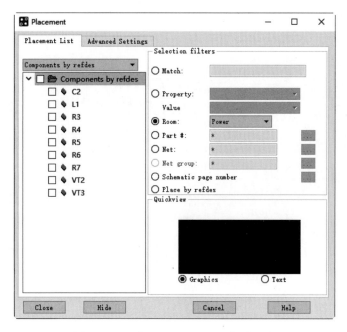

图12-32 "Placement List"选项卡

在"Selection filters(选择过滤器)"区域,选择以不同的方式选择性地放置元件。

- Match:选择与输入的名字匹配的元素,可以使用通配符"*"选择一组元件,如 "U*"。
- Property:按照定义的属性布局元件。
- Room:按照Room定义布局。
- Part#:按照元件布局。
- Net:按照网络布局。
- Schematic page number:按照原理图页放置。
- Place by refdes:按照元件序号布局。

在列表下勾选所有元件,依次在电路板内单击,放置元件,如图12-33所示。

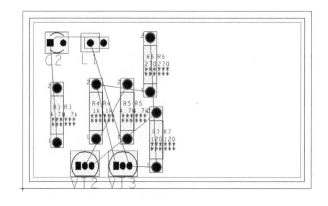

图12-33 放置元件

单击 Close 按钮,关闭对话框。

12.5.4　元件手动放置模式

选择菜单栏中的"Setup（设置）"→"Application Mode（应用模式）"→"Placement Edit（元件放置编辑模式）"命令，进入元件放置模式，如图12-34所示。

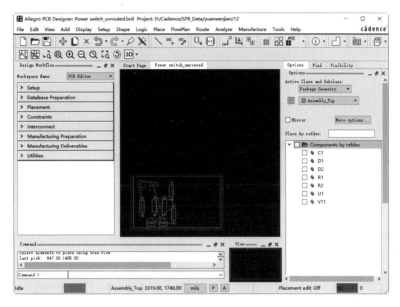

图12-34　完成封装导入

在右侧"Options（选项）"面板"Place by refdes（根据序号布局）"文本框输入关键词，筛选元件，在下面的列表中显示剩余需要放置的元件。

勾选元件，在鼠标指针上显示浮动的元件符号，在适当位置单击，即可放置元件，结果如图12-35所示。

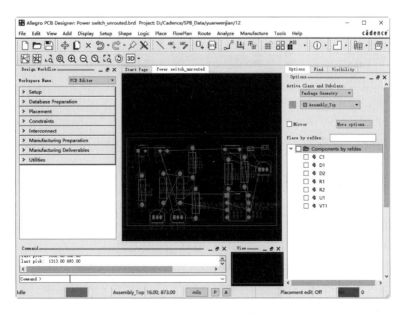

图12-35　放置结果

12.5.5　对象的交换

当元件放置后，可以使用引脚交换、门交换功能来进一步减少信号长度并避免飞线的交叉。

选择菜单栏中的"Place（放置）"→"Swap（交换）"命令，弹出如图12-36所示的子菜单，在Allegro中可以进行引脚交换、门交换（功能交换）和元件交换。

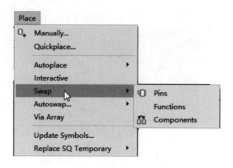

图12-36　"Swap（交换）"子菜单

- Pins（引脚交换）：允许交换两个等价的引脚，如与非门的输入端或电阻排输入端。
- Functions（功能交换）：允许交换两个等价的门电路。
- Components（元件交换）：交换两个元件的位置。

选择Components（元件交换）命令，单击C2和VT2，交换两个元件的位置，如图12-37所示。

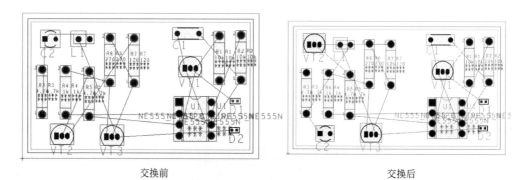

交换前　　　　　　　　　　　　　　　　　　交换后

图12-37　元件位置交换

12.6　广告彩灯电路元件交互布局实例

扫码看视频

选择"开始"→"程序"→"Cadence PCB 17.4-2019"→"Capture CIS 17.4"，选择需要的开发平台"OrCAD Capture CIS"，启动OrCAD Capture CIS。

选择菜单栏中的"File（文件）"→"Open（打开）"命令或单击"Files（文件）"工具栏中的"Open（打开）"按钮 📂，弹出"Open（打开）"对话框，选择"guanggaocaideng.opj"文件，单击"Open（打开）"按钮，打开电路板文件，进入原理图编辑界面，如图12-38

所示。

　　orcad 与 allegro 的交互参数设置：在原理图页面中，选择菜单栏中的"Options（选项）"→"Preferences（属性）"命令，弹出"Preferences（属性）"对话框，选择"Miscellaneous（通用）"选项卡，勾选"Enable Intertool Communication（信息交互）"复选框（系统默认已勾选），如图 12-39 所示。

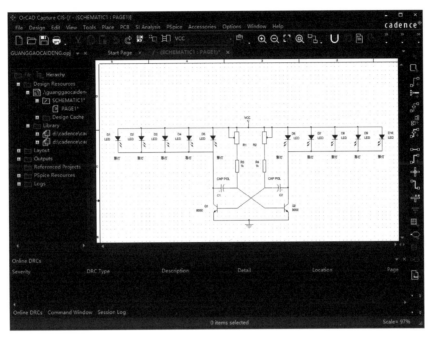

图12-38　原理图编辑环境OrCAD Capture CIS

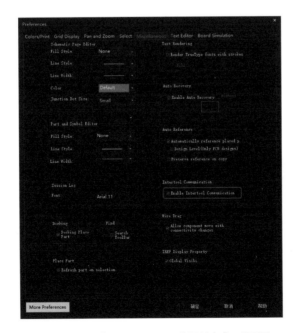

图12-39　"Preferences（属性）"对话框

选择"开始"→"程序"→"Cadence PCB 17.4-2019"→"PCB Editor 17.4"命令，启动"Allegro PCB Designer"。

选择菜单栏中的"File（文件）"→"Open（打开）"命令或单击"Files（文件）"工具栏中的"Open（打开）"按钮 📁，弹出"Open（打开）"对话框，选择"guanggaocaideng.brd"文件，单击"Open（打开）"按钮，打开电路板文件，进入电路板编辑图形界面。

选择菜单栏中的"File（文件）"→"Save As（另存为）"命令，弹出"Save_As（另存为）"对话框，更改图纸文件的名称为"guanggaocaideng_Intertool"，单击 保存(S) 按钮，完成保存。

选择菜单栏中的"Place（放置）"→"Manually（手动放置）"命令，弹出"Placement（放置）"对话框。

切换到原理图编辑环境，此时使用鼠标左键选中ORCAD中的元件，把鼠标指针移至PCB窗口，就会出现该元件封装，如图12-40所示。

可以框选多个元件，连续放置，如图12-41所示，以便提高效率。

完成设置后的"Placement（放置）"对话框如图12-42所示。单击 Close 按钮，关闭对话框，放置完成的电路板如图12-43所示。

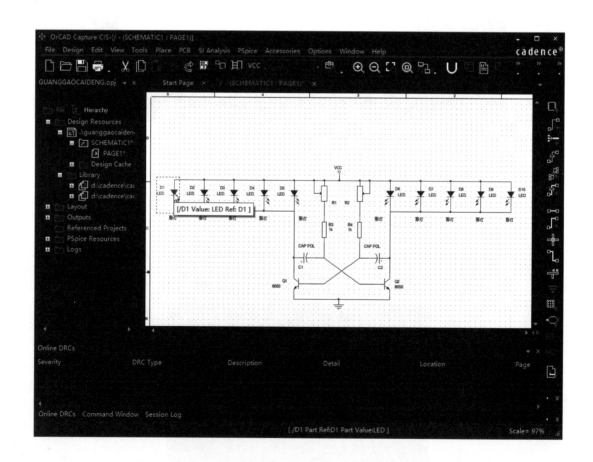

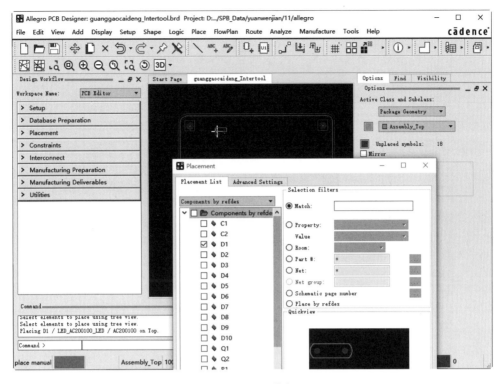

图12-40　元件交互

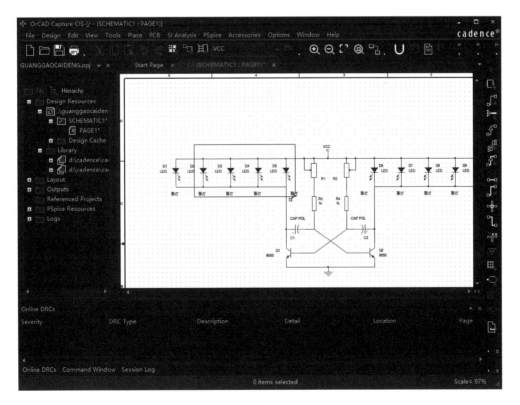

图12-41

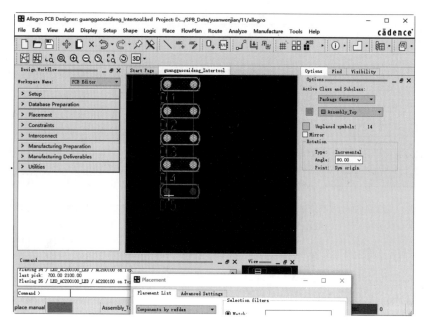

图12-41 放置多个元件

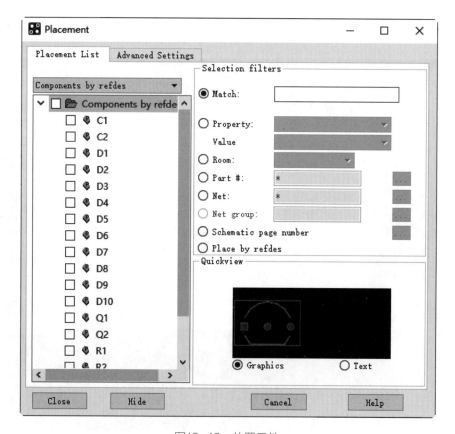

图12-42 放置元件

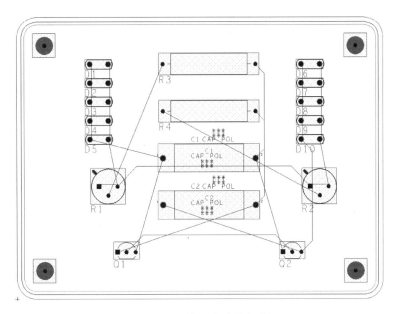

图12-43　放置完成的电路板

第 **13** 章

印制电路板的布线设计

在完成电路板的布局工作以后，就可以开始布线操作了。在PCB的设计中，布线是完成产品设计的重要步骤，其要求最高、技术最细、工作量最大。在PCB上布线的首要任务就是在PCB板上布通所有的导线，建立起电路所需的所有电气连接，这在高密度的PCB设计中很具有挑战性。布线的通常方式为"手动布线→自动布线→手动布线"。

13.1 基本原则

在布线时，应遵循以下基本原则。
- 输入端与输出端导线应尽量避免平行布线，以避免发生反馈耦合。
- 对于导线的宽度，应尽量宽些，最好取15mil以上，最小不能小于10mil。
- 导线间的最小间距是由线间绝缘电阻和击穿电压决定的，满足电气安全要求，在条件允许的范围内尽量大一些，一般不能小于12mil。
- 微处理器芯片的数据线和地址线尽量平行布线。
- 布线时布线尽量少拐弯，若需要拐弯，一般取45°走向或圆弧形。在高频电路中，拐弯时不能取直角或锐角，以防止高频信号在导线拐弯时发生信号反射现象。
- 在条件允许范围内，尽量使电源线和接地线粗一些。
- 阻抗高的布线越短越好，阻抗低的布线可以长一些，因为阻抗高的布线容易发射和吸收信号，使电路不稳定。电源线、地线、无反馈组件的基极布线、发射极引线等均属低阻抗布线，射极跟随器的基极布线、收录机两个声道的地线必须分开，各自成一路，一直到功效末端再合起来。

在电源信号和地信号线之间加上去耦电容；尽量使数字地和模拟地分开，以免造成地反射干扰，不同功能的电路块也要分割，最终地与地之间使用电阻跨接。由数字电路组成的印制板，其接地电路布成环路大多能提高抗噪声能力。接地线构成闭环路，因为环形地线可以减小接地电阻，从而减小接地电位差。

13.2 布线命令

布线的方式有两种，即自动布线和交互式布线两种。

选择菜单栏中的"Route（布线）"命令，弹出如图13-1所示的与布线相关的子菜单，同时，显示在如图13-2所示的"Route（布线）"工具栏中显示对应按钮命令。下面介绍常用命令。

- Connect：手动布线，也可单击"Route（布线）"工具栏中的"Add Connect（添加手动布线）"按钮 ，也可按"F3"键。
- Slide：添加倒角。也可单击"Route（布线）"工具栏中的"Slide（添加倒角）"按钮，也可按"Shift+F3"快捷键。

- Delay Tune：蛇形线，也可单击"Route（布线）"工具栏中的"Delay Tune（蛇形线）"按钮。
- Phase Tune：相位调。
- Custom Smooth：光滑边角。
- Create Fanout：生成扇出。
- Copy Fanout：复制扇出。
- Convert Fanout：转换扇出，选择此命令弹出的子菜单包含"Mark（标记）"和"Unmark（不标记）"两个命令。
- PCB Router：布线。
- Resize/Respace：调整大小。
- Gloss：优化。
- Unsupported Prototypes：不支持原型。

图13-1　"Route（布线）"子菜单

图13-2　"Route（布线）"工具栏

13.3　广告彩灯电路手动布线实例

手动布线就是用户以手工的方式将图纸里的飞线布成铜箔布线。手动布线是布线工作最基本、最主要的方法。

在自动布线前，先用手工将重要的网络线布好，如高频时钟、主电源等这些网络往往对布线距离、线宽、线间距等有特殊的要求。一些特殊的封装如BGA封装，需要进行手动布线，自动布线很难完成规则的布线。

① 选择"开始"→"程序"→"Cadence PCB 17.4-2019"→"PCB Editor 17.4"命令，启动"Allegro PCB Designer"。

② 选择菜单栏中的"File（文件）"→"Open（打开）"命令或单击"Files（文件）"工具栏中的"Open（打开）"按钮，弹出"Open（打开）"对话框，选择"guanggaocaideng_unroute.brd"文件，单击"Open（打开）" 打开(0) 按钮，打开电路板文件，进入电路板编辑图形界面。

③ 选择菜单栏中的"File（文件）"→"Save As（另存为）"命令，弹出"Save_As（另

存为）"对话框，更改图纸文件的名称为"guanggaocaideng_routed"，单击 保存(S) 按钮，完成保存。

13.3.1 设置网格

网格是用户元件布线在空间和尺寸度量过程中的重要依据。因此，合理地设置网格，会更加方便设计者规划布局和放置导线。

在执行布线命令时，如果格点可见，布线时所有布线会自动跟踪网格点，方便布线的操作。

用户在布线阶段捕捉网格要设置得小一点，如 5mil 甚至更小，尤其是在走线密集的区域，视图网格和捕捉网格都应该设置得小一些，以方便观察和走线。

选择菜单栏中的"Setup（设置）"→"Grids（格点）"命令，将弹出"Define Grid（定义格点）"对话框，定义所有布线层的间距值，参数设置如下。

① 勾选"Grids On（打开网格）"复选框。

② 设置"All Etch"和"TOP"层中的"Spacing x、y"栏为5。

② 设置"Non-Etch"的"Spacing x、y"栏为25。

> **提示**　所有布线层的间距和"All Etch"相同。

设置结果如图13-3所示，单击 OK 按钮，关闭对话框。

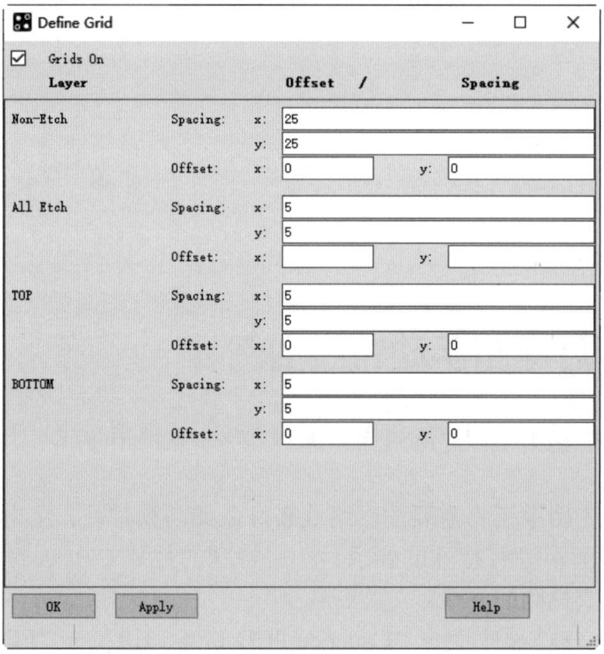

图13-3　"Define Grid（打开网格）"对话框

13.3.2 颜色设置

① 选择菜单栏中的"Display（显示）"→"Color/ Visibility（颜色可见性）"命令，弹出"Color Dialog（颜色）"对话框，在这里可以对 Gnd、Vcc 电气层的"Pin""Via""Etch"及"Drc"等的颜色进行设置，如图13-4、图13-5所示。

② 完成设置后，单击"OK（确定）"按钮，关闭对话框。

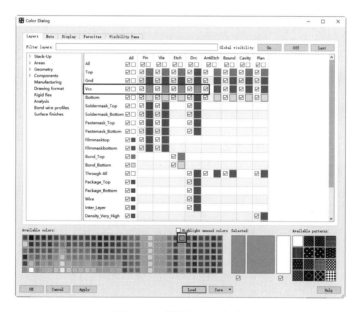

图13-4　设置Gnd层颜色

图13-5　设置Vcc层颜色

13.3.3　飞线的显示与清除

若觉得元件放完后电路板线路过于烦琐，即可隐藏飞线，使电路板变得清晰。

（1）显示飞线

① 选择菜单栏中的"Display（显示）"→"Show Rats（显示飞线）"命令，弹出如图13-6所示的子菜单，该菜单中的命令主要与飞线的显示相关。

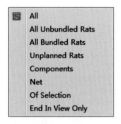

图13-6 "Show Rats（显示飞线）"子菜单

② 单击"View（视图）"工具栏中的"Unrats"按钮▣，取消显示元件间的飞线，如图13-7所示。

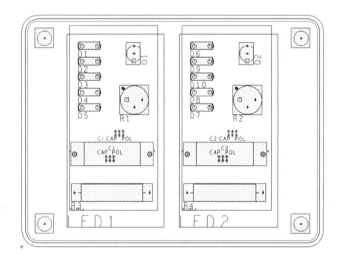

图13-7 取消飞线显示

③ 选择"Componnent（元件）"命令，单击电路板中的元件C1，显示与该元件相连的飞线，如图13-8所示。

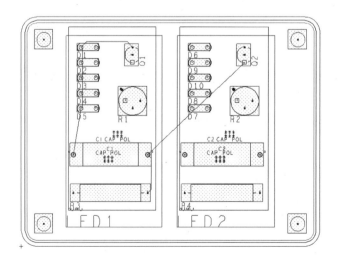

图13-8 显示元件间的飞线

（2）清除飞线

① 选择菜单栏中的"Display（显示）"→"Blank Rats（清除飞线）"命令，弹出如图13-9所示的子菜单，该菜单中的命令主要与飞线的显示相关。

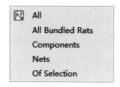

图13-9　"Blank Rats（清除飞线）"子菜单

② 选择"Nets（网络）"命令，单击图中R3引脚2的网络，清除与该网络相连的飞线，如图13-10所示。

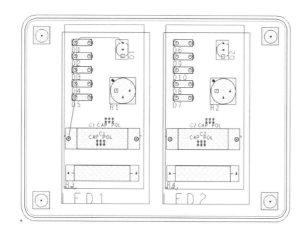

图13-10　清除网络飞线

③ 选择"All（全部）"命令或单击"View（视图）"工具栏中的"Rats all"按钮，清除电路板中的所有飞线，如图13-11所示。

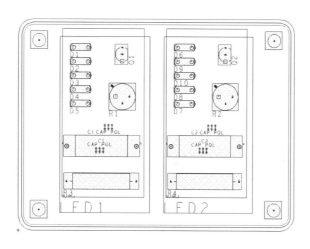

图13-11　清除全部飞线

13.3.4　添加连接线

连线是PCB中的基本组成元素，缺少连线将无法使电路板正常工作。

添加连线的具体操作如下。

① 选择菜单栏中的"Route（布线）"→"Connect（手动布线）"命令或单击"Route（布线）"工具栏中的"Add Connect（添加手动布线）"按钮 ，也可按"F3"键，在"Options（选项）"面板中修改相应的值进行布线属性的修改，如图13-12所示。

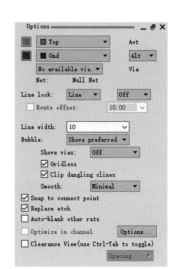

图13-12　"Options"面板

② 在"Options（选项）"面板中可以对以下内容进行修改。

- Act：表示当前层。
- Alt：显示将要切换到的层。
- Via：显示选择的过孔。
- Net：显示网络，开始时为"Null Net"空网络，只有布线开始时，显示布线所在的网络。
- Line lock：显示布线形式和布线时线的拐角。其中布线形式分为Line（直线）和Arc（弧线）两种方式；布线时的拐角选项分为Off（无拐角）、45（45°拐角）以及90（90°拐角）三种。
- Miter：显示了引脚的设置，当其值为lx width和Min时，表示斜边长度至少为一倍的线宽。但当在"Line Lock"中选择了Off时，此项就不会显示。
- Line width：显示线宽。
- Bubble：球状区域，显示该特殊区域的布线规则，在该区域选择推挤布线，无需特殊注明。
- Shove vias：显示推挤过孔的方式。其中Off为关闭推挤方式；Minimal为最小幅度地推挤Via；Full为完整地推挤Via。
- Gridless：表示选择布线是否可以在格点上面。
- Clip dangling clines：剪辑悬挂的布线。
- Smooth：显示自动调整布线的方式。其中，Off为关闭自动调整布线方式；Minimal为最小幅度地自动调整布线；Full为完整地自动调整布线。
- Snap to connect point：表示布线是否从Pin、Via的中心原点引出。
- Replace etch：表示布线是否允许改变存在的Trace，即不用删除命令。在布线时若两点间存在布线，那么再次添加布线时，旧的布线将被自动删除。
- Auto-blank other rats：勾选该复选框，添加布线时自动清除其他飞线。
- Optimize in channel：设置优化选项。
- Clearance View（use Ctrl-Tab to toggle）：使用"Ctrl+Tab"键切换清除视图。

③ 在"Options（选项）"面板中设置好布线属性。

- Line lock：布线时的拐角选项有Off（无拐角）。
- Line width：显示的线宽为10mil。

单击显示飞线的一个节点，向目标节点移动光标绘制连接，如图13-13所示。

在绘制的过程中，可以使用鼠标右键单击，并在弹出的快捷菜单中选择"Oops（取消）"命令，取消前次一操作，对绘制路线进行修改。

④ 绘制光标到达目标接点后，使用鼠标左键单击完成两点间的布线，再使用鼠标右键单击，在弹出的快捷菜单中选择"Done（完成）"命令，将完成布线操作，如图13-14所示。

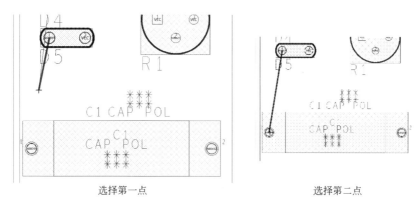

选择第一点　　　　　　　　　　选择第二点

图13-13　绘制连接

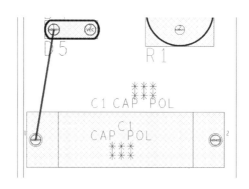

图13-14　完成布线的添加

13.3.5　过孔的添加

在进行多层PCB板设计时，经常需要添加过孔以完成PCB布线以及板间的连接。根据结构的不同可以将过孔分为通孔、埋孔和盲孔三大类。

通孔是指贯穿整个线路板的孔；埋孔是指位于多层PCB板内层的连接孔，在板子的表面无法观察到埋孔的存在，多用于多层板中各层线路的电气连接；盲孔是指位于多层PCB板的顶层的底层表面的孔，一般用于多层板中的表层线路和内层线路的电气连接。

添加过孔的方法非常简单，下面介绍一下如何进行过孔的添加。

选择菜单栏中的"Route（布线）"→"Connect（连接）"命令，在进行布线绘制的过程中，如果遇到需要添加过孔的地方，可以双击完成过孔的添加，此时在"Options（选项）"面板中Act和Alt中的内容将会改变，对比情况如图13-15所示。

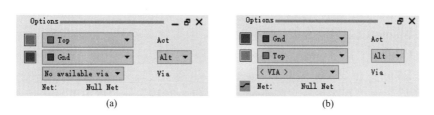

(a)　　　　　　　　　　　　　　(b)

图13-15　"Options（选项）"面板对比

绘制布线的过程中在需要添加过孔的地方，使用鼠标右键单击，在弹出的快捷菜单中选择"Add Via（添加过孔）"命令，在该处添加预设的过孔，继续绘制连接，如图13-16所示。

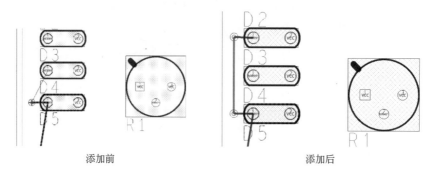

添加前　　　　　　　　　　　　　　　添加后

图13-16　添加过孔

完成布线的绘制后可以使用鼠标右键单击，在弹出的快捷菜单中选择"Done"命令，结束添加布线操作。

13.4　广告彩灯电路自动布线实例

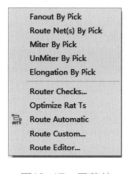

图13-17　子菜单

自动布线的布通率依赖于良好的放置，布线规则可以预先设定，包括布线的弯曲次数、导通孔的数目、步进的数目等。一般首先进行探索式布线，把短线连通，然后再进行迷宫式布线，先把要布的连线进行全局的布线路径优化，系统可以根据需要断开已布的线。并试着重新再布线，以改进总体效果。在自动布线之前，输入端与输出端的边线应避免相邻平行，以免产生反射干扰，可以对比较严格的线进行交互式预布线。两相邻层的布线要互相垂直，平行容易产生寄生耦合，必要时应加地线隔离。

选择"PCB Router（布线）"选项后，打开如图13-17所示的子菜单，显示布线命令。在PCB布线过程中，手动将主要线路、特殊网络布线完成后，通过Allegro提供的自动布线功能完成剩余网络的布线。

- Fanout By Pick：选择扇出。
- Route Net（s）By Pick：选择布线网络。
- Miter By Pick：选择斜线连接。
- UnMiter By Pick：选择非斜线连接。
- Elongation By Pick：选择延长线布线。
- Router Checks：布线检查。
- Optimize Rat Ts：优化飞线。
- Route Automatic：自动布线。
- Route Custom：普通布线。
- Route Editor：布线编辑器。

选择"开始"→"程序"→"Cadence PCB 17.4-2019"→"PCB Editor 17.4"命令，启动"Allegro PCB Designer"。

选择菜单栏中的"File（文件）"→"Open（打开）"命令或单击"Files（文件）"工具栏中的"Open（打开）"按钮 📂，弹出"Open（打开）"对话框，选择"guanggaocaideng_unroute.brd"文件，单击"Open（打开）" 打开(0) 按钮，打开电路板文件，进入电路板编辑图形界面。

选择菜单栏中的"File（文件）"→"Save As（另存为）"命令，弹出"Save_As（另存为）"对话框，更改图纸文件的名称为"guanggaocaideng_autorouted"，单击 保存(S) 按钮，完成保存。

13.4.1　自动布线的设计规则

Cadence 在 PCB 电路板编辑器中为用户提供了多种设计法则，覆盖了元件的电气特性、走线宽度、走线拓扑布局、表贴焊盘、阻焊层、电源层、测试点、电路板制作、元件布局、信号完整性等设计过程中的方方面面。

在进行自动布线之前，用户首先应对自动布线规则进行详细的设置。

选择菜单栏中的"Setup（设置）"→"Constraints（约束）"命令，弹出如图 13-18 所示子菜单，显示自动布线的设计规则。

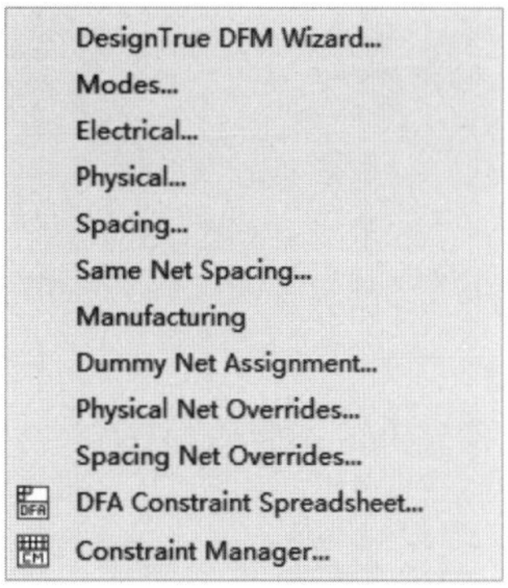

选择"Constraint Manager（约束管理器）"命令，弹出"Allegro Constraint Manager（约束管理器）"对话框。主要包括 Electrical Constraint Set（电气约束设置）、Physical Constraint（物理约束）和 Spacing Constraint（间距约束）。

图13-18　子菜单

Physical Constraint（物理约束）又分为 Line（布线）和 Layer（层）约束。

单击"Physical"选项组中的"Physical Constraint Set"下的"All Layers"工作表。

在"Objects"列中选择"Default"规则，单击"Default"左边的 ◢ 按钮，看到当前 PCB 中所有的叠层，可以对 PCB 各层进行规制设置，如图 13-19 所示。

下面介绍层约束的参数。

- Line Width：表示最小、最大走线线宽。
- Neck，Min Width：使用 Neck 模式时走线的最小布线线宽。
- Neck，Max Length：使用 Neck 模式时走线的最大走线长度。
- Mine Line Spac：差分对中的最小线间距。
- Primary Gap：差分对中平行线间的线间距。
- Neck Gap：差分对中 Neck 模式下间距。
- Tolerance：差分对中线间距允许误差。
- Vias：走线时用到的过孔。
- BB Via Stagger：两个 Pin 或者盲、埋孔走线连接点之间的最小中心距离。
- Allow（Pad-Pad Connect）：设定 Pin、Via 和其他 Pin、Via 的连接方式。All_Allowed 表示所有的连接方式都允许。VIAS_PINS_ONLY 表示只有 PIN 和 VIAS 连接允许。VIAS_VIAS_ONLY 表示只有 VIA 和 VIA 连接允许。MICROVIAS_MICROVIAS_ONLY 表示只有 MICROVIA 和 MICROVIA 连接允许。MICROVIAS_MICROVIAS_COINCIDENT_ONLY 表示 MICROVIA 和 MICROVIA 在相同条件下连接允许。NOT_ALLOWED 表示禁止。
- Allow（Etch）：是否允许在 Subclass/Layer 上进行布线。

285

● Allow（Ts）：设定T形连接时，选择Anywhere表示T点能够从任何一个Pin、Via、Cline连出。Pins_only表示T点只能从Pin连出。Pins_Vias_Only表示T点只能从Pin、Via连出。Not_Allowed表示不允许从T点连出。

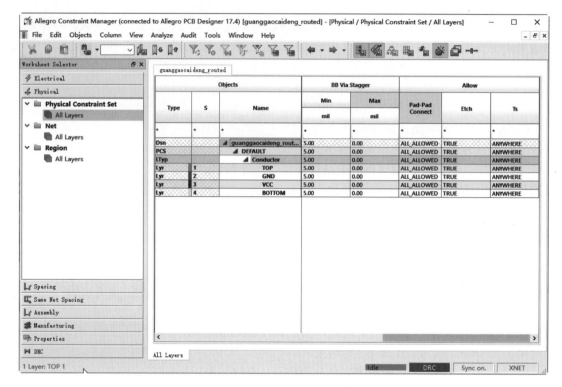

图13-19　"All Layers"工作表

在Objects上使用鼠标右键单击，并在弹出的快捷菜单中选择"Create"→"Physical CSet"命令，弹出"Create PhysicalCSet"对话框，如图13-20所示。

图13-20　"Create PhysicalCSet"对话框

单击"OK"按钮，新建一个Physical约束规则PCS1，如图13-21所示。

下面介绍其余常用约束：

● Spacing Constraint：主要是针对不同Net、Lines、Pads、Vias、Shapes之间的间距约束。

● Same Net Spacing Constraint：主要是针对不同Net、Lines、Pads、Vias、Shapes之间的间距约束。

● Electrical Constraint：主要是管理电路特性（传输和延迟）。

具体添加规则方法与物理约束规则相同，读者如果有兴趣，可自行添加练习。

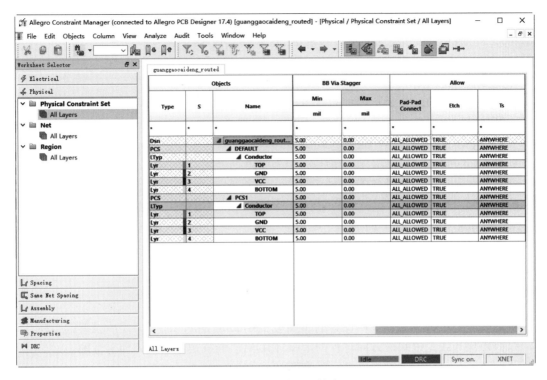

图13-21　新建物理约束

13.4.2　自动布线器

选择菜单栏中的"Route（布线）"→"PCB Router（布线编辑器）"→"Route Automatic（自动布线）"命令，弹出"Automatic Router（自动布线）"对话框，如图13-22所示。

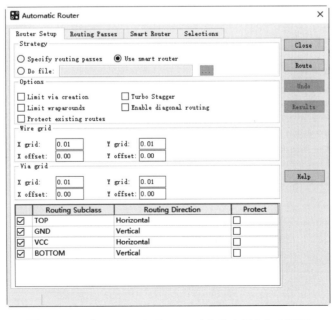

图13-22　"Automatic Router（自动布线）"对话框

"Automatic Router（自动布线）"对话框由Router Setup（布线设置）、Routing Passes（布线通路）、Smart Router（灵活布线）和Selections（选集）四个选项卡组成。

（1）Router Setup（布线设置）选项卡

打开"Router Setup（布线设置）"选项卡。

① Strategy（策略）：显示三种布线模式。

- "Specify routing passes（指定布线通路）"：选择此单选按钮，可激活"Routing Passes（布线通路）"选项卡，设置布线工具具体的使用方法。
- Use smart router（使用灵活布线）：选择此单选按钮，表示可通过"Smart Router"来设置灵活布线工具具体的使用方法。
- Do file（Do文件）：选择此单选按钮，表示可通过Do文件来进行布线。

② Options（选项）：下面有5个选项设置。其中Limit via creation为限制使用过孔；Enable diagonal routing表示允许使用斜线布线；Limit wraparounds表示限制绕线；Turbo Stagger表示最优斜线布线；Protect existing routes表示保护现有路线。

- Wire gird：设置布线的格点。
- Via gird：设置过孔的格点。
- Routing Subclass：表示所设置的布线层；Routing Direction：表示所设置的布线方向。TOP层布线是以水平方向进行的；BOTTOM层布线是以垂直方向进行的。

（2）"Routing Passes（布线通路）"选项卡

① "Routing Passes（布线通路）"选项卡只有在选中"Router Setup（布线设置）"选项卡内的"Specify routing passes（指定布线通路）"选项时才有效，如图13-23所示。

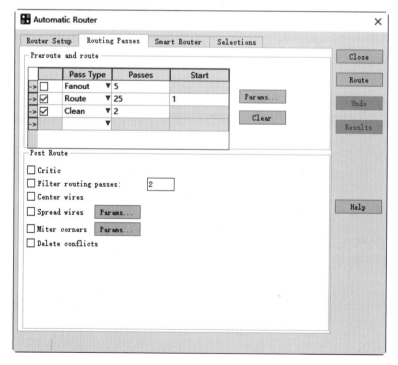

图13-23　"Routing Passes（布线通路）"选项卡

- Preroute and route：此区域进行布线动作的设置。

- Post Route：包括Critic（精确布线）、Filter routing passes（过滤布线途径）、Center wires（中心导线）、Spread wires（展开导线）、Miter corners（使用45°角布线）、Delete conflicts（删除冲突布线）。

② 单击"Preroute and route"区域内的 Params... 按钮，将会弹出"SPECCTRA Automatic Router Parameters"对话框，如图13-24所示。

- Spread Wires选项卡：主要用于设置导线与导线、导线与引脚之间所添加的额外空间。
- Miter Corners选项卡：主要用于设置拐角在什么情况下转变成斜角。
- Elongate选项卡：主要用于设置绕线布线。
- Fanout选项卡：用于设置扇出参数。
- Bus Routing选项卡：用于设置总线布线。
- Seed Vias选项卡：用于添加贯穿孔，通过增加1个贯穿孔把单独的连线切分为2个更小的连接。
- Testpoint选项卡：用于设置测试点的相关参数。

图13-24　"SPECCTRA Automatic Router Parameters"对话框

（3）"Smart Router（灵活布线）"选项卡

"Smart Router（灵活布线）"选项卡只有在"Router Setup（布线设置）"选项卡中选中"Use smart router（使用灵活布线）"选项时才有效，如图13-25所示。其组成内容及介绍如下。

Gird：此区域用于设置格点。其中Minimum via grid表示定义过孔的最小格点，默认值为0.01；Minimum wire grid表示定义布线的最小格点，默认值为0.01。

Fanout：此区域用于设置扇出。其中Fanout if appropriate表示扇出有效；Via sharing表示共享过孔；Pin sharing表示共享引脚。

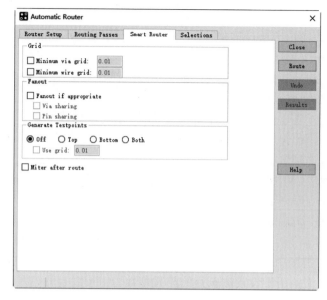

图13-25　　"Smart Router"选项卡

　　Generate Testpoints：此区域用于设置测试点。其中Off表示测试点将不会发生；Top表示测试点将在顶层产生；Bottom表示测试点将在底层产生；Both表示在两个层面产生测试点。

　　Milter after route：在一般布线后采用斜接方式布线。

　　（4）"Selections（选集）"选项卡

　　在该选项卡内进行布线网络及元件的选择，如图13-26所示，组成内容及介绍如下。

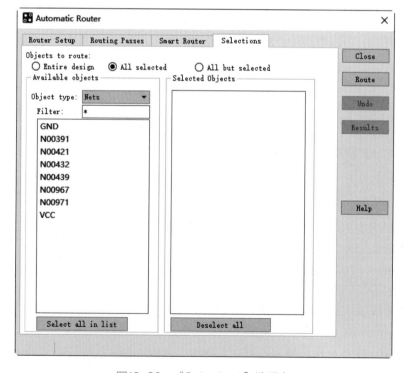

图13-26　　"Selections"选项卡

① Objects to route：设置布线的项目。

● Entire design：此选项选中时将会对整个PCB进行布线。

● All selected：此选项选中后将对在"Available objects"中选中的网络或元件进行布线。

● All but selected：此选项选中后正好与"All selected"相反，将对在"Available objects"中没有选中的网络或元件进行布线。

② 通过"Object type"来选择在下面列表中显示的是PCB的网络标识还是元件的标识，当选择"Nets"时表示显示网络标识；而选择"Components"时表示显示元件的标识。

完成参数设置后，单击 Route 按钮，开始进行自动布线，将出现一个自动布线进度显示框，如图13-27所示。

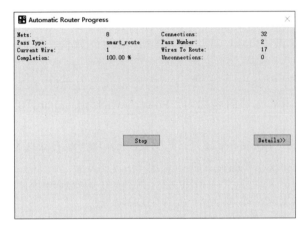

图13-27　显示进度

③ 布线完成后，布线进度对话框将会自动关闭，重新返回"Automatic Router"对话框，如果对自动布线的结果不满意，可用它来撤销此次布线。

在对话框中单击 Undo 按钮即可，然后重新设置各个参数，重新进行布线。

④ 布线满意后，使用鼠标右键单击，在弹出的快捷菜单中选择"Done（完成）"命令，完成布线，如图13-28所示。

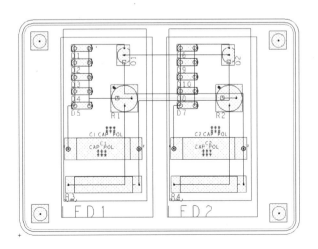

图13-28　布线结果

13.5 电源开关电路PCB Router布线实例

PCB Router是Allegro提供的一个外部自动布线软件，功能十分强大，Allegro通过PCB Router软件可以完成自动布线功能。可以动态显示布线的全过程，包括视图布线的条数、重布线的条数、未连接线的条数、布线时的冲突数、完成百分率等。

13.5.1 启动界面

启动Allegro PCB Designer。

① 选择菜单栏中的"File（文件）"→"Open（打开）"命令或单击"Files（文件）"工具栏中的"Open（打开）"按钮 📂，弹出"Open（打开）"对话框，选择"Power switch_unrouted.brd"文件，单击"Open（打开）"按钮，打开电路板文件，进入电路板编辑图形界面。

② 选择菜单栏中的"File（文件）"→"Save as（另存为）"命令，弹出"Save_As（另存为）"对话框，更改图纸文件的名称为"Power switch routed.brd"，单击 保存(S) 按钮，完成保存。

③ 选择菜单栏中的"Route（布线）"→"PCB Router（PCB布线）"→"Route Editor（布线编辑器）"命令，进入CCT布线器界面，如图13-29所示。

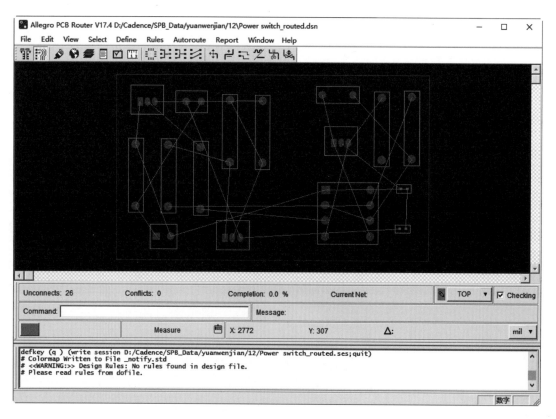

图13-29　CCT布线器界面

13.5.2　布线参数设置

选择菜单栏中的"Autoroute（自动布线）"→"Setup（布线设置）"命令，弹出"Routing Setup（布线设置）"对话框，如图13-30所示。

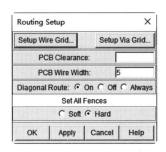

图13-30　"Routing Setup（布线设置）"对话框

- Setup Wire Grid：设置布线层网格。
- Setup Via Grid..：设置过孔层网格。
- PCB Clearance：清除多余线。
- PCB Wire Width：设置线宽。
- Diagonal Route：对角线设置。
- Set All Fences：设置所有围栏，包括Soft、Hard。

单击"OK"按钮，完成参数设置。

13.5.3　自动布线

（1）进行自动布线

选择菜单栏中的"Autoroute（自动布线）"→"Route（布线）"命令，弹出"AutoRoute（自动布线）"对话框，如图 13-31 所示。

① 选择"Basic（基本）"单选按钮时，激活"AutoRoute（自动布线）"对话框左边的窗口。

- Passes：设置开始通道数，默认"Passes"设置为"25"。
- Start Pass：设置开始通道数，如果"Passes"设置为"25"，这个值一般设置为"16"。
- Remove Mode：创建一个非布线路径。当布线率很低时，"Basic"单选按钮会自动生效。

② 选择"Smart（灵活）"单选按钮时，激活"AutoRoute（自动布线）"对话框右边的窗口，如图13-32所示。

- Minimum Via Grid：设置最小的贯穿口的格点。
- Minimum Wire Grid：设置最小的导线的格点。
- Fanout if Appropriate：避开SMT焊盘到贯穿孔的布线。
- Generate Testpoints：是否产生测试点。
- Miter After Route：改变布线拐角从90°到45°。

③ 在"AutoRoute（自动布线）"对话框内选择"Smart（灵活）"单选按钮，设置完毕后，单击 Apply 按钮，CCT开始布线。

④ 布线完成后，单击 OK 按钮，关闭"AutoRoute（自动布线）"对话框，系统会重新检查布线，在下面命令行显示布线结果，CCT布线界面如图13-33所示。

Smart Route：Smart_route finished，completion rate：100.00。

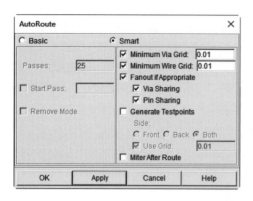

图13-31　"AutoRoute（自动布线）"对话框（1）

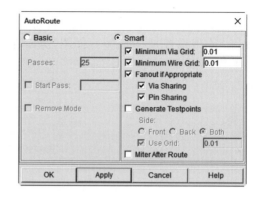

图13-32　"AutoRoute（自动布线）"对话框（2）

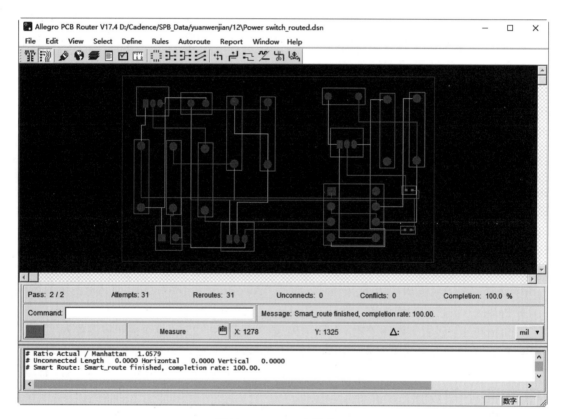

图13-33　CCT布线界面

（2）报告布线结果

① 选择菜单栏中的"Report（报告）"→"Route Status（布线状态）"命令，可以看到整个布线的状态信息，如图13-34所示。

② 关闭状态报告，选择菜单栏中的"File（文件）"→"Quit（退出）"命令，退出CCT界面，将弹出如图13-35所示对话框。

③ 在"Save And Quit"对话框中单击"Save And Quit（保存并退出）"按钮，退出CCT界面，系统将自动返回"Allegro PCB Designer"编辑界面，如图13-36所示。

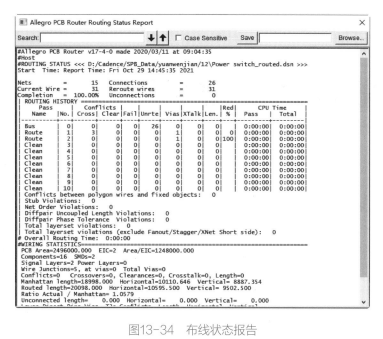

图13-34　布线状态报告

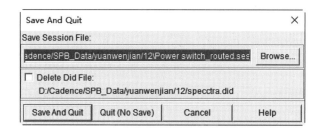

图13-35　"Save And Quit"对话框

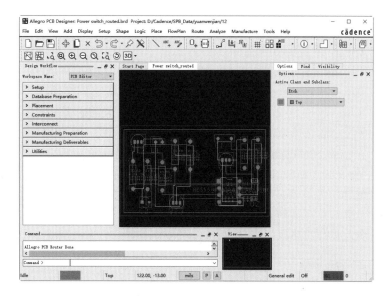

图13-36　"Allegro PCB Designer"编辑界面

第 14 章
印制电路板的覆铜设计

14.1 覆铜概述

覆铜由一系列的导线组成，可以完成电路板内不规则区域的填充。在绘制PCB图时，根据需要可以随意指定任意的形状，将铜皮指定到所连接的网络上。多数情况是和GND网络相连。单面电路板覆铜可以提高电路的抗干扰能力，经过覆铜处理后制作的印制板会显得十分美观，同时，通过大电流的导电通路也可以采用覆铜的方法来加大过电流的能力。通常覆铜的安全间距应该在一般导线安全间距的2倍以上。

14.1.1 覆铜分类

覆铜包括动态覆铜和静态覆铜。动态覆铜是指在布线或移动元件、添加过孔的过程中产生自动避让的效果；静态覆铜在布线或移动元件、添加过孔的时候必须手动设置避让，不会自动产生避让的效果。

动态覆铜提供了7个属性可以使用，每个属性都是以"DYN"开头的，这些属性是贴在引脚上的，这些以"DYN"开头的属性对静态覆铜不起任何作用。在编辑的时候可以使用空框的形式表示。

14.1.2 覆铜区域

创建覆铜的区域方法以分为创建为正片和负片。这两种方法都有其独特的优点，同时也存在着相应的缺点，可以根据情况进行选择。正负片对于实际生产没有区别，任何PCB设计都有正负片的区别。

正片是指显示的填充部分就是覆铜区域。

- 优点：在Allegro系统中以所建即所得方式显示，即在看到实际的正的覆铜区域的填充时，看到的the anti-pad和thermal relief不需要特殊的flash符号。
- 缺点：如果不生成rasterized输出，需要将向量数据填充到多边形，因此需要划分更大的覆铜区域。同时需要在创建artwork之前不存在Shape填充问题。改变文件的放置并重新布线之后必须重新生成Shape。

负片是指填充部分外的空白部分是覆铜区域，与正片正好相反。

- 优点：使用vector Gerber格式时，artwork文件要求将这一覆铜区域分割得更小，因为没有填充这一多边形的向量数据。这种覆铜区域的类型更加灵活，可以在设计进程的早期创建，并提供动态的元件放置和布线。
- 缺点：必须为所有的热风焊盘建立flash符号。

14.1.3 覆铜参数设置

选择菜单栏中的"Shape（外形）"→"Global Dynamic Params（动态覆铜参数设置）"

命令，弹出"Global Dynamic Shape Parameters
（动态覆铜区域参数）"对话框，进行动态覆
铜的参数设置，在此对话框内包含 Shape fill
（填充覆铜区域）、Void controls（避让控制）、
Clearances（清除）和 Thermal relief connects（隔
热路径连接）选项卡。

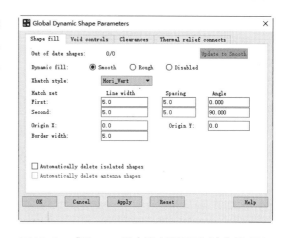

图14-1　"Shape fill（填充覆铜区域）"选项卡

（1）"Shape fill"选项卡

该选项卡用于设置动态铜皮的填充方式，
如图14-1所示。

Dynamic fill：动态填充，有3种填充方式。

- Smooth：自动填充、挖空，对所有的
  动态铜皮进行DRC检查，并产生具有
  光绘质量的输出外形。

- Rough：产生自动挖空的效果，可以观察铜皮的连接情况，而没有对铜皮的边沿及
  导热连接进行光滑，不进行具有光绘质量的输出效果，在需要的时候通过"Drawing
  Options"对话框中的"Update to Smooth"选项生成最后的铜皮。

- Disabled：不进行自动填充和挖空操作，运行DRC时，特别是在做大规模的改动或
netin、gloss、testprep、add/replace bias 等动作时提高速度。

Xhatch style：选择铜皮的填充。

单击该下拉列表，有六种选项。

- Vertical：仅有垂直线。
- Horizontal：仅有水平线。
- Diag_Pos：仅有斜的45°线。
- Diag_Neg：仅有斜的−45°线。
- Diag_Both：有45°和−45°线。
- Hori_Vert：有水平线和垂直线。

Hatch set：用于Allegro填充铜皮的平行线设置。

根据所选择的"Xhatch style（铜皮的填充）"的不同可以进行不同的设置。

- Line width：填充连接线的线宽，必须小于或等于"Border width（铜皮边界线）"指
定的线宽。

- Spacing：填充连接线的中心到中心的距离。

- Angle：交叉填充线之间的夹角。

- OriginX，Y：设置填充线的坐标原点。

- Border width：铜皮边界的线，必须大于或等于"Line width（填充连接线线宽）"。

（2）"Void Controls"选项卡

该选项卡用于设置避让控制，如图14-2所示。

Artwork format：设置采用的底片格式。

根据选择格式的不同，下面显示不同的设置内容，有6种格式，包括Gerber 4x00、
Gerber 6x00、Gerber RS274X、Barco DPF、MDA 和 Non-Gerber。

- 选择"Gerber 4x00"或"Gerber 6x00"，下面显示"Minimum aperture for artwork fill"，
  设置最先的镜头直径，仅适合于覆实铜的模式（Solid fill）。在进行光绘输出时，如

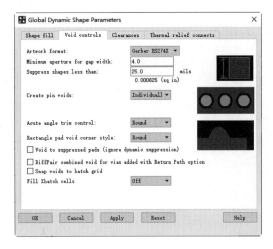

图14-2　"Void controls（避让控制）"选项卡

果避让与铜皮的边界距离小于最小光圈限制，则该避让还会被填充，Allegro 将在"Manufacture/shape problem"中标记一个圆圈。

- 选择"Gerber RS274X""Barco DPF""MDA"和"Non-Gerber"中的一种，下面显示"Minimum aperture for gap width"，设定两个避让之间或者避让与铜皮边界之间的最小间距。

Suppress shapes less than：在自动避让时，当覆铜区域小于改制时自动删除。

Create pin voids：以行（排）或单个的形式避让多个焊盘。若选择"In-line"选项，则将这些焊盘作为一个整体进行避让，若选择"Individually"选项，则以分离的方式产生避让。

Snap voids to hatch grid：产生的避让捕获到网格上，仅针对网络状覆铜。

（3）"Clearances"选项卡

该选项卡用于设置清除方式，如图14-3所示。

① "Thru pin"内有两种选项：Thermal/anti（使用焊盘的 thermal 和 antipad 定义的间隔值清除）、DRC（遵循 DRC 检测中设置的间隔产生避让）。选择"DRC（遵循 DRC 检测中设置的间隔产生避让）"选项，修改"Oversize value（超大值）"数值，可调整间隙值。

② "Smd pin"和"Via"文本框内的选项与"Thru pins"的选项相同。

③ Oversize Value：根据大小设定避让，在默认清除值基础上添加这个值。

（4）"Thermal relief connects"选项卡

该选项卡用于设置隔热路径的连接关系，如图14-4所示。

① "Thru pins"选项内有 Orthogonal（直角连接）、Diagonal（斜角连接）、Full contact（完全连接）、8 way connect（8方向连接）和 None（不连接）五种选项。

② "Smd pins"和"Vias"选项与"Thru pins"选项相同。

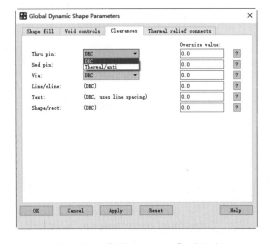

图14-3　"Clearances"选项卡

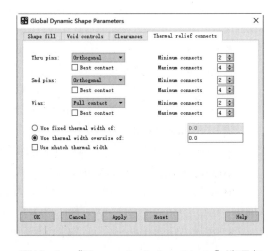

图14-4　"Thermal relief connects"选项卡

③ Minimum connects：最小连接数。

④ Maximum connects：最大连接数。

扫码看视频

14.2　广告彩灯电路覆铜操作实例

选择菜单栏中的"Shape（外形）"命令，弹出如图14-5所示的与覆铜相关的子菜单。下面介绍选项命令。

- Polygon：添加多边形覆铜区域。
- Rectangular：添加矩形覆铜区域。
- Circular：添加圆形覆铜区域。
- Select Shape or Void/Cavity：选择覆铜区域或避让区域。
- Manual Void/Cavity：手动避让。
- Edit Boundary：编辑覆铜区域外形。
- Delete Islands：删除孤岛，即删除孤立、没有连接网络覆铜区域。
- Change Shape Type：改变覆铜区域的形态，即切换动态和静态覆铜区域。

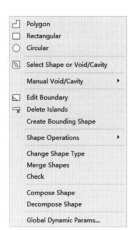

图14-5　"Shape"菜单

- Marge Shapes：合并相同网络的覆铜区域。
- Check：检查覆铜区域，即检查底片。
- Compose Shape：组成覆铜区域，将用线绘制的多边形合并成覆铜区域。
- Decompose Shape：解散覆铜区域，将组成覆铜区域的边框分成一段段线。
- Global Dynamic Params：动态覆铜的参数设置。

14.2.1　添加覆铜区域

启动 Allegro PCB Designer。

选择菜单栏中的"File（文件）"→"Open（打开）"命令或单击"Files（文件）"工具栏中的"Open（打开）"按钮📂，弹出"Open（打开）"对话框，选择"guanggaocaideng_autoroute.brd"文件，单击"Open（打开）"按钮，打开电路板文件，进入电路板编辑图形界面。

选择菜单栏中的"File（文件）"→"Save As（另存为）"命令，弹出"Save_As（另存为）"对话框，更改图纸文件的名称为"guanggaocaideng_filled"，单击 保存(S) 按钮，完成保存。

（1）添加VCC覆铜区域

① 选择菜单栏中的"Shape（外形）"→"Rectangular（添加矩形覆铜）"命令，打开"Options（选项）"面板，如图14-6所示。

- 在"Active Class and Subclass（有效的集和子集）"下拉列表中选择"Etch""Vcc"。
- 在"Type（类型）"下拉列表中选择"Dynamic Copper"选项。
- 单击"Assign net name（分配网络名称）"栏右侧▦按钮，弹出"Select a net（选择网络）"对话框，如图14-7所示，选择Vcc，设置网络为VCC。单击"OK"按钮，完成设置。

② 调整画面显示，在禁止布线层内适当位置添加覆铜区域，添加适当大小的矩形，使用鼠标中间滚轮缩放图形，完成覆铜区域的添加。

③ 当接近终点时使用鼠标右键单击，在弹出的快捷菜单中选择"Done（完成）"命令，

系统自动形成一个闭合的矩形，添加好的覆铜区域如图14-8所示。

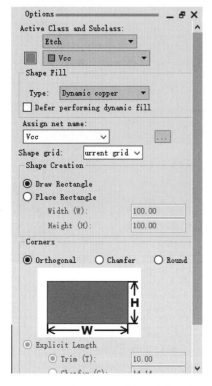

图14-6　"Options（选项）"面板

图14-7　"Select a net（选择网络）"对话框

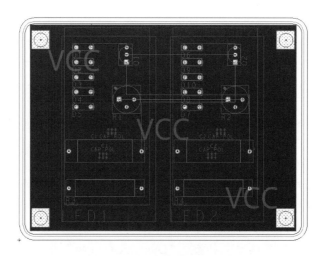

图14-8　添加好的覆铜区域

选择菜单栏中的"Shape（外形）"→"Edit Boundary（编辑边界）"命令，对绘制的Shape铜皮边界进行编辑。在左上方边界上单击，确定第一点，在右上方上单击，确定第二点，剪切两点上方部分，结果如图14-9所示。

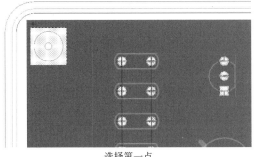
选择第一点

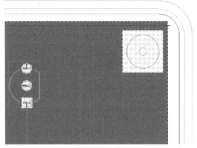
选择第二点

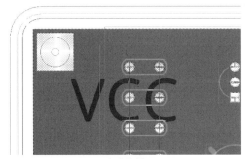
完成编辑

图14-9　编辑边界

（2）添加GND覆铜区域

① 选择菜单栏中的"Eidt（编辑）"→"Z-Copy（Z-复制）"命令，打开"Options（选项）"面板，设置复制层为"ETCH""GND"，"Size（尺寸）"设置为"Expand（扩大）""Offset（偏移）"间隔为20，如图14-10所示。

② 单击最内侧的VCC覆铜区域边界，添加GND覆铜区域，使用鼠标右键单击，并在弹出的快捷菜单中选择"Done（完成）"命令，如图14-11所示。

图14-10　"Options（选项）"面板

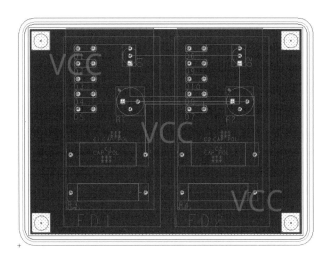

图14-11　添加GND覆铜区域

图14-12 "Select a net(选择网络)"对话框

③ 选择菜单栏中的"Shape(外形)"→"Select Shape Void(选择覆铜区域避让)"命令,选择GND覆铜区域,使用鼠标右键单击,在弹出的快捷菜单中选择"Assign Net(分配网络)"命令,在"Options(选项)"面板内单击▦按钮,在弹出的"Select a net(选择网络)"对话框内选择"Gnd"选项,如图14-12所示,设置选择网络为GND。单击"OK"按钮,退出对话框。

④ 在工作区使用鼠标右键单击,在弹出的快捷菜单中选择"Done(完成)"命令。

(3)更改动态Shape

① 选择菜单栏中的"Shape(形状)"→"Change Shape Type(更改区域类型)"命令,在"Options(选项)"面板内将"Shape Fill Type(平面填充类型)"的值改为"To dynamic copper(动态)",如图14-13、图14-14所示,单击"GND"中的"Shape",弹出如图14-15所示的提示信息。

图14-13 设置"Options(选项)"面板(1)

图14-14 设置"Options(选项)"面板(2)

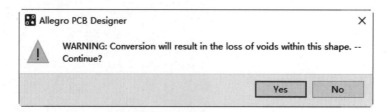

图14-15 提示信息

② 在提示信息窗口内单击"Yes"按钮,使用鼠标右键单击,在弹出的快捷菜单中选择"Done(完成)"命令,完成Shape类型的更改,如图14-16所示。

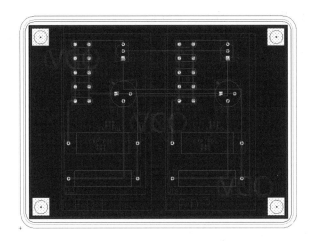

图14-16　显示覆铜区域

14.2.2　覆铜显示设置

选择菜单栏中的"Setup（设置）"→"User Preferences...（用户属性）"命令，弹出"User Preferences Editor（用户属性编辑器）"对话框。

（1）区域显示模式

打开"Display（显示）"→"Opengl"选项卡，设置"disable_opengl"选项，如图14-17所示。

图14-17　"Opengl"选项卡

- 勾选该选项，禁用OpenGL模式，覆铜Shape呈点状显示。
- 取消勾选，则启用OpenGL模式，覆铜Shape呈实体完整全铜显示。

（2）边框显示模式

打开"Display（显示）"→"Shape_fill（填充）"选项卡，如图14-18所示。

- 勾选"no_etch_shape_display"复选框，实现禁止覆铜显示，如图14-19所示。
- 取消勾选，显示覆铜边框功能，如图14-20所示。

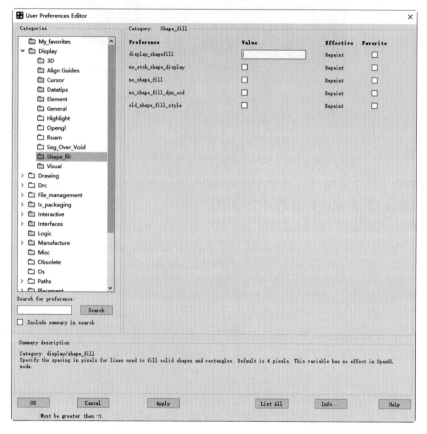

图14-18　"Shape_fill（填充）"选项卡

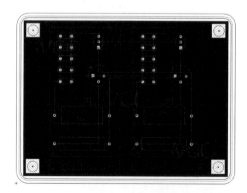

图14-19　禁止覆铜显示

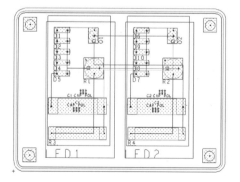

图14-20　显示覆铜边框

14.3　广告彩灯电路优化设计实例

选择菜单栏中的"Route（布线）"→"Gloss（优化设计）"命令，弹出子菜单命令，关于优化设计的命令如图14-21所示，对自定布线结果进行局部优化。

- Parameters...：优化参数设置。
- Design：优化设计。
- Room：优化指定区域。
- Window：优化激活内容。
- Highlighted：优化高亮对象。
- List：优化列表内容。

```
Parameters...
Design
Room
Window
Highlighted
List
```

图14-21　子菜单命令

14.3.1　优化参数设置

选择菜单栏中的"Route（布线）"→"Gloss（优化设计）"→"Parameters（参数设定）"命令，系统弹出"Glossing Controller（优化控制）"对话框，如图14-22所示，该对话框中有9项优化类别，主要用于对整个自动布线结果进行改进。

优化设计也就是在导线和焊盘或者孔的连接处补泪滴，以去除连接处的直角，加大连接面。这样做有两个好处：一是在PCB制作过程中，避免以钻孔定位偏差导致焊盘与导线断裂；二是在安装和使用中，可以避免因用力集中导致连接处断裂。

添加泪滴是在电路板所有其他类型的操作完成后进行的，若不能直接在添加完泪滴的电路板上进行编辑，必须删除泪滴再进行操作。

```
Glossing Controller                          ×
Application                                  Run
   —    Line And via cleanup                 ☐
   —    Via eliminate                        ☑
   —    Line smoothing                       ☑
   —    Center lines between pads            ☑
   —    Improve line entry into pads         ☑
   —    Line fattening                       ☐
   —    Convert corner to arc                ☐
   —    Fillet and tapered trace             ☐
   —    Dielectric generation                ☐

   Gloss            Close            Help
```

图14-22　"Glossing Controller（优化控制）"对话框

14.3.2　区域透明度设置

调整覆铜区域透明度，使Cadence Allegro PCB Shpae（铜皮）能够透明化，进而能看清Shape铜皮下边的走线情况，为在PCB布线时带来极高的便利性。

选择菜单栏中的"Display（显示）"→"Color/Visibility（颜色可见性）"命令，弹出"Color Dialog"对话框，打开"Display"选项卡。

在对话框右边"Shapes transparency"选项下滑动"Transparent"设置所需的透明度，默认设置透明度为39%，如图14-23所示。

- 滑到最右边为不透明，显示覆铜区域，如图14-24所示。
- 滑到最左边为完全透明，只显示覆铜Shape边框，如图14-25所示。

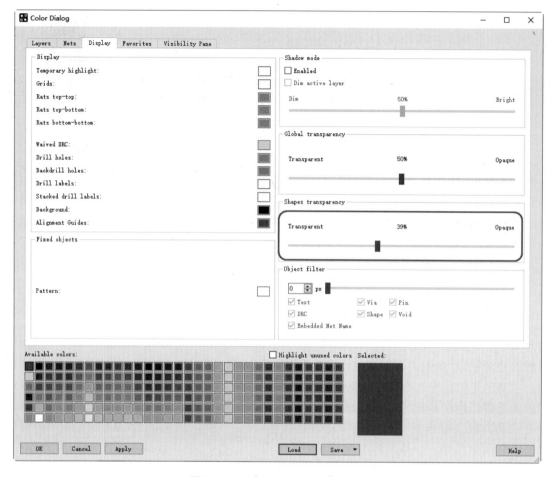

图14-23 "Transparent"设置

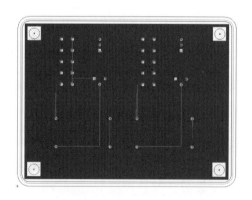

图14-24 不透明

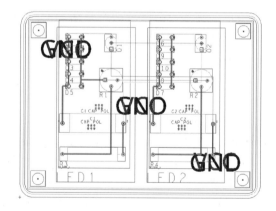

图14-25 完全透明

14.3.3 全局增加泪滴

将所有的铜皮转换成动态铜皮，以避让滴泪，否则可能造成添加滴泪失败。

① 选择菜单栏中的"Route（布线）"→"Gloss（优化设计）"→"Parameters（参数设定）"

命令，系统弹出"Glossing Controller（优化控制）"对话框，如图14-26所示。

② 勾选"Fillet and tapered trace（修整锥形线）"，并单击 — 按钮，弹出如图14-27所示的"Fillet and Tapered Trace（修整锥形线）"对话框，在该对话框中设置泪滴形状。

在"Global Options（总体选项）"选项组下的选项的含义如下。

- Dynamic：勾选此复选框，使用动态添加泪滴。
- Curved：勾选此复选框，在添加泪滴过程中允许出现弯曲情况。
- Allow DRC：勾选此复选框，允许对添加的泪滴进行DRC检查。
- Unused nets：勾选此复选框，在未使用的网络上添加泪滴。

在"Objects（目标）"选项组下选择添加的泪滴形状。

- Circular pads：圆形泪滴，在文本框中输入最大值，默认值为100。
- Square pads：方形泪滴，在文本框中输入最大值，默认值为100。
- Rectangular pads：长方形泪滴，在文本框中输入最大值，默认值为100。
- Oblong pads：椭圆形泪滴，在文本框中输入最大值，默认值为100。
- Octagon pads：八边形泪滴，在文本框中输入最大值，默认值为100。

单击 OK 按钮，采取默认设置，关闭对话框。

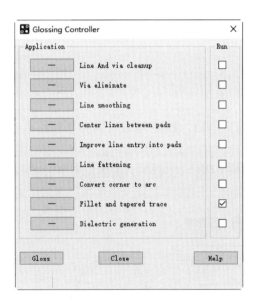

图14-26　"Glossing Controller
（优化控制）"对话框

图14-27　"Fillet and Tapered Trace
（修整锥形线）"对话框

③ 返回"Glossing Controller（优化控制）"对话框，单击 Close 按钮即可完成设置对象的泪滴添加操作。

补泪滴前后焊盘与导线连接的变化如图14-28所示。

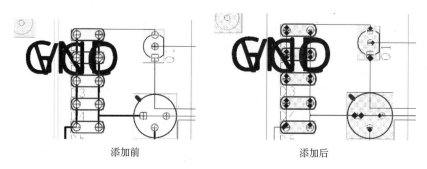

添加前　　　　　　　　　　　　　添加后

图14-28　补泪滴前后的焊盘与导线连接的变化

14.3.4　手动添加滴泪

用户还可以对某一个元件的所有焊盘和过孔，或者某一个特定网络的焊盘和过孔进行添加泪滴操作。

选择菜单栏中的"Route（布线）"→"Teardrop/Tapered Trace"命令，弹出子菜单命令，上半部分关于手动添加泪滴的命令如图14-29所示。

图14-29　手动添加泪滴菜单命令

- Add Teardrop：添加泪滴。
- Delete Teardrop：删除泪滴。
- Add Tapered Trace：添加锥形线。
- Delete Tapered Trace：删除锥形线。

选择"Delete Teardrop"命令，单击元件R1的引脚1，删除与该引脚相关网络的泪滴，如图14-30所示。

选择"Add Teardrop"命令后，单击R1的引脚1网络，则在该网络上添加泪滴，如图14-31所示。

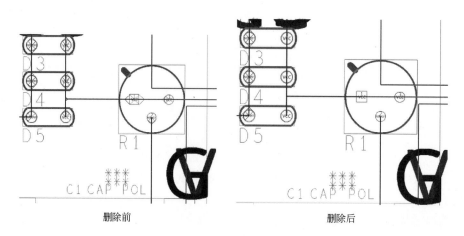

删除前　　　　　　　　　　　　　删除后

图14-30　删除泪滴

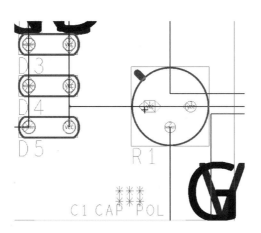

图14-31　添加泪滴